ECOLOGY AND GREEN

生态文明理念下绿色建筑和立体城市的构想

胡德明　陈红英　著

ZHEJIANG UNIVERSITY PRESS
浙江大学出版社

图书在版编目(CIP)数据

生态文明理念下绿色建筑和立体城市的构想/ 胡德明，陈红英著. —杭州：浙江大学出版社，2018.7

ISBN 978-7-308-17885-3

Ⅰ.①生… Ⅱ.①胡…②陈… Ⅲ.①生态建筑—研究②城市规划—研究 Ⅳ.①TU201.5②TU984

中国版本图书馆 CIP 数据核字（2018）第 012560 号

生态文明理念下绿色建筑和立体城市的构想

胡德明　陈红英　著

责任编辑　丁沛岚

责任校对　李瑞雯

封面设计　林智广告

出版发行　浙江大学出版社

（杭州市天目山路 148 号　邮政编码 310007）

（网址：http://www.zjupress.com）

排　　版　杭州林智广告有限公司

印　　刷　杭州高腾印务有限公司

开　　本　889mm×1194mm　1/16

印　　张　12.75

插　　页　9

字　　数　324 千

版 印 次　2018 年 7 月第 1 版　2018 年 7 月第 1 次印刷

书　　号　ISBN 978-7-308-17885-3

定　　价　58.00 元

浙江大学出版社市场运营中心联系方式：（0571）88925591；http://zjdxcbs.tmall.com

前言

在现代建筑领域，绿色建筑和可持续发展的理念已经成为全社会的广泛共识。但现代建筑却始终没有真正“绿”起来，这其中的原因并不在于建筑技术、材料或工艺方面的问题，而在于现代建筑理念和理论上存在偏差。技术是相对简单和容易的，而建筑理念和城市规划理论则需要人们真正打破过去及现有的思想壁垒。

本书是对未来绿色建筑和立体生态城市可持续发展的初步探索，尽管其中涉及绿色建筑和城市规划的理论并不多，但在论述时也基本涉及和涵盖了这些内容，旨在提出一种最新的绿色建筑设计理念及城市规划构想以供人们参考，并预示一场席卷全球的绿色建筑革命及由此引发的立体生态城市建设时代即将到来。作者希望通过本书的示范案例给建筑界同人一个全新的视角——绿色建筑一定要“绿”起来！同时，通过一些图片及内容介绍告诉人们，在远离地面的四个高空垂直外立面及屋顶和地面的整体绿化，更符合绿色建筑的实质。

当然，许多人或许并不认同这样的绿色建筑理念，以为这不太符合当前主流的绿色建筑理念，以及《绿色建筑评价标准》的相关规定。虽然质疑精神是可贵的，但当前的绿色建筑理论本身还不成熟，未来是一个未知的、变化的世界，现在和当下的建筑理论及观点并不能代表未来的建筑，只有“海纳百川”才能“有容乃大”，我们千万不能丧失对新事物、新方法的敏感性和探索欲。

本书分为上下两篇。上篇是有关绿色建筑的内容，共三章；下篇是有关立体生态城市的内容，共十章。在本书的出版过程中，许多人（包括身边同事和好友）都对书中提出的立体绿化表示过极大的怀疑。坦率地说，笔者在很长一段时间内也对这种想法不太自信，在研究过程中反复自问和徘徊不前。但通过长时间的深入研究和探索，特别是从人类社会的生态文明和氧化—还原反应层面得到启示，我认识到，建筑和城市的立体绿化也应该与人类社会的氧化—还原模式紧密联系，仅仅用氧化的模式进行绿化和城市规划并不能真正实现绿色建筑和生态城市的理念，只会离绿色环保的目标越来越远。产生这样的结果并不是技术方面的原因，而在于所用的方法和角度不同。

本书涉及的知识面较广，研究跨度和难度也非常大，因而研究的内容和深度比较有限，笔者亦非建筑和城市规划方面的专业人士，因而试图从非专业的角度出发，用非专业的语言来论述，用大胆、创新和发展的眼光来审视现在及未来的绿色建筑、立体生态城市和整个人类社会生态文明的建设进程。如有不妥之处，还请读者见谅。

本书的出版，首先要感谢家人这么多年给予我的支持和默默付出，其次要感谢浙江工业大学建筑工程学院陈红英老师的紧密合作和浙江大学环境工程公司赵忠平董事长给予的支持。书中大部分绿色建筑图片的设计和制作来自杭州南池数字影像公司，感谢他们，特别是总经理赵凯先生亲自参与了团队方案设计及细节优化，使绿色建筑方案及效果图更加合理和完善。同时也要感谢姚军先生，他在十多年前就曾经帮助我完善绿色建筑的方案，书中许多方案正是在这些设计方案的基础上完善形成的。感谢余强先生在我经济最困难的时候伸出援手，使我有更多的时间和精力全身心地投入研究，这份感谢无以言表。还要感谢范广照先生的支持，以及王荷婷、丁群力和杨涛等人的帮助，更要感谢结交 20 多年的好友俞钢，他从上大学开始就断断续续地参与了本人对绿色建筑的研究和探索工作，并为后期的稿件整理和文字修改费尽心思。另外，也要感谢近期结交的好友洪魁和其他亲朋好友的支持和无偿付出。还要特别感谢杭州索尔园林公司的方均一先生，他不仅为这个绿色建筑理念的推广殚精竭虑、出谋划策，还对立体生态城市的雨洪规划提出了独到见解。同时，也要感谢浙江大学出版社的樊晓燕编审，她曾与我认真细致地反复推敲书中的内容，正是在她的帮助下，本书才得以出版。

胡德明

2017 年 12 月

目录

上篇 绿色建筑

第一章 氧化—还原反应与人类生态文明的关系 …………………… (3)

第一节 氧化—还原反应与人类的活动 …………………… (3)

第二节 未来建筑的理念与探索 …………………… (7)

第三节 未来建筑的十大趋势 …………………… (16)

第二章 绿色建筑概述 …………………… (20)

第一节 建筑的革命 …………………… (20)

第二节 高层消防的突破与未来城市高层空间的拓展利用 …… (26)

第三节 绿色建筑的两个前提条件及意义 …………………… (34)

第四节 居家养老与“菜篮子”工程 …………………… (39)

第五节 高层绿色建筑成本及比较 …………………… (42)

第三章 绿色建筑三个方面的若干问题 …………………… (47)

第一节 建筑理念 …………………… (47)

第二节 建筑本身 …………………… (61)

第三节 建筑绿化 …………………… (69)

下　篇　立体生态城市

第四章　立体生态城市概述 …………………………………… (85)

第一节　未来城市的城镇化之路 …………………………………… (85)

第二节　立体生态城市配置土地的规划 ………………………… (94)

第三节　立体生态城市建制及规划思路 ………………………… (102)

第五章　城市地势规划与基础的地面设置 ……………………… (112)

第一节　城市地势规划 …………………………………………… (112)

第二节　基础的地面设置 ………………………………………… (120)

第六章　立体城市的防震 ………………………………………… (130)

第一节　防震带设置 ……………………………………………… (130)

第二节　基础防震 ………………………………………………… (132)

第三节　双保险设防 ……………………………………………… (134)

第七章　立体城市内部市政交通规划 …………………………… (135)

第一节　城市功能分析 …………………………………………… (135)

第二节　城市内部市政交通分析 ………………………………… (136)

第三节　停车泊位与未来新能源汽车规划 ……………………… (142)

第八章　城市外部宏观交通规划 ………………………………… (146)

第一节　城市外部机动交通规划 ………………………………… (146)

第二节　立体轨道交通 …………………………………………… (147)

第三节　立体城市外部宏观交通与国际高速铁路网规划的衔接 …………………………………………………………… (152)

第九章　立体城市开发 …………………………………………………… (154)

第一节　立体城市开发概述 …………………………………………… (154)
第二节　立体城市建设与市政交通规划建设 ………………………… (156)
第三节　立体城市开发过程中政府的定位 …………………………… (158)

第十章　水处理与水环境大规划 ……………………………………… (160)

第一节　建筑和城市雨污水及生活污废水处理 ……………………… (160)
第二节　城市水源解决方案与水环境规划 …………………………… (164)

第十一章　城市污染的防治 …………………………………………… (168)

第一节　大气污染物的控制和治理 …………………………………… (168)
第二节　建筑和城市光污染的消除 …………………………………… (169)
第三节　垃圾的分类和精细化处理 …………………………………… (173)
第四节　城市病的消除与古建筑文化的保护 ………………………… (176)

第十二章　合理的能源规划 …………………………………………… (179)

第一节　基础空间内部的能源规划 …………………………………… (179)
第二节　太阳能利用 …………………………………………………… (181)

第十三章　“五水共治”的探讨 ……………………………………… (184)

第一节　污废水灌溉 …………………………………………………… (184)
第二节　水陆环境的渠道选择 ………………………………………… (187)
第三节　未来农业和畜牧业的革命 …………………………………… (190)

后　记 ………………………………………………………………… (194)

上　篇

绿色建筑

当前，绿色建筑正成为全球建筑行业的一个新的方向，全世界都在期待真正的绿色建筑出现。然而，真正的绿色建筑具体长什么样，可能大家都没有见过。下面，就让我们一起来探索未来的绿色建筑吧。

第一章
氧化—还原反应与人类生态文明的关系

在人类社会几千年的发展历程中，地球生态环境一直都处在被人类侵占和破坏的境遇之中，人类社会的发展和进步是以牺牲生态环境为代价获得的。当前地球生态环境的严重破坏和污染，几乎都是人类一手造成的，显然，人类社会的发展对目前的地球生态环境来讲是一场不折不扣的生态灾难。人类不能自以为是地制造自己的“文明”来扼杀“自然”，这样的“文明”其实不是文明，这样的“生态文明”也是异常危险的。虽然人类主观上向往文明、追求文明，但在客观上却产生了污染的结果。因此人类只有更深刻地了解自己“文明”的真相，才能真正认识和诠释生态文明。

几千年来人类一直都希望与自然达成和解，实现生态文明，但结果却是生态环境的严重破坏和污染，这其中当然有人类社会的责任，如果我们对待自然的态度和方法继续存在偏差和错误，那么就会出现更多难以预料的后果。“生态文明”这一理念正是在这样的背景下提出来的。

第一节　氧化—还原反应与人类的活动

当意识到无论如何谦卑和低碳地生活，都是在破坏环境、破坏自然生态时，人类是不是应当思考一下自己前进的方向是否正确，是否到了需要调整方向重新开始的时候?

一、氧化—还原反应与人工取火

氧化—还原反应应该是现代人类最熟悉不过的一种化学反应，它有广义和狭义之分。广义的氧化—还原反应主要是指化学反应中各化学元素结构内部电子得失和转移的一种现象；狭义的氧化—还原反应是指生物循环体系中生物的光合作用和呼吸作用，其中光合作用主要是指绿色植物的一种化学反应，这两种化学反应在地球生命亿万年进化历程中一直保持着相对的动态平衡。这种动态平衡对地球上的自然环境和生态环境而言都是至关重要的，也是地球生物循环中最关键的决定性因素。但在1万年前，这种动态平衡渐渐地被人类人工控制的氧化反应所打破，这种人工控制的氧化反应就是“人工取火”和火的大规模使用。

人工控制的氧化反应是以氧元素参与化学反应为主要特征的，其生成物中必然有一种物质含有氧元素，产生的氧化物质往往成为目前生态环境污染和破坏的主要元凶。

随着人类社会的发展和人口的不断增加，人工控制的氧化反应的量也在不断增多，并逐渐大于自然还原反应的量，绿色植物开始慢慢地减少，原始野生生物种群的数量也在不断减少。目前，地球上肥沃的土地几乎都被人类占领，贫瘠的土地则由于人类活动的破坏而不断沙漠化和荒漠化，本来是森林和草原植被生存的地方渐渐地被人类的城市、乡村建筑和市政道路侵占，大量的农田和耕地也被人工驯化的动植物品种替代，地球生物多样性几乎完全消失。不当的耕作、种植和杀虫剂的过度使用都对土地产生了巨大的伤害，地球生物循环体系中自然的氧化—还原的动态平衡机制被破坏，并最终导致整个生态系统失去平衡。目前，整个地球正面临着生物进化史上第六次物种大规模灭绝的危机。

如果将人类社会破坏全球生态环境的一切社会性行为进行高度概括，那么这就可概括为一种非正常的人工氧化现象，即所有的地球生命和非生命物质都被人类社会整体的非正常氧化活动所破坏或消灭。这一点我们可以对所有人工氧化后排放的污染物质进行化学元素的成分测定，从获得的结果得到进一步证实，目前被列入污染物排行榜的大部分物质均为人工排放的氧化物，如二氧化碳、氮氧化物、氧化硫、氧化磷、氧化硅，以及铝、镁、钙、铜和铁等氧化物质。

目前地球上绝大部分污染物都与人类的氧化活动关系密切，而且几乎都是人为制造的。这些氧化物是非自然原因产生的，这就应该引起人们的思考和警惕——为什么偏偏是人工制造的氧化物引起了污染而不是别的物质？为什么又都与氧元素有关？这里面一定有更深层面的原因。

自然界本身具有自然还原的能力，这种还原能力就是植物的光合作用和生态平衡机制。光合作用产生有机质和氧气，前者可以固定地球环境中自然和人工释放的碳源，降低二氧化碳在大气中的含量；后者可以供所有的生物呼吸，实现生物的新陈代谢，并保持大气中氧气的正常循环和平衡。生态平衡机制能够使整个生态系统保持长久的稳定和平衡，以及生命的活力。但在当前的自然环境中，自然还原的速度已远远跟不上人工氧化的速度，人类在自然环境中排放的氧化污染物已大大超过自然降解和还原的能力，自然的氧化—还原反应的动态平衡机制被打破，生态平衡机制也被毁坏殆尽，因而导致整个地球生态环境的破坏和污染，以及生物物种大规模灭绝灾难的发生。

显然，人类社会整个发展的历史对于地球生态环境来讲是一段人工氧化史。这种人工氧化史更是造成目前地球生态环境灾难的最根本原因，因而也是一段不文明的历史。

二、“生物圈Ⅱ号”实验的失败

20世纪90年代初，美国宇航局的科学家曾经因为需要针对火星和太空移民生活进行科学研究，他们在美国亚利桑那州图森市以北的沙漠中建造一座微型人工生态循环系统，做了一个举世闻名的“生物圈Ⅱ号”实验，多名科学家进入这个与地球环境完全隔绝的类似太空环境的实验室中进行科学实验。当时，里面有各种各样的动植物群落，生物多样性非常丰富，生态环境也非常良好，但自从“生物圈Ⅱ号”的实验模式正式启动以后，科学家在此中工作和生活不到两年时间，“生物圈Ⅱ号”内的生态环境就出现了急剧恶化，虽然全球顶尖科学家经过各种努力和措施，但还是未能扭转“生物圈Ⅱ号”失败的命运。

1994年，美国科学家总结前次失败的教训，再次启动“生物圈Ⅱ号”的第二次实验，但这次的时间更短，实验最终还是以失败告终。当时，科学家得出结论——人类目前还没有能力控制生态平衡系统，还不了解生物圈的平衡机制，还不适合太空移民和生活。

显然，“生物圈Ⅱ号”的科学家并没有真正掌握生态平衡机制和氧化—还原反应的动态平衡，也不了解“生物圈Ⅱ号”失败的原因，当然也更不可能在太空中实现火星或太空移民的目的。这个实验之所以引起全世界的关注，是因为参与“生物圈Ⅱ号”实验的科学家代表了当时世界科技界的最高水平，也是生态环保方面的顶级专家。全世界的人们也对这个实验寄予厚望，并期望通过这个实验找到解决目前地球生态环境危机的方法和合理途径，可结果却非常令人失望。

在当今世界，没有一个国家、组织或个人敢说他们科研团队的研发能力比“生物圈Ⅱ号”的科研团队更强大和更先进，因而“生物圈Ⅱ号”的失败是对人类移民太空之梦的巨大打击，同时也对未来地球环境治理的方法和环保事业产生不小的冲击，至少人类在自然面前变得不再那么自信了。

三、人类的氧化活动

人类的氧化活动分为自然氧化和非自然氧化两种类型。

自然氧化存在于人类日常生活的方方面面，比如人们每时每刻都在吸入氧气、呼出二氧化碳，这一过程就是人体内部的自然氧化反应；人们每天需要食物、水、阳光等，人类身体皮肤表面出现蝴蝶斑、老年斑，人体的正常老化和死亡等，都属于自然的氧化活动。自然氧化是一种被动氧化模式，广泛存在于地球上几乎所有的生物之中，它是地球生物新陈代谢的一种普遍的形式。

非自然氧化包括人类日常生活的一些活动，如吸烟、酗酒等是一种高度非自然氧化的不良生活模式，吸食毒品则更是导致人生走向毁灭的一种超级非自然氧化模式。汽车及其他动力机械所需的石化能源，现代建筑及建筑物中使用的恒温、照明、采暖系统，以及工农业生产中消耗的大量自然资源和能源等，都属于非自然氧化的范畴。在这些非自然氧化活动中，有些是人类日常生活必需的，有些则是由人类贪图享受的消费和放纵的生活方式造成的。非自然氧化是一种主动氧化模式，是由人类所控制和特有的，是其他所有生物都没有的氧化方式。自然氧化和非自然氧化都在人类的生产和生活中占据了非常重要的位置，人类几乎已经很难停止或摆脱这些活动。

自然氧化是地球生物与生俱来的本能，只要生命有一息尚存，自然氧化反应就不会停止和消失。即便是生物死亡以后，尸体的腐败也还会继续产生氧化，直到生命肉体的完全消失。

人类与地球上所有其他生物一样，正常的生理性自然氧化反应几乎是固定不变的，如呼吸作用，它是所有生物新陈代谢所必需的。人类每天大约需要1千克氧气，排放约1.4千克二氧化碳气体，一年排放温室气体约0.5吨。而非自然氧化反应不是生理性的，也不是必需的，但却可以无限扩大，它可以随着人类欲望的增加不断地放大和变化。目前全球人均碳排放约为5吨，其中大部分碳排放来自非自然氧化反应。虽然其中的绝大部分非自然氧化反应是为了造福于人类，但对大多数地球生物物种和生态环境来说却产生了实质性的污染和伤害。

从人类社会发展的历史可以发现，人类社会的氧化活动是从小变大、从少变多，一步一步扩张而来的。在人类的农业生产中，以前靠人工采集或纯手工劳作，用简单粗糙的农具从事农业生产，而现代农业大部分采用机械化作业模式，更有一部分采用高科技种植和智能微灌技术；在工业生产中，最初是一些小作坊和手工艺品的生产制造，后来采用机械化流水线生产，再到现在出现大规模自动化、智能化生产，并与互联网结合，集用户体验、线上线下一体的网络生产销售模式；在交通运输中，古代主要是靠步行或简易舟船和畜力运输，而现在则是采用高速公路、铁路、航海和航空等现代化机器设备进行动力运输。

随着人口的增长、科技的进步及经济的高速发展，人类的氧化活动及规模越来越大，氧化程度越来越深，氧化技术越来越先进，而全球生态环境却越来越恶劣，氧化污染也越来越严重。这一切，都是由人类的非自然氧化活动所引起的。

四、可持续发展的本质

20 世纪 70 年代，随着世界经济的复苏和消费的不断增长，全球生态环境迅速恶化并伴随着自然资源特别是石化能源的枯竭，西方许多科学家和社会学家对发端于欧洲的工业革命产生了极大的怀疑。“可持续发展”的理念正是在这样的背景下于 1972 年首次被提出的，到目前为止已经过去 40 多年。人类社会如果按照目前的非自然氧化模式继续发展下去，那么这种以牺牲资源和环境为代价的经济发展模式还能够持续多久？

笔者在此论述的氧化—还原反应仅仅是蜻蜓点水而已，其深刻内涵还有待深入挖掘。但有一点很明确：目前整个人类社会本质上是一个氧化社会，所有的人都在从事着氧化生态、氧化环境、氧化自然的社会活动。人类的建筑是一种氧化建筑，人类的城市也是一种氧化城市，人类的一切活动都具有氧化自然环境的特征和性质。也就是说，不管人类如何低碳环保，如何节能减排，如果不尽还原的义务，或者还原的量没有超过氧化的量，那么这些行为都具有氧化的特征，都会导致自然环境和生态平衡系统的破坏，所不同的只是氧化时间、氧化量的数量差异而已。

但是，人类也不必对正常和必要的氧化反应过分紧张和担忧，大自然也早已有了安排，因为所有正常的氧化都可以通过还原来平衡。人类是高度智慧的生物，人类社会在氧化的同时，也完全可以利用自然的还原力量，通过绿色植物的光合作用来达到自然还原的目的。只要能使得地球上的自然还原反应与人工氧化反应实现相对动态的平衡，那么人工氧化所产生的巨大危机和氧化污染也就能够自然地得到解除。

五、人类的氧化城市和氧化建筑

在地球上，人类最大的氧化活动莫过于建造城市和乡村的建筑，由此所产生的固体废弃物对生态环境的污染和破坏是前所未有的。目之所及，森林、草原被毁，河流、湖泊被污染，天空笼罩着有毒的雾霾，空气中弥漫着刺鼻的异味。除了高低和新旧不同的建筑群及拥挤不堪的街巷村落以外，到处都是涌动的人群和川流不息的机动车辆往来于城市和乡村之间，自然界的整个原始生态环境几乎消失殆尽。而这些城市和乡村建筑在经过百年之后又将大多转变成废弃的建筑和城市垃圾，这些固废垃圾堆积起来的体量就像一座座巨大的山体。如此下去，地球有几个百年可以被人类这样无休止地糟践呢？

显然，几千年来人类的建筑和城市一直都在破坏生态环境，它们都属于非自然氧化的范畴，是典型的氧化型建筑和氧化型城市。

六、未来人类社会的还原建筑和城市

目前，大多数地球人一天 24 小时的生产活动和生活活动主要是在建筑中完成的。即使在农村，夜间睡眠和农活之余的大部分时间也是在建筑空间中度过的。而在城市之中，绝大部分人的活动时间不是在这个建筑空间中度过就是在那个建筑空间中来回穿梭度过，只有少量的时间在城市道路上，几乎没有野外活动的时间。所以，建筑和城市空间是人类最主要、最频繁的活动区域，除此之外的活动区域都是次要的。在未来，人类的这种生产、生活习惯也不可能再做出重大改变和调整。毋庸置疑，未来人类社会还原的主战场主要在建筑和城市之中进行，这才是重中之重。

显然还原不是某些英雄人物或个别伟人所能解决的，它涉及全球所有的人，不分国籍和人种、宗教和文化，它是所有人一生的责任和义务，任何人都不能避免。还原发生在日常生活的点点滴滴中，在人类社会活动的方方面面里，也在每个人的心中。地球不需要被人类拯救，而是人类自己需要拯救自己。

因此，还原型的建筑和还原型的城市也必将提上人类的议事日程。还原建筑和还原城市的实质是能进行光合作用的有生命特征的光合建筑和光合城市，它们通过技术手段在建筑和城市表面产生能与绿色植物共生的生态空间，并赋予建筑和城市生命和活力，通过建筑和城市的还原来取代无生命特征的氧化建筑和氧化城市，从而完成它们的进化及可持续发展。

正确认识氧化—还原反应在人类社会中的影响，以及规划建设未来人类的还原建筑和还原城市具有非常重要的意义。这也是人们能够认识绿色建筑和立体生态城市，以及未来人类社会可持续发展的最重要前提条件之一。同时，如果建筑不还原、城市不还原，那么人类社会可持续发展战略的一切努力都将是一句空谈。

关于氧化建筑和氧化城市的概念是本人首次提出的，但由于专业的限制一直未能深入挖掘，我希望能有专业人士对其进行更加深入的研究和探索，并对还原建筑和还原城市有更深层面的挖掘和剖析。

未来人类社会必须在人工氧化的同时再加入还原模式，使人工氧化反应与自然还原反应在人类本身的生产和生活过程中始终保持动态平衡。所以，未来人类的建筑自身必须具备还原的特征，未来的城市也必须具备还原特征，人类社会未来的建筑和城市的可持续发展不能脱离植物的光合作用和生态平衡机制，因为生态文明的本质就是光合作用和生态平衡机制。

因此，未来的建筑和城市本身必须具备光合作用的功能。如果做不到这一点，那么人类社会的建筑和城市都将是不可持续的，也是没有明天和未来的！所以，还原将成为未来建筑和城市的法定义务和责任，绿色建筑和立体生态城市理念也正是在这样的形势下产生的。

第二节　未来建筑的理念与探索

现代建筑是人们非常熟悉的事物，但未来十年、百年、千年甚至更长时间后的建筑将是什么样子，谁也说不准。早在几百年前就有欧洲学者提出田园城市的概念，对田园城市中的建筑也有简单描述。

20 世纪末，随着生态环境不断恶化和环保理念的兴起，人们对自己生产、生活和居住所在的建筑越来越重视，绿色建筑的理念逐渐被人们所接受。但绿色建筑本身仍是一个待解的巨大谜团，未来建筑将走向何方仍然有待探索和发现。

对未来建筑的实质性探索，主要起源于 20 世纪末和 21 世纪初。由于地球人口的急剧增加，土地资源日趋紧张，而生态环境却遭到有史以来最严重的破坏和污染，人类面临最严峻的生存压力和环境恶化的挑战。世界各国城市的大规模建设和扩张，城镇化的大规模改造，城市交通设施的大发展等，都与建筑密切相关。建筑越多，土地就越少，人类与土地和环境之间的矛盾就越突出。

在此，人们需要清醒地认识到：当前的建筑与土地、环境之间已构成一种反比关系，建筑也成为当前生态环境最大的改变者和破坏者。因此，建筑与土地和环境之间的关系决定着今后城市和乡村城镇化的未来，决定着生态环境可持续发展的进程，因此，绿色建筑的发展趋势对人类社会未来的可持续发展至关重要，其中最主要的是如何通过绿色建筑的规划建设来扭转建筑与土地和环境之间的这种不正常的关系，使建筑与生态环境和谐相处，并真正满足社会可持续发展的要求。

当前，人们对未来建筑的探索主要包括：建筑屋顶、地面、墙面绿化，太阳能和零能建筑，节地、节能、节水、节材，雨水收集和生活污废水及垃圾分类处理，室内通风采光设计，以及建筑智能化、垂直农场及可持续建筑等内容。

一、建筑屋顶、地面、墙面绿化

首先是建筑屋顶，这是人们最容易想到的适宜绿化的地方，它是一个天然的种植平台，只要不是大树，在满足屋顶荷载安全和具备植物生长的前提下均可以栽种各种植物。但并不是所有屋顶都可以随便种植的，事实上大多数屋顶并没有进行绿化种植，因为建筑成本本身存在天花板效应，栽种植物会增加建筑成本。建筑师在没有开发商主动要求的情况下通常也不会冒险考虑屋顶绿化的问题，除非政府有强制性政策规定和要求，但这种政策强制的情况也并不多见。因而，屋顶绿化仍是非常稀罕的事情。其次是地面绿化，这是理所当然的事情，除建筑和交通所占用的土地以外，其他空余的土地都应该进行地面绿化。在我国目前的小区绿化规划中，小区绿化率不应少于 30%，但即便是如此低的绿化率还是常常得不到保证，规划审批的绿地在建设过程中又常常被侵占而移作他用。这种情况在全国各地是一种相当普遍的现象，地面绿化效果不容乐观。

因此，在现有规划条件下探索和提高建筑屋顶绿化率和地面绿化率就成了许多建筑师必须做的功课之一。此外，建筑窗台和阳台绿化正逐渐成为许多建筑师甚至是许多居民研究和选择的对象，因为屋顶绿化和地面绿化毕竟与自己的住房离得较远，无法直接影响和改善人们的住房环境，而窗台绿化和阳台绿化却可以直接影响和改善住房环境，美化居室，因而广受人们的欢迎。但同时，这也带来养护管理上的诸多难题，不仅要有一定的种植经验和技能，还要花费大量时间和精力进行养护管理，更要防止窗台和阳台花盆及植物高空坠落，人们常常由于管理不善而导致种植失败。

屋顶、墙体和窗台的垂直绿化是当今世界现代建筑绿化的主要方式(见图 1-1)，对未来建筑绿化能起到一定的借鉴和指导作用。

图 1-1　屋顶绿化及墙体绿化图例
（图片来自百度网站）

二、太阳能和零能建筑

太阳能一直是人们非常期待的一种免费的可持续能源，许多科学家和建筑师也投入大量的时间、精力和金钱做了这方面的科学探索和诸多尝试。但太阳能设备的制造、安装和维护却并不是免费的，其建设和维护成本甚至非常昂贵，特别是光电转换的发电、并网和储能装置的成本并不是普通百姓能够承受的，需要政府的大量财政补贴才能生存和维持；同时它还受到建筑表面安装位置及外观形象的局限，其转换效率和利用率也值得怀疑。

零能建筑也是 21 世纪初逐渐发展起来的一种概念性建筑，虽然不乏像延安窑洞这样有民俗历史和价值的乡土建筑，但其作为一个新概念和理念提出来的时间还不是很长。零能建筑不是一项单纯的技术，而是诸多技术的合成，主要在于建筑能源的开源节流方面的综合利用和开发，使建筑能耗不断降低和能源供应渠道多元化。在这方面，发达国家的建筑节能降耗的技术和水平相对要高于发展中国家，但其建筑建造的成本也明显高于发展中国家，其耗费和占用的资源也不容忽视。从某种程度上来说，对于大部分发展中国家而言在这方面的投入可能是得不偿失的。

需要说明的是，大部分人都将光电、光热转换误当作太阳能利用的最主要甚至唯一途径，而将绿色植物的生物质能转换排除在外。这恰恰是一个非常错误的观点，大多数人由此而误入歧途，这种状况在全世界都是一种普遍现象，值得我们反省和深思。事实上，绿色建筑本身就是太阳能建筑，因为建筑表面大量的绿色植物要通过光合作用才能生长和繁衍并转换能量，产生有机质和氧气等。图 1-2是一些太阳能建筑的图片，能够使我们更直观地认识到现代建筑在太阳能利用方面的观念上的误区。

三、节地、节能、节水、节材

首先，在当下的现代建筑中，节地应该排在第一位。因为人口的膨胀已使土地日趋紧张，供未来建筑建造的土地已经没有多少选择的余地了，人类已经侵占了几乎所有可以用来建造房子的土地。在一些城市中心，许多地方为了提高建筑容积率甚至进行多次拆建，很少有多余的土地可供开发了。否则

图 1-2　太阳能建筑图例
（图片来自百度网站）

粮食供给就无法得到保障。那么未来怎么办？这就是问题所在，解决这个问题的关键就在于加强建筑本身对空间的合理利用。但目前阶段的建筑大部分都属于近地低空的二维平面利用，城市高层空间利用得很少，而乡村建筑的高层空间利用几乎为零，这与未来建筑要拓展和开发空间的目标相违背。虽然充分拓展高空的立体三维空间将成为未来建筑发展的新方向，但高层建筑高昂的建设和维护成本，巨大的能源消耗，以及低得房率等，都是摆在人们面前的巨大障碍，严重制约了现代高层建筑的发展。

其次是节能。虽然现代建筑师已经做了许多节能降耗的努力，但当今世界各国建筑能耗占国民经济中的比重仍然是非常大的，这说明我们的建筑仍然是很不节能的，特别是高层建筑的能耗更是平常低层建筑的 1～2 倍，这让很多老百姓望而却步。

再次是节水。据联合国的最新统计，目前世界上将近一半的人口都生活在缺水的环境之中。我国的情况更为严峻，北方大部分城市和乡村都处于严重缺水甚至人畜饮用水都发生困难的状况。虽然国家建设“南水北调”和“西水东调”工程及大力发展和扶持节水工程，但仍然不能满足和改变北方整体缺水的状况和局面。因而，节约用水就应该成为全民共识的行动。除工业和农业生产用水以外，居民的生活用水量也很大，每天产生着大量的生活污废水。但由于缺乏合理利用的渠道，这些水资源大多被浪费了。一方面在大量地消费和浪费水资源，另一方面却又在大量地排放污废水从而污染了水环境，这才是真正不可原谅的浪费水资源和破坏水资源行为。虽然许多建筑师和工程技术人员也在不断探索及改进节水技术和设备等，但由于缺乏真正利用污废水的目标用户和途径，其宏观整体节水效果并不明显。因此，在建筑和城市中合理解决生产、生活所产生的污废水才是真正利用水资源的最根本的途径，可惜现代建筑和城市都还无法做到这些。

最后是节材，这也是建筑师和百姓都非常关注的课题。建筑材料的合理利用不仅对建筑成本影响很大，与建筑能耗和人体舒适度也有相当密切的关系，对国家宏观资源的有效利用和规划的影响也很大。但由于现代建筑模式没有发生根本性改变，因而建筑节材工作的进展也是举步维艰。

四、雨水收集和生活污废水及垃圾分类处理

许多建筑师将雨水的收集利用作为绿色建筑的一项重要考核指标和亮点加以重点突出，其实这完

全是一种误解。这并不是说我们可以不要雨水收集利用，而是因为这太过于平常，实在不值得夸耀。甚至许多雨水收集系统都是在花高价卖噱头，为了完成所谓的绿色建筑评价指标而做一些没有实际意义的装置，从而浪费钱财和资源。

生活污废水处理是建筑必须具备的一项功能，但真正能做到位和做好的并不多见。为什么这么说呢？现代建筑的居住小区内部通常都有污废水处理系统（化粪池），可这个处理系统是很不完善的。虽然粪便和污水通过化粪池的过滤、沉淀、消化和杀菌达到国家规定的排放标准，但里面的磷元素和氮元素的成分仍然存在。这些含有磷元素和氮元素的污废水通常被直接排入江河之中，从而造成严重的水体污染和富营养化，使小区和城市周边的水发黑、变臭，水生动植物资源遭到破坏。即便是在污废水中增加爆氧装置，使氨氮物质通过爆氧而挥发到空气之中再排放，但这些挥发到空气中的气体也会对大气产生污染。而且，这些宝贵的营养物质不经利用就流失同样也是一种严重浪费。

接着是生活垃圾的分类。有人说垃圾是放错地方的资源，这话一点也不假，但重点和难点在于垃圾必须进行分类，因为只有分类才能实现综合循环利用。而在现实生活中，生活垃圾是几乎没有分类或分类不彻底的，即便是像德国、日本等对生活垃圾分类非常严格的国家做得也不是很彻底，更何况大多数发展中国家。发展中国家的生活垃圾通常是不分类的，有机物垃圾与无机物垃圾混合在一起，在许多情况下只好一烧或一填了之，因而造成新的空气污染和垃圾围城的困局。

此外，城市和乡村大量的固体废弃物垃圾、建筑垃圾和工业垃圾等也无法处理。这些固体废弃垃圾无法分解，只能采取填埋处理，因而造成大量农田、湖泊和山林土地被破坏和污染。而这些固体废弃垃圾的填埋也不是一劳永逸的，它们仍然是埋在土地中的定时炸弹，随时可能爆发意外的污染事件。不仅如此，更为严重的是这些固体废弃垃圾还在源源不断地被制造出来，垃圾围城的困局在全世界各个城市及周边蔓延，没有丝毫终止的迹象。到目前为止，人类还没有找到科学治理和终结这些污染物的办法，这才是最为可怕的。

五、室内通风采光设计

室内通风采光是一个非常古老的课题，现代建筑也做了许多这方面的探索和努力。特别是一些有影响力的建筑大师经常通过建筑结构、门窗、中庭、走道或内部空间的巧妙设计来解决自然通风问题，尽量减少机械通风。建筑采光也尽量采用自然光，少用人工光源以节约电能。另外，还有积极推进节能灯在建筑中的应用，合理组织光源和优化用光环境，降低建筑用电能耗等。但在建筑模式没有做根本性改变的情况下，所有的这些措施和努力所产生的实际效果仍然是非常有限的，不足以改变整个建筑行业整体通风采光不良的局面。

六、建筑智能化

建筑智能化起源于 20 世纪末 21 世纪初，前后仅 20 多年时间。由于家庭网络的迅速普及，建筑智能化发展势头非常迅猛，建筑智能监控、遥控、预报，包括家用电器、门窗、设备、安防系统等均可实现智能化控制。应该说，目前建筑智能化技术比其他任何选项做得都好，但仍受制于现代建筑模式的限制而不可能实现彻底的智能化，并由此影响城市智能化发展的进程。

七、垂直农场

垂直农场的概念是21世纪美国科学家提出来的，是试图在城市中通过建筑的方式解决未来城市居民菜篮子工程的一个设计方案，并获得了许多建筑师的响应。但这个方案与现代建筑的居住和办公功能相脱离，是一个纯粹的立体农场概念，市场化操作不强，投资商不能及时获利，人们也不能将之作为居住和办公等用途，并潜藏生态失衡风险。因而，此方案还停留在探讨和概念性设计层面，目前还没有实际建成的项目，其发展前景并不明朗，也可能是得不偿失的。尽管如此，我们仍然可以从一些实例中发现一些对绿色建筑有益的启示。

八、可持续建筑

随着绿色建筑观念和探索的不断深入，建筑的可持续性逐渐成为建筑界所关注的主要方向。建筑师不但要关注节能环保、太阳能利用等，还要关注节地、节材、节水，雨水收集和自然通风采光，以及生活垃圾和废水利用等，所有的一切似乎都与建筑的可持续性密切相关。但在建筑自身没有绿色或很少绿化的前提下，建筑可持续发展是难以真正实现的。有许多不乏世界经典的可持续建筑或能够满足能源自给自足的零能建筑(见图1-3)，但这些建筑仍然存在大量难以弥补的缺陷，比如，虽然满足能源的自给自足节约了许多能源，但难以满足节地、节材要求，且建造成本非常高昂；或者虽然能充分利用太阳能的光电、光热转换，但前期建造成本及日后维护成本过高，建筑的舒适性也受影响，不能真正满足未来建筑可持续发展的实际要求。

图1-3　可持续建筑图例
(图片来自百度网站)

九、米兰“空中森林”

2011年11月，《南方日报》记者报道了意大利在建的“空中森林”项目，它是意大利建筑师米歇尔的突发奇想。这个号称“空中森林”的建筑是两栋绿色公寓，里面容纳了1公顷的森林。一边是寸土寸金的建筑用地，一边是降低碳排放的绿色生活需求，而“空中森林”很好地解决了这两者之间的矛盾，很是引人注目。这引起了全世界环保人士和媒体的强烈关注,甚至有人称这个建筑的示范效应直接宣布了绿色建筑时代的到来。

整栋公寓似巨型的盆景,茂密葱翠的树木从一个个镂空的建筑阳台中伸展出来,人们处在其间犹如置身在大自然的森林里。“空中森林”共包含两栋大楼,分别高 111 米和 79 米,里面一共可以种植 730 棵树木,5300 棵灌木及 1.1 万株地被植物,种植面积相当于 1 公顷的森林,不但为住户带来新鲜的空气并遮挡紫外线,植物还会随季节变换颜色,随时为大楼换上新装。

设计师米歇尔说:“‘空中森林’(见图 1-4)的灵感来自当地的一个植树计划,我们想让自然的风景走进建筑,创造以风景为家的公寓。”他还表示,“在不需要消耗额外资源的情况下,它们可以提供高端的生活品质。最重要的是,它们正在向全世界展示了一种可持续居住模式,与以前的生活方式完全不同。这不仅仅是人类的家园,也是动物和鸟类的家园”。

应该说,意大利米兰的“空中森林”建筑是目前世界上做得最好的、与绿色建筑理念最接近的实物建筑。虽然它与真正的绿色建筑尚有一定的距离,但已属难能可贵,足以在绿色建筑领域占有一席之地了。

图 1-4　米兰“空中森林”

(图片来自百度网站)

十、墨西哥花园公寓

墨西哥花园公寓是一栋高层花园公寓,高 36 层,坐落在墨西哥首都墨西哥城(见图 1-5),由 Meirlobaton Corona 建筑事务所与 Kristjan Donaldson 建筑事务所合作设计完成,该项目解决了住户在独栋式住宅居住的需求与现实中高昂的土地价格之间的矛盾。

图 1-5　墨西哥花园公寓
（图片来自百度网站）

这栋住宅楼在不牺牲舒适的庭院生活的前提下，为住户提供了在公寓建筑居住的奢华享受。建筑师将花园布置在住宅楼的每层，将土地与建筑完美整合在一起。更重要的是，它为住户提供了一处极具吸引力和功能意义的场所。

住宅楼的每层都是围绕一套公寓来布置的，该公寓面积达 400 平方米，还有约 160 平方米的延伸式花园，通过将每一层连续旋转 90°，使得每层花园都能在下层公寓悬挑出的卧室上方设置。

在每层的花园中还能种植树木，这就将建筑与自然融合在了一起，做到了二者的平衡，而不是偏向任何一方。在室内的起居室里可以看到整个花园，这在一定程度上增加了住宅的开放性。由于墨西哥城处于地震多发区域，建筑师使用了剪力墙和弗伦第尔桁架来稳固住宅楼的结构。

墨西哥花园公寓是一个非常有意思的建筑，建筑设计很巧妙，通过每层 90°的旋转使上层住户获得跃层高度的露天生态庭院。这个生态庭院始终是以下层屋顶作为上层的绿化平台，这损失了许多本来属于室内的建筑面积，结构也相对复杂，建筑成本也会相应地提高。另外，树木的高度可能偏高，灌木和垂藤植物略显稀少，不利于高空植物的防风和花园景观的营造，外围护栏杆高度不足，虽然视觉效果较好，但存在一定的安全隐患。总体来说，墨西哥花园公寓是一个非常有创意的建筑，令人耳目一新。

十一、新加坡绿色建筑

新加坡的绿色建筑计划始于 2005 年，当时新加坡建设局推出自愿性质的绿色建筑标志认证，考核指标包括节能、节水、环保、室内环境质量和其他绿色特征与创新五个方面。但从 2008 年起，所有新建建筑和部分既有建筑开始被纳入强制认证的范围。

政府通过政策鼓励、企业参与、科研投入、现金激励、行业培训、公众推广和强制认证等措施，并在公共建筑中应用绿色建筑，同时向建筑业主单位提供融资及低息贷款等，使新加坡的绿色建筑走在了世界的前列。目前，新加坡有超过840座建筑获得绿色建筑标志认证，建筑面积共计2500万平方米，占全国总建筑面积的12%。

纵观世界各国绿色建筑的发展情况，新加坡的绿色建筑应该是做得最成功的。政府的重视和大力支持，以及相关政策和金融贷款等方面的配合，政府带头在公共建筑中大胆使用绿色建筑技术所起的示范效应，使新加坡成为在绿色建筑方面做得最好的国家之一。但从新加坡已经建造或正在建造的绿色建筑来看(见图1-6)，几乎所有的建筑绿化都还是围绕着屋顶绿化技术和理念衍生而成，四周外立面仍以遮阳和隔热为主，建筑外立面的垂直立体绿化非常稀少，其垂直立体绿化技术和理念仍不太成熟，存在着建筑绿化的方向性失误。这对新加坡的绿色建筑和未来城市的发展产生了极大的阻碍，而

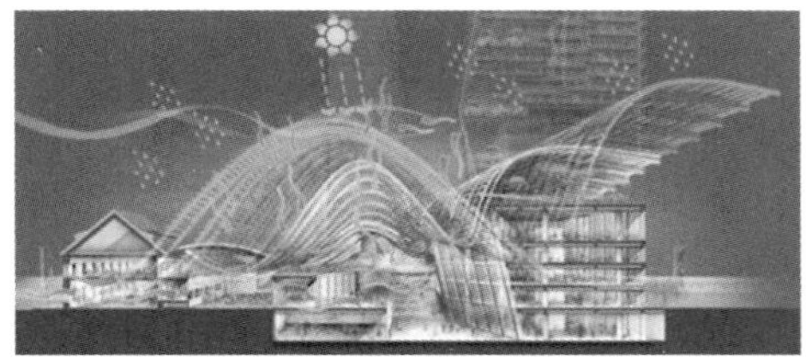

图1-6　新加坡绿色建筑

(图片来自百度网站)

政府过于注重绿色建筑的形式认证，绿色建筑的创意和具体开发方面仍显不足。由此可见，要建造出真正的绿色建筑，其困难仍不可小觑。

第三节　未来建筑的十大趋势

显然，第二节所展示的大量绿色建筑的探索作品是不足以称为真正的绿色建筑的。那么，未来的绿色建筑会是什么样子的呢？人类会生活在怎样的居住环境中？

通过图 1－7，人们或许可以找到绿色建筑的一些感觉：首先是建筑表面从上到下的通体绿化，整栋建筑的四周都由绿色植物环绕，内部户型和结构与现代建筑没有太大区别，但在户型外围是通过主体建筑结构外侧连续地挑出一圈跃层式覆土台地绿化而形成，其荷载通过主体建筑的挑梁或立柱解决，绿地面积和高度都远远大于一般的阳台，在绿地上可以种植各种花草树木、瓜果蔬菜等，也可以留出休闲和游玩的场所，从而形成空中生态庭院。

图 1－7　未来绿色建筑示例(高层住宅小区局部)

总体来说，未来的绿色建筑将在以下十个方面产生巨大变化。

1. 高层绿色建筑与空中土地

高容积率的绿色建筑将成为未来城市的主流建筑，使建筑节地效应和立体空间利用最大化。同时，通过空中土地的营造，能在建筑的任意垂直立面全方位 360 度种植各种植物，不管是屋顶还是四个外墙垂直立面，也不管是多层、高层还是超高层建筑的任何高度，都能够全面绿化。

2. 有家有园的生活

无论是高层还是超高层建筑，通过空中土地的建造都将实现家家有绿地、户户有花园的居住理念。

未来的建筑将通过在主体建筑户型周边外侧设置挑台式生态庭院，使家家户户在高空中也能享受和拥有绿地花园的美好生活。

3. 固碳和碳循环的生活方式

植物、动物(人)、微生物将通过高空中的生态庭院形成一个物质循环系统，在生态庭院中实现固碳和碳循环。同时，通过生态庭院中的绿色植物全面吸附和降解大气中的 PM2.5 污染颗粒，减少雾霾对环境和人体的伤害。

4. 光合作用与节能

利用空中生态庭院中植物的光合作用全面转化和利用太阳能，使太阳辐射对建筑的危害降到最低。而通过植物光合作用和呼吸作用又能使建筑对太阳能的利用最大化，同时也使建筑达到冬暖夏凉、节能环保和有益健康的效果。

5. 高度智能化集成微灌与节水

充分发挥建筑节水效应，所有绿色植物都将采用高度智能化集成的免养护微灌技术，并使生活污废水在建筑绿化中被自然循环利用。

6. “菜篮子”基地

除粮食、肉类等需要外界输入以外，其他大部分食用果蔬都可以从自家庭院的“菜篮子”基地中随时获得，既可减少大笔的家庭经济支出，降低生活成本，又能吃得健康，保障舌尖上的安全。

7. 净水系统和 24 小时热水系统

饮用水系统采用自来水过滤、净化和杀菌等技术而达到直饮水的标准，使饮用水可以直接饮用。在温带和寒带地区实施 24 小时热水系统，该系统主要由沼气能、电能和太阳能热水系统等组成，通过地下消化池中的生活污废水和垃圾等产生的沼气或生物燃料燃烧直接获得热能，通过锅炉供应热水，并与电能和屋顶太阳能热水系统智能化地整合成一体而实现 24 小时热水供应。同时，沼气能还可用于发电或照明等其他用途。

8. 改善建筑的通风采光

在满足安全和节能规范要求的条件下，建筑外的大部分墙面都将采用宽大通透的中空落地玻璃，以最大限度地满足室内自然通风和采光的要求，如图 1－8 所示。

9. 跃层式户型和庭院设计

未来的建筑将向跃层式户型和生态庭院方向发展，使建筑居住空间更富人性化，更能满足人口老龄化和居家养老及养生的需求，能更好地节约能源和资源，也更加符合植物在高层建筑中对生长空间和环境的实际需求。跃层式户型和庭院的配置犹如空中生态别墅，是城市中现代高层住宅最理想的升级换代的产品。如图 1－9 所示，生态别墅般的跃层式住宅能实现每个房间都拥有一块绿地，每扇窗户都拥有一个花园。而且，可以用普通高层住宅的建设成本打造空中生态别墅的居住环境。

10. 节材与低成本

未来绿色建筑外表的大部分地方将被植物覆盖和替代，外表面材料的质感和装饰性将被大大弱

图 1-8　通过中空落地玻璃获得良好的通风和采光

图 1-9　生态别墅般的跃层式住宅

化。主体建筑的绝大部分主要由钢筋混凝土、钢结构或玻璃等常规材料组成,在满足强度、耐久性等基本要求下,其他特殊或多余的要求将被弱化,因而能节约大量由建筑外表材料的装饰效果所导致的巨大成本,使建筑建造成本回归到正常、合理的水平。未来的绿色建筑将处处体现节能环保的理念,面向平民,使得家家都买得起、住得起这种高品质的绿色住宅。

未来建筑发展的大趋势是改善人类的居住品质，并以人、建筑与生态和谐共处为目的。它不仅适用于居住建筑，也广泛适用于办公、商用、旅游和公共建筑。未来的建筑理念将不仅仅是追求低碳，而是固碳和碳循环。

未来的绿色建筑不仅将在建筑方面产生翻天覆地的革命性变化，还将在城市规划及其他各个社会层面发生连锁反应，并产生意想不到的观念和理念上的巨大变化。这些变化将在下面的章节中做进一步论述。

第二章
绿色建筑概述

从人类社会的历史教训中我们知道，推翻一个社会制度相对于建设一个社会制度要容易得多，一个社会制度在革命的名义下被推翻或毁灭只是瞬间的事，但建设一个社会制度却需要艰难而漫长的历程。因此，人们应该谨慎地引用“革命”这一词，建筑的革命也应该避免盲目的推翻和毁灭，而是通过建设性、方向性的改变和创新，在保留传统和现代建筑文化及技艺的基础上修复生态环境并与自然和谐相处，以满足人类社会可持续发展的要求。

第一节　建筑的革命

传统建筑与现代建筑的弊端是众所周知的，无论在古代还是在现代，建筑都需要侵占农田、山林，都会或多或少地破坏生态环境。建筑与自然环境之间的关系似乎是敌对的：建筑越多，绿地就越少，环境破坏就越严重。这种对自然只有索取和掠夺，而几乎没有回馈的建筑模式几千年来都没有发生本质的改变。即使人们已经认识到现代建筑的危害性和危害的严重性，也很想改变这种局面，但由于没有掌握更好的建筑模式、设计原理和本质特性，没有与生态空间和物质循环系统联系起来，因而无法建造出真正与自然环境和谐相处、能够使建筑与土地之间形成和谐关系的新建筑。

建筑的本质是什么？未来建筑的本质又是什么？这就是人类现在需要回答的问题。

在自然界，几乎所有陆地生命都依赖土地而生存，失去土地就意味着失去了赖以生存的家园，也意味着失去自身生命及子孙后代生命的存在形式。土地是生命的根，也是人类赖以生存的根。问题是现代建筑将原本属于自然、属于其他生命的土地占为己有，无视它们的存在和生存形式，肆意破坏和蚕食土地及生态环境，使地球生态遭受重创和危机，并严重危害到人类自身的可持续发展。因此，建筑的革命必须走出这种破坏自然土地和生态环境、损害地球其他生命存在形式的建筑模式，将单向索取型的建筑淘汰出局，扭转建筑与环境、土地之间的敌对关系，这才是建筑革命的意义所在。

一、空中土地

建筑与土地之间的密切关系是不言而喻的，在这里我们探讨的不仅仅是建筑和土地之间的一些技术问题，因为技术是相对简单的，但一味追求技术却往往会使人们忽略建筑与土地中最本源的东西和真相。人类的理性思维应该把我们引向更高、更深的探索层面，用理性和智慧的光芒来照亮未来的建筑发展之路，还原建筑的本来面目，这才是未来建筑可持续发展的正确方向。

1. 人类的土地情结

现代建筑已经将土地的利用发挥到了极致，在小小的一块土地上可以建起几十层甚至超百层的高楼大厦，这在 100 多年前是不可想象的，而在 21 世纪的现在已经不是稀奇的事情了。但我们也不能忽视这样一个事实：人类建造高楼不仅是由于经济利益和科学技术等多方面力量的驱动，更有人口爆炸及人均土地减少的原因。特别是近代英国工业革命以来，全球经济高速发展，全球人口在不到 200 年的时间里从不到 10 亿人猛增到现在的 70 亿人。大量的农村人口失去或抛下土地涌向城市，城市急剧扩张，土地资源日益紧缺，于是高楼就建立起来了。但在高楼的建造过程中，并没有充分考虑如何恢复人类赖以生存的土地这一问题。或许是由于技术、材料、工艺或建筑观念的落后，人们能在这样的高楼中安顿一个家就已经非常庆幸了，哪里还敢对土地有其他奢求呢！

然而，土地才是人类真正的根！人类目前建造的高楼大厦提供的只是一个空中的家，而不是家园。没有土地的建筑不能称为家园。——家园！家园！就是要有家有园。有家无园的建筑不是人类真正理想的建筑，更不会成为人类的理想家园。这是一个巨大的建筑缺陷，失去了土地，人类的肉体和精神都失去了安身立命的依托。

自从人类社会有文字记载以来，土地一直是人类掠夺的最主要目标。人类社会经历了无数次战争和杀戮，包括 20 世纪两次世界大战及后来的冷战和各种局部战争，这些都紧紧围绕着土地而发生。

有了土地就意味着有了生存的空间，有了可以赖以生活的基础，也意味着拥有包括自由的一切权利，更包括子孙后代生存的一切权利；而失去土地，也就意味着失去包括自由的一切权利。因此，在人类的精神领域，失去土地也意味着精神和心灵家园的丢失，这将会造成人类的精神和思维都处于恐慌、焦虑和不安的处境中，因而就会更多地倾向于使用暴力和战争、掠夺和欺骗等极端手段，造成社会的极度不安和动荡，并最终酝酿成巨大的社会和自然环境灾难。

然而，无论是传统建筑、现代建筑，还是未来的绿色建筑，它们都需要占用大量的土地资源，谁也不能不占用土地而在空中建造楼阁。同时，建筑还需要消耗大量的自然资源和社会资源，人们在建筑中工作和生活更需要消耗大量的物质资源。那么，这些土地和物质资源又是如何解决的呢？

下面，首先来分析一下传统建筑和现代建筑。传统建筑和现代建筑都需要直接占用土地，它们在建造过程中首先要平整土地，将该土地范围内所有影响建筑的动植物（包括微生物等）都清理干净，然后才能进行建造和居住。但这样建造起来的建筑提供的仅仅是一个家，是一种火柴盒叠火柴盒的建筑模式。这就是现代建筑的本质，一种有家无园的建筑模式。特别是在高空环境中，人们就像一只只关在笼子里失去自由的鸟，没有土地，没有绿色，没有生命力，与自然完全隔离，封闭、孤独地在空中存在

着。当人们搬入建筑之中居住和生活时，又要从外界及周边地面环境中获取大量的生产和生活用品用于日常消费，从而再次破坏和蚕食周围的土地和生态环境，并且这种状况一直持续着，最终造成整个自然环境的破坏和生态链条的断裂。因此，传统建筑和现代建筑对土地及自然资源均采用单向索取型的侵占和破坏，没有一点回馈，这是对自然环境野蛮掠夺的不可持续的建筑模式。可以说，对于土地和生态环境来讲，传统建筑和现代建筑传递的是一种负能量，一种与自然环境对抗的破坏性力量。

生态文明建设的目标就是保护绿水青山，保护土地和生态环境。如果建筑在占用土地的同时不能恢复土地原来的功能，那么这样的建筑必定是在破坏生态环境，与绿色建筑理念也格格不入。

2. 空中土地与环境的正比关系

未来的绿色建筑在建设过程中虽然也需要占用土地，也需要消耗大量的自然资源和社会资源，但绿色建筑在建设之初就通过空中土地资源的开发来全面修复被建筑侵占的地面土地和土地上所损失的全部生物群落，并通过空中土地的种植获得长期稳定的生态平衡。

具体做法是：在主体建筑垂直外立面上通过梁柱结构营造出叠合式空中台地，该空中台地属于半露天环境，一面紧贴主体建筑的外墙，另三面凌空。在台地周围设置栏杆和挡土墙以保障人员安全并防止土体流失，台地上覆土绿化。该台地在主体建筑外立面上呈跃层或错层式布置，因而上下台地之间生态空间的高度有两层楼高，满足小乔木和灌木生长高度的要求，生态空间与主体建筑空间之间形成室内与室外的共生关系，是与建筑相互依存的生态空间和空中土地。

空中土地不占用地面土地面积，也不会影响地面上的植物或其他生物的生长。它是通过建筑技术在建筑外表面的高空中营造出来的空中生态庭院，与主体建筑的室内环境相对应且仅有一墙之隔，与主体建筑绑定一体。庭院中土地的种植环境和条件也完全不同于地面上的土地，通常是位于距离地面几十米或上百米不等的高空环境之中，种植方式与自然环境中的山地、山岭或坡地环境类似。虽然土层薄、植物种植根系浅，不适合种植高大的树木，但十分适合种植体型矮小、生长缓慢的小乔木、灌木和草本类植物，用以绿化和美化居住环境。同时，跃层式庭院设置的生态空间高度对这些植物的生长和种植来讲也是最合适的。

在现代建筑户型图中，往往只有室内面积，几乎没有室外面积，最多也就是有一个晾晒衣物和观光透气的室外阳台。而在绿色建筑的户型中，不仅有室内面积，还出现了一个跃层式户外生态庭院。这表明，未来的绿色建筑在设计之初就将空中土地与住宅户型紧密结合在一起，室内居住功能与室外生态庭院一起设计并绑定为一体。图 2-1 是平层与跃层住宅户型，居室周边一圈全部为生态庭院。

正因为如此，建筑与空中土地之间的相互关系就在此处明确地呈现出来了。现代建筑室外的土地等于零，也就是说，建筑师在设计之初并没有考虑在建筑户型之外再设计空中土地，现代建筑与土地是脱离的。因而现代建筑与土地之间就成为一对不可调和的矛盾体，建得越多，侵占的土地就越多，绿地就越少，对环境的破坏也就越大。而绿色建筑户型与空中土地绑定为一体，它们之间的关系是：建筑越多，空中营造的土地就越多，产生的绿地也越多，对环境也就越友好，它们之间呈和谐关系。这就是现代建筑与未来绿色建筑之间最本质的区别。

现代建筑只考虑建筑空间自身，没有考虑地面土地的恢复和立体利用，因而现代建筑无论建多高、

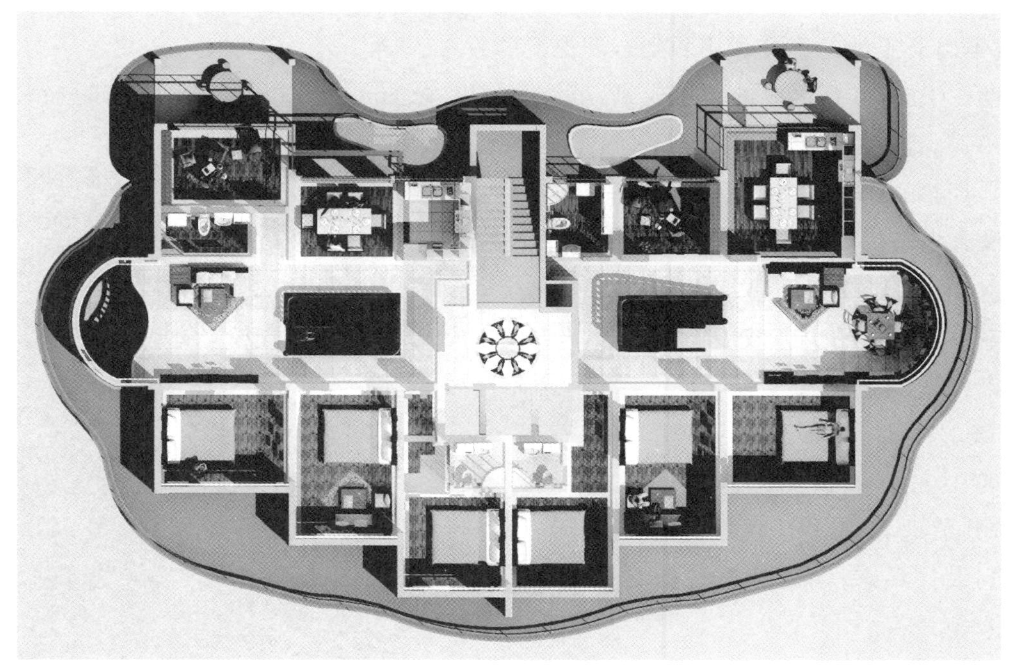

图 2-1　平层与跃层住宅户型平面图

盖多少层，仍然摆脱不了从平面二维角度利用土地的传统思维模式。只在平面上规划和盘算土地的合理利用，却没有从立体三维的角度来规划和开发空中蕴藏的土地资源，建得越多地面上的土地资源自然就越少，而空中土地资源却没有得到开发，城市也就越来越拥挤，并从城市中心向周边推送和扩散，形成摊大饼的局面。而未来的绿色建筑不仅考虑建筑本身对平面土地的开发利用，还充分考虑开发空中的立体土地资源，因而建得越多，空中土地自然就越多。因此在未来，不仅建筑模式将发生彻底改变，城市规划建设的模式也将发生彻底改变。

千百年来，人类一直在努力寻找人与自然和谐相处的秘诀，在不久的将来，我们通过绿色建筑就可以发现：建筑与土地之间的关系实质上也是人与自然的关系，建筑与土地的对立就是人与自然的对立，而建筑与土地的和谐也就是人与自然的和谐。这才是未来人类社会与自然和谐相处的关键节点。因此，未来绿色建筑将通过对高层空间的开发来获得空中土地，这将大大缓解人类对地面土地和生态环境造成的压力，更是对地面生态环境的一种保护和修复，传递给自然的是一种真正的绿色正能量。

二、高层生态系统及生态优势

绿色建筑中的生态系统不是指地面上的生态系统，而是指远离地面环境并依附于建筑表面所建立起来的生态系统。这种生态系统处于离地面几十米甚至几百米不等的高空环境之中，已经与地面环境完全脱离关系并独立运行，我们将这种通过建筑营造出来的高空生态环境称为高层生态系统。

既然是高层生态系统，那么其生态优势也主要体现在建筑的高度之上。对于 10 米以下的平层、低层建筑，能够用于立体开发的土地非常有限，难以体现出生态优势。当然，我们并不否认人为的地面绿化及一些高档别墅周边的绿化和美化效果，但这种绿化和美化并不体现在建筑本身，而是在本来就应该绿化和美化的地面土地上。这种在建筑周边的绿化和美化与建筑本身的绿化和美化并没有直接的关系，也体现不出对土地的充分利用和生态环保上的意义。

对于高度在 10～20 米之间的多层建筑，虽然也可以在建筑表面进行绿化，但建筑容积率太小，空中土地利用率不高，建筑密度和日照间距均不太理想。因而，近地低空范围的建筑绿化几乎没有生态优势或仅能抵消侵占的土地。20 米以上的绿色建筑由于节地效应和空中土地上的生态效应而使其生态优势渐渐显露。但高度在 60 米以下绿色建筑的生态优势仍然不够明显。只有高度在 100～200 米之间的高层绿色建筑，其节地和立体土地开发效应才可能达到最佳状态，高层生态优势才能明显地体现出来。

图 2－2　高层建筑的绿化

相对来说，建得越高，节地效果越好，空中产生的绿地也就越多，地面和高空整体的立体生态景观越优美，生态优势也越明显，如图 2－2 所示。

当然，千篇一律缺乏变化的高层建筑也不太符合美学上的要求，城市空间和高空立体绿化的利用最好也是采用高低结合、上下错落的阶梯式搭配，这样也才能更好地体现其生态和景观上的美学效果。此外建筑也并不是越高越好，这种高空生态优势也受到建筑技术、结构、安全和经济成本等诸多因素的制约，当建筑高度和体量达到或超过一定极限时，其生态优势也可能被其他因素所抵消。

除了建筑高度所产生的节地效果和空中立体土地的生态优势以外，高层生态系统的优势还体现在其本身的规划和建设之中。如果没有前期统一的设计和建设，没有将污废水、有机生活垃圾的转化利用和高度智能化灌溉技术结合起来，这些建筑表面的绿色植物就无法正常生长，也就难以建成高层生态系统。即便是建立起来了，其绿色植物的维护管理成本也是非常昂贵的，产生的效果也会不尽如人意。因此，不仅要注意建筑高度体现的立体土地优势，生态系统本身的规划建设也是不容忽视的。

此外，人们也不能完全排除或轻视高层建筑中裙房、公共建筑、办公楼、工业建筑、厂房或某些低矮的辅助用房的立面及屋顶的绿化效果，高低结合、上下错落的阶梯式立体绿化本身就是高层生态景观不可分割的组成部分。另外，地震带附近的某些城市或区域不适合建设高层建筑，更适合以低层或多层建筑为主。因此，人们应该考虑在多层立面、屋顶及低层的屋顶和地面之间进行立体绿化。虽然这种近地低空绿化没有高层或超高层建筑的高空立体绿化效果好，但如果完全放弃也是非常不明智的。

三、房和地的结合及未来建筑的升级换代

未来绿色建筑模式完全超越了人们传统的观念和思维习惯，不再是火柴盒式的简单叠加，也不再是仅有室内环境而没有室外环境的一种人与自然环境完全脱离的建筑模式，而是通过建筑技术和结构营造出空中生态庭院，使家家户户都有户外庭院，都拥有绿地和生态空间，使建筑、人与自然都可以和谐相处。因此，未来的绿色建筑不仅有室内空间，还拥有室外空间；不仅有室内环境，还拥有室外环境；不仅有空中的房产，还拥有空中的地产，并相互有机地结合成一体。

未来人们居住的绿色建筑主要包括两部分：一是主体建筑内的基本户型，是室内部分，与现代建筑的户型非常相似；二是环绕着基本户型外立面的生态庭院，是室外部分。这两部分空间相互组成一体，形成人们真正需要的居住建筑，是人们理想中“完整的家”的概念。这样，才算真正实现了有家有园的美好期盼。图 2-3 展示了有家有园的居住环境(局部)，居室外侧有生态庭院跃层环绕。

图 2-3　有家有园的居住环境(局部)

房和地的结合不仅将对未来的绿色建筑产生巨大影响，同时也将对未来房地产行业产生重大影响。过去人们习惯于开发地面上的土地，多盖房、盖好房，而未来的房产不仅要开发地面上的土地，还要开发空中的土地；不仅要在空中建房，还要在空中建造生态庭院；不仅要搞地面绿化，还要搞空中的立体绿化和屋顶绿化，形成地面和空中同时立体开发的格局。

未来老百姓购买房产的目的不再只是为了拥有能遮风避雨的房子，还需要包括房子外面的庭院和庭院中的土地及产权。因此，未来的绿色建筑将使人居住宅和住宅外侧的环境都发生翻天覆地的变化，这是一种真正高尚的品质追求，也是一种最生态、环保、节能、健康的生活方式，更是现代建筑全面升级换代的理想版本。

有家无园的现代建筑其实是一种有缺陷的建筑，它连人类最基本的生理上的需求都无法很好地满足，

更不用说满足精神上的需求及未来可持续发展的要求了。而未来绿色建筑的出现将完全打破目前现有的房地产开发模式和规则，将使几乎所有的现代建筑都面临全面淘汰和升级换代的巨大压力。这种压力首先将会在房地产行业和未来国家城镇化建设中强力释放并掀起不可阻挡的巨大变化，更会对国家经济和整个世界经济产生无比巨大的影响，同时也将更深刻地影响和加快人类社会的文明进程。

我国 20 世纪 80 年代的建筑主要是砖木结构，农村建筑更有大量的土坯房和土瓦房，但到了 21 世纪初期，这些建筑基本上都已重新建造或翻新。现在，由于整个经济的快速发展和生活水平的提高，我国大部分新建建筑都采用了钢筋混凝土材料，建筑质量和居住品质都大为提高。在这短短的 30 多年时间里，建筑的变化日新月异，特别是建筑材料和居住品质的变化更可以用升级换代来形容，人们在建筑中就可以真实感受到时代车轮的前进和科技的发展是如此之快。但同时也应该看到，目前的建筑仅仅是结构和材料上的变化和升级，建筑模式和功能并没有变化和升级。因此，人们更可以期待未来绿色建筑模式和功能的升级换代将给我国甚至全世界带来怎样的变化和惊喜。

第二节　高层消防的突破与未来城市高层空间的拓展利用

一、现代高层建筑的消防瓶颈和缺陷

现代建筑大部分为低层和多层建筑，很少有高层建筑。不过由于人口增长与土地匮乏之间的矛盾日趋紧张甚至激烈，人们对高层建筑的需求也在不断地增长之中。虽然高层建筑的建造成本比低层和多层建筑要高许多，但土地成本也在日益增长，许多地区的土地成本已经远远高于高层建筑的建造成本，高层建筑成本反而不是最重要的成本因素。因此，高层建筑就成为平衡土地成本的最主要杠杆，但高层建筑在消防和避难方面的缺陷却是建筑向高层拓展的“拦路虎”。即便是在经济和科学技术较为发达的欧美国家，他们对高层建筑在消防和避难方面的缺陷也没能提出更好的解决方案。再加上高层消防规范的强制性要求侵占了大量的实用面积，使得高层建筑得房率受到极大的影响，严重抑制了高层建筑的发展，对房地产开发商和购房人的积极性也是一个极大的打击。

在当前的高层建筑构造中，由于高层建筑外围几乎都是相对封闭的密闭式筒体结构，没有户外消防避难空间，一旦发生火灾就会产生烟囱效应而使浓烟迅速在大楼内部扩散并向上蔓延，火势控制非常困难，浓烟也会越积越多。由于四面外墙封闭，加上缺乏自然排烟的通道和途径，排烟效果不通畅很容易导致室内人员窒息。因此，人们首先想到的不是现场灭火，而是选择如何尽快逃离火场，在地面或避难层等待救援，让专业的消防队伍参与消防灭火。但是，正是这种做法往往会导致错过消防灭火的最佳时机。同时，对于远离地面几十米甚至几百米的高空，混乱中人们的避难行动又缺乏理性，更会对高层建筑上下垂直交通和室内的避难空间产生巨大压力而影响消防救助。对一些行动不便的老人和残障人士来说，更是灾难和噩梦的开始，其后果非常严重。这成为现代高层建筑无法回避的技术障碍，也是制约现代高层建筑向高空拓展的最主要原因。即便完全按照国家制定的高层建筑强制性消防规

范的标准和要求设计，所有的消防设施也都齐备的情况下，在发生火灾时，高层消防避难仍然困难重重，人员伤亡的灾难还是会不时降临。特别是超过百米以上的高层建筑，消防避难更是非常困难，这与目前高层建筑消防避难模式和观念的落后有很大关系。

由此可知，一旦发生火灾，现代高层建筑密闭式的室内空间环境就变得异常危险，它缺少一个安全的与室内空间直接连接的开放式户外空间和自然排烟的途径，这是现代高层建筑最致命的消防缺陷。因此，在未来高层建筑的消防模式中，开发一个能够在高层建筑中完全满足户外消防避难功能的开放式户外空间及自然的快速排烟通道，就成为最基本的需求和任务。

二、户外消防模式

如果所有高层建筑在每层的室外都设置生态庭院空间并兼顾消防避难的功能，室内人员在起火时就可以从容不迫地逃离火场到户外庭院避难，并打开通往庭院的门窗便于自然排烟。同时普通人只需要接受简单的消防培训和指导，就能在保障自身安全的前提下利用庭院中的消防设施轻松地灭火救人。

室内消防避难与室外消防避难完全是两种不同的情形和结果，就像面对一个熊熊燃烧着的大火炉，你在封闭的火炉内消防避难与在露天开放的火炉外消防避难，两者的人身安全保障是完全不同的。在封闭的火炉内，无论消防避难措施如何到位、装备如何完备和先进、防护材料如何耐火和阻燃，燃烧着的浓烟和烈火都可以在瞬间夺取人的生命。在紧急情况下，即便是最周密的防护也难以确保悲剧不会发生。而在开放的火炉外，内部的浓烟能够通过打开的门窗迅速及时地排放到室外大气之中而不会威胁到站在户外庭院中避难人群的安全，同时人们还可以打开庭院中的消防设施直接灭火救人。

因此，生态庭院空间的产生给每个建筑住户都提供了一个户外消防避难的共用空间。它们呈跃层或错层式设置，通常有两层楼的高度，宽度比阳台稍宽一些，局部区域的面积稍大些，可供人员活动或摆放一些桌椅等。庭院空间通常是沿着整个户型外立面及侧面连续设置的，因而其长度通常是阳台的许多倍，形成水平的长廊和连廊式连续空间。在建筑的两个垂直立面的交界处，连廊式庭院空间还可以转到外墙的另一个侧面，使得人们在庭院中能够及时避开起火的房间并转移到安全的地方，同时又能够安全从容地消防灭火。

这个户外空间就是高层绿色建筑中的消防避难空间，也是消防避难的第一空间。庭院中，每隔一定距离就配有消防栓或其他消防自救设施，比如在庭院栏杆的垂藤植物丛中可以安装消防喷淋等灭火设施，这对未来高层和超高层建筑中设置户外消防和避难空间提供了技术和安全保障。即使在几百米高的摩天大楼中，只要在结构允许的情况下所有的生态庭院都可以当作消防避难空间来使用。如图 2－4所示的错层与跃层设置的连廊式庭院，一旦发生火灾，室内人员可以直接进入户外庭院消防避难，在建筑的两个垂直立面的交界处，连廊式庭院空间还可以转到外墙的另一个侧面。

通过庭院的错层和跃层设置，未来的高层绿色建筑层层都有避难空间，层层都有消防空间。这使得高层建筑无论有多高，住户都能够在火灾发生的第一时间直接疏散到户外庭院中避难逃生。即便是身体不便的病人，身边没有其他人的帮助，只要他有控制按钮的能力，就可以通过手动或电动轮椅转移到室外庭院中安全避难。同时，人们也可以在火灾发生的第一时间在户外庭院中通过消防栓的高压水枪直接破窗灭火救人。

图 2－4　错层与跃层设置的连廊式庭院

当然，许多人也会提出这样的问题，在平层由于有户外庭院，住户可以直接避难逃生，那么在跃层又怎么办呢？虽然跃层在高层建筑中是不可避免的，但由于大部分建筑的层高只有三四米高，所以即便是在跃层发生火灾，住户无法直接到室外庭院逃生，还是可以借助绳索、窗帘等物品通过窗户或阳台顺势滑落到下面的平层庭院之中安全避难。在情况紧急时，也可以从阳台或打开的窗户直接跳落到平层庭院的草地上逃生避难。此外，即使是在跃层，通常也还是有庭院设置的，因为生态庭院在同一立面是跃层设置，但在不同立面通常还可以错层设置，因而也有生态庭院可供人员逃生和避难。

所以在高层绿色建筑中，生态庭院具有双重功能：不仅是植物的户外种植空间，也是建筑的户外消防空间。

将高层建筑的消防设备由室内空间转移到室外庭院空间，并将室内与室外空间结合成一体的消防模式，是未来高层绿色建筑模式的一个创新。无论是在平层还是在跃层，庭院空间都将成为最好、最安全的消防避难空间。它为未来高层建筑的户外消防避难模式打开了新的方向，也为未来城市和建筑向高层空间的拓展扫清了消防政策上的障碍。

另外，从未来城市消防规划的层面来看，消防手段和消防工具的创新也可能有更多的选项。现代消防车和消防云梯是从下往上的，而且有高度的局限性；而未来高层绿色建筑的消防还可以是从上往下的，不受高度限制的直升机、无人机消防也可能会纳入城市消防模式之中。

三、户外消防避难通道及门户的进出

在火灾发生时，除庭院中影响消防功能的小乔木和灌木的种植区域以外，原则上消防人员可以在庭院的任何部位自由行走和活动。因而,所有生态庭院也都能够在需要消防灭火的第一时间作为户外消防避难的通道使用,并通过跃层设置环绕在整个建筑之中。

户外消防避难通道的门户进出通常有前后两处,处在相邻两个庭院的交界处。前面的进出消防通道通常设置在向阳面,能够直通邻居的庭院,消防员只要打开庭院门户或栅栏、篱笆等即可直接进入业主的庭院之中灭火救人。当然,这样的消防避难通道和门户也有可能由于户型的变化而设置在左右两侧部位。后面的消防通道及门户通常在背阴面,也常常与垂直上下的公共楼梯间或电梯间的前室相通,这个消防通道通常有左右两扇门户,可单独进出,无须经过邻居的庭院就能够通过对外可开启的独立门窗直接进入庭院之中进行消防灭火。同时,这个进出的口子还可作为将来物业人员的服务通道使用,如图 2-5 所示。

图 2-5　在必要的情况下消防人员只要打开楼梯间的门窗即可进入庭院

当然,所有可进出的消防通道和门户在平常都是关闭和上锁的,外来人员或小偷都无法进入。而在发生火灾需要消防避难或物业公司提供庭院植物养护服务时,工作人员只要按一下这些门户旁边设置的按钮或刷卡后,就能通过消防和物业公司智能控制中心自动通知业主,向物业公司核实,并打开消防门户和监控摄像,实时记录消防实况或物业人员进出庭院的服务情况。当然,消防监控中心也可以利用监控摄像指挥消防人员灭火救人。

在前后错层设置的庭院交叉部位,也可以设置室外楼梯,将错层设置的庭院上下连接成一体,以形成通过跃层上下的户外垂直消防避难通道。

消防人员在户外消防作业时即使不进入室内,也能够直接在户外庭院中破窗或破门而入进行消防灭火,这能够极大地保障消防人员的人身安全。

此外,由于生态庭院按跃层设置,户外消防通道也随着生态庭院按跃层设置。在由多个垂直单元组成的高层建筑中，在发生火灾或其他紧急情况时，可以通过户外跃层式生态庭院而与邻近垂直单元的电梯区相互连通，人员可以通过这个通道转移到邻近单元的电梯上下疏散。因此，楼梯间或电梯间与庭院之间的临时出入口就成为消防出入口，生态庭院就成为连通两个垂直单元的临时水平消防、逃生通道。

四、水平排烟模式

现代高层建筑通常只有楼梯间或电梯间一个垂直逃生途径，而当这个逃生通道打开时又会带来室内烟火向上、向外蔓延的巨大风险，这也使得建筑师不得不考虑在电梯间或楼梯间的前室设防火门和机械加压送风及机械排风装置。

而在未来的绿色建筑中，有两条逃生路径可供选择：一是在烟火还没有蔓延到门口时，住户可打开大门通过楼梯间或电梯间垂直逃生；二是在烟火封锁大门出入口时，住户可以通过户外庭院水平逃生，还可以绕道到楼梯间或电梯间的门窗逃生避难。两条可选择的逃生途径使得室内人员的安全性得到大大提高，直接通过庭院逃生的途径则更加便捷和安全可靠。另外，人们还可以通过庭院中的消防设施在第一时间主动灭火救人，而这种主动消防模式也将成为绿色建筑的主要消防手段和措施。

现代高层建筑排烟主要是通过垂直排烟实现的。它由楼梯间或电梯间的前室采用机械加压送风和机械排风组成，这种机械排烟效果往往受到设计的合理性和机械设备本身的影响，对设备的维护保养非常依赖，并且容易产生排烟管道漏风而使烟火向上层扩散的危险，对上层建筑中的人员和财物的安全非常不利。虽然也有水平方向的自然排烟途径，但排烟窗的设置受到外立面的限制较多，排烟窗在门窗上的安装位置也不尽合理，许多排烟窗都需要手动完成，所以一旦发生火灾，这些排烟窗往往不能发挥应有的作用。

未来高层绿色建筑首先是通过起火层的水平排烟途径直接实现的。由于开辟了户外生态庭院的消防模式，室内人员在发生火灾时可以第一时间通过户外庭院空间逃生和避难，那么必然需要打开庭院的门窗，自然就产生了户外排烟的水平通道。同时，站在庭院之中，也可以相继打开其他房间的门窗用于自然排烟，使室内烟雾能够及时迅速地排出户外。其次是设排烟窗，使其设置在容易发生火灾的厨房、客厅、过厅等门窗的上部区域，平时关闭，当有烟雾发生时通过电子感应器自动开启，并同时自动开启对面或对门的排烟窗以便于户外空气对流和自然排烟。还可在排烟窗的部位安装排烟风机，通过电子感应器激活风机，即可自动向户外强制排烟。这两种排烟措施都可以大大减少排向电梯和楼梯间等公共区域的浓烟量，对阻止烟雾向上层扩散有良好的效果。平时，排烟窗或排烟风机还可以用于室内机械通风或排除厨房油烟。再次是在玻璃门窗上部区域安装玻璃自动破碎装置，一旦发生火灾和浓烟时自动感应并破碎相互对应的门窗，使浓烟及时排除。上述三种方式都是采用水平方向的自然排烟模式，并通过建筑本身的结构阻断及材料的防火特性来避免烟火向上层蔓延，有利于将烟火直接隔离在起火层内，避免发生更大的人员和财物损失。而垂直方向的机械排烟仅作为辅助或补充手段，主要用于离外墙较远而难以自然排烟的区域。

另外，当火灾发生但烟火还没有蔓延到进出口的门户位置时，可以开启通往电梯间或楼梯间的门户以逃生避难；而当烟火蔓延到门户位置时，应当自动关闭进出口门户，启动庭院消防避难模式和水平排烟模式，并自动打开庭院的门窗和排烟窗，进出的门户转换成庭院与楼梯间或电梯间的消防出入口以逃生避难。

五、生态庭院本身的防火结构与垂直防火区的划分

沿高层建筑外立面四周一圈的跃层式生态庭院本身就是一个良好的防火结构，由钢筋混凝土等耐火材料构成，跃层设置的生态庭院从底部一直设置到顶层为止，将高层建筑划分成一个个以跃层为单元的防火层和防火区。由于庭院为跃层设置，高约6米，火势即使窜出庭院结构的外沿，通常也无法再向上到达上层跃层庭院的高度，更不容易在上层庭院中再横向突破外墙屏障蔓延到上层室内空间之中，因而可以说基本切断了火势向上蔓延的可能，形成一道道垂直防火区。因此，绿色建筑外立面的一个个庭院空间同时也是一个个防火空间，能有效阻止下层火势向上层蔓延。

同时，庭院栏杆上装有喷灌、喷淋设施和消防设施，在起火时可以根据火灾发生的区域和区段及时喷出大量的水珠和水雾以灭火降温，也可以预先将庭院中的植物喷湿，使植物不轻易引燃以达到阻止火势蔓延的目的。而外凸的庭院结构(见图2-6)能够像防火墙一样将火势控制和隔离在下层区域，有效防止火势向上层扩散和蔓延，避免烟火上窜和烟囱效应的出现。

在未来的高层建筑消防中，跃层庭院对上层居民既有户外消防避难的功能又有隔离下层火势的作用。庭院结构本身的双重消防功能是未来高层绿色建筑的双保险，将对未来高层建筑的发展起到非常重要的作用。

图2-6　长廊式跃层庭院

六、消防模式的变化和人员的疏散模式

在未来的高层绿色建筑中，由于室外空间的产生，户外消防模式可能会发生一定的变化。

由于建筑高度的因素，传统的专业消防车辆通常无法直接到达起火层。又由于距离和时间上的因素，专业消防队往往错过消防灭火的最佳时机。因而，未来高层绿色建筑消防将以业主及邻里之间的自助和互助式消防为主，专业消防只起到辅助的作用。大部分消防灭火都是由业主及本栋楼中的居民在保障自身安全的前提下利用户外庭院所提供的消防空间在第一时间里解决，只有在火势难以控制的时候才由专业的消防队员参与灭火。

这种业主和邻里之间的自助消防模式与目前地面或底层建筑起火时的消防模式相同，业主和邻里之间可以在第一时间主动参与灭火救人。此外，由于未来高层绿色建筑普遍使用钢筋混凝土或钢结构材料，这些结构材料具有良好的耐火、耐高温特性，能够保障高楼结构的安全和稳定，而户外生态庭院的构造能够保障业主和邻里之间自助式户外消防避难模式实施的安全。因此，只要加强对住户居民的消防安全教育和日常的演练，并在每栋高楼中建立一支主要由居民自愿参与的业余消防队，进行相对专业化的培训指导和操练，那么住户居民就可以在第一时间基本控制火情并消除火灾的安全隐患。

所以，在未来的高层绿色建筑中，专业消防队伍的人员就可以大大减少，大部分火灾的消防救助由自助式业余消防队完成，而专业消防队人员的主要职责是对业余消防队队员进行定期培训，并在特殊情况下组织消防灭火和后期火灾现场的专业勘查、分析和判断等。

在户外消防避难模式中，一旦起火，大楼中的人员无须采取紧急疏散模式，而要先各自防守好自己的楼层，在起火的上层庭院中可以自动或手动打开庭院栏杆上的喷淋系统，将庭院中的植物叶子全部喷淋一遍，再取出消防水龙头，随时观察下层的火势状态，对火势有可能蔓延的部位再用消防水喷淋一遍，以避免下层火势通过庭院或其他途径往上蔓延。在起火层的人员可疏散到庭院之中，利用庭院中的消防设施灭火救人，大楼中的其他消防人员或邻里之间也可以主动进行救助和灭火。

所以，在未来高层绿色建筑的消防中，大楼中的人员不是采取迅速疏散和撤离的模式，而是各自防守自己的楼层以避免火势蔓延，同时通过大楼中的业余消防队进行自救灭火，在火势难以控制的情况下再通过专业消防队员的指挥，采取必要的人员疏散措施。这使得大楼在消防过程中的垂直交通压力大大减轻和缓解，大楼中人员的疏散也可以有条不紊地进行，不会产生人员集中疏散导致现场的慌乱和失控。

七、建筑得房率的提高

室外庭院空间可作为消防避难空间，这也意味着高空避难层和消防电梯、楼梯、前室、通道、楼道、防烟通道等公共消防空间的面积可以大量节约下来。这些节约下来的消防面积可以直接转换成实用面积以作居室或办公区域之用，这将使高层绿色建筑的得房率大大提高。居民可以得到更多的实用面积和经济实惠，政府和开发商也将有更大的动力去建造高层绿色建筑。

室外的庭院空间就像绿色建筑送给人们的一份礼物，在我国的一、二线甚至许多三线城市，建筑得

房率提高所增加的面积和产生的价值要远远大于庭院的建设成本。

封闭与开放、户内与户外消防避难模式将成为现代高层建筑与未来高层绿色建筑之间的分水岭。由于高层建筑室外庭院空间的出现促使消防模式产生革命性变化，它对未来高层绿色建筑的发展具有非同寻常的意义，也给未来的城市规划和新型城镇化建设带来一定的启示作用。高层建筑将不再成为消防避难的禁区和噩梦，这意味着未来城市建筑向高层空间发展的瓶颈得以突破，能以更高的容积率在更少的土地上规划更多的建筑，容纳更多的住户。

八、庭院结构对主体建筑的安全围护功能

在传统的地面建筑中，通常都有前后和左右庭院设置，这些庭院不仅仅起到对建筑的绿化和美化作用，还起到对建筑的围护作用，能够保护建筑住户居民的生命和财产安全。

在高层建筑中，主体建筑的外围如果没有庭院围护，建筑内部的人员在心理上就会产生不安全感。首先是恐高心理，高层建筑的室内空间非常像空中的鸟笼，人站在外侧窗台边眺望就像是站在高高的悬崖边上，若没有室内围栏和一米以上高度的窗台及墙体围护，就很难会有安全感，甚至手心出汗、头皮和脚底发麻。但如果在居室外还有环绕建筑一周的生态庭院做安全围护，那么即使使用落地玻璃做外墙围护，通常也不会产生恐高心理，因为室外还有庭院做安全保护，即便站在三米以上的跃层中，只要下层有生态庭院保护，这种恐高心理的影响也是非常小的。其次是抵御外界环境的入侵，在高层建筑中生态庭院空间通常是跃层模式上下设置，上层庭院的构造对于下层居室来讲就相当于雨棚，它能够起到极好的遮阳效果，而上层的垂藤植物下垂也起到遮阳和美化作用，同时下层庭院本身种植的植物也能起到遮阳和美化居室环境的作用，这种上下层的遮阳和美化使得高层建筑室内的居室环境大大改善，外界气候环境的干扰就大大减少。再次是建筑的防盗贼功能，室外庭院空间不仅给户外消防避难带来革命性的变革，还具有天然的防盗优势。在高层建筑中盗贼通常是通过外墙立面可攀附的构件攀爬而上，而长廊式的外凸庭院结构就像一个 L 形的凌空岩壁，让盗贼无处下手和攀爬，形成一道道空中的防盗屏障。6 米左右的跃层式庭院层高更是盗贼无法临空逾越的高度，是难以突破的高空屏障。因而，生态庭院构造为绿色建筑的防盗和人居的安全性提供了最可靠的保障。

此外，庭院结构还可以避免高空坠物的发生。目前，大多数高空坠物是由阳台上的花盆、花瓶或杂物不慎跌落引起的；有建筑外表面玻璃、墙砖或一些附属物的脱落等；也有极少数人在高空中随手乱扔杂物。这些高空坠物对地面人员和车辆造成极大的危害，时有地面人员被高空坠物砸伤的事件发生。

而在高层绿色建筑中，由于庭院结构呈跃层式环绕在住宅的周围，且庭院外挑的结构大于阳台的结构，使阳台上的杂物不会直接从空中跌落到地面，只能跌落在下层的庭院之中；而建筑外表面的玻璃、墙砖或其他构件也不会直接掉落到地面，它们同样也只会掉落在下层庭院之中。

第三节　绿色建筑的两个前提条件及意义

绿色建筑的本质是与自然和谐,与生态和谐。要成为真正的绿色建筑首先必须满足两个前提条件,那就是在建筑中营造生态空间,并同时建立起物质循环体系。只有实现和满足这两个前提条件,才有可能成为真正的绿色建筑。

一、生态空间

植物生长必须有生长空间,这在自然界中是最基本的生存条件。因此,绿色建筑要产生真正的"绿色"并满足植物的种植条件就必须有生态空间,有了生态空间,植物才有容身之地,才能满足各类植物生长的基本条件。如果在建筑中连植物最基本的生存空间都没有设置,那么建筑绿化又从何谈起呢?因此,没有生态空间的建筑是不能称作绿色建筑的。

在当前建筑界,大多数建筑师对绿色建筑中的生态空间知之甚少,甚至不知道生态空间为何物,不知道生态空间的营造对于绿色建筑有多么重要的意义,更不知道生态空间与植物的生存和生长是一种怎样的关系,只知道绿色建筑是一个时髦的好东西,人云亦云,但不知道该从什么地方下手、怎么下手。

大多数建筑师似乎以为只要加上墙体保温、太阳能、雨水回收利用等技术措施就可以给建筑贴上绿色建筑的标签,跻身绿色建筑的行列了,反而将建筑绿化中的"绿色"视为画蛇添足。因而,绿色建筑的外表颜色与现代建筑的外表颜色就不再成为他们争论的焦点。同时,他们还往往自我辩解:"绿色建筑表面的绿色是一种简单而肤浅的理解,它有更深刻的内涵,主要表现在建筑节能、节地、节水、节材及建筑室内和周边环境绿色、材料绿色、工艺绿色等。"虽然这些观念不能说是错误的,但这种片面的解释却将绿色建筑引入了歧途。这种做法无异于买椟还珠,如果连建筑本身的"绿色"都丢弃了,那么又怎么能指望实现真正的绿色建筑呢?绿色建筑不"绿色",还叫绿色建筑吗?

然而,建筑的绿色一直是中外建筑界千百年来最具争议又最难以逾越的一道鸿沟和屏障。因为当前的建筑几乎都是一个方形六面体,除基础的地面和屋顶平面以外,其余四个立面与地面呈 90°直角,在四个垂直的外立面上生态空间等于零,属零空间。因此,在建筑表面上除了屋顶一个平面能够种植植物之外就再也找不到其他任何可以种植的生态空间了。但即便是屋顶这样一个适合植物种植的平面,也由于结构、材料、荷载、防水防漏和成本等诸多问题而难以在建筑屋顶实现"绿色"。

那么,如何克服和解决上述难题呢?我们知道,人是生活在室内空间而不是户外空间的,而绿色植物适合种植在户外空间而不是室内空间。那么,除了屋顶之外,我们能不能在四个垂直的外立面上创造出开放式的户外生态空间呢?答案是肯定的!

如果将思路稍稍延伸一些就可以发现,阳台其实也是在建筑垂直外立面上悬挑产生的开放式户外空间,可以供人员户外活动。那么,为什么就不可以在建筑的外立面上悬挑产生出像阳台一样适合植物生长的户外生态空间呢?当然,这个生态空间是完全不同于阳台空间的,不仅面积要比阳台大得多,空间高度还必须满足植物生长的要求。显然，传统的阳台是不能够胜任的。因此，就必须将地面上的庭院概念搬到阳台的位置上才能达到生态空间的种植目的，这就是绿色建筑中空中生态庭院最初的创意。

地面上的生态庭院是真正的土地，它由土壤、水和阳光等适合植物生长的一切基本要素组成，可以种植乔木、灌木、瓜果、蔬菜和花卉等植物。通常这样的生态庭院在乡间农舍或别墅花园中才有，而绿色建筑就是要将这种生态庭院搬到现代高层建筑的垂直外立面上，通过主体建筑的悬挑结构实现。

在如图 2－7 所示的建筑立面效果图中可以发现，高层绿色建筑的内部户型和结构与现代建筑基本相同，不同的是在每个户型的外围都整体连续向外挑出一圈跃层或错层的台地并覆土绿化，整幢建筑外立面的绿化如带似练地从上到下 360°全方位环绕一体。它们的荷载问题是通过主体建筑的挑梁或立柱解决的，绿地的面积和高度都远远大于普通的阳台，在绿地上可以遍植花草树木和瓜果蔬菜等，也可以设置休憩和游玩的设施，这个绿地及绿地所产生的高度就是该建筑的生态空间高度。由于植物立体种植的需要，考虑到植物的种植密度和生长高度及室内通风采光等因素，所以将空中生态庭院空间限定在跃层高度，这个跃层高度就是生态庭院的基本高度。

图 2－7 外挑的跃层式空中生态庭院

跃层式庭院高度可充分保障建筑室内空间能得到良好的日光照射和通风，给小乔木和灌木也留出了足够的生长空间，在使用过程中也不会影响人员在庭院的休憩和活动等。

将这样的生态庭院空间从一个垂直立面一直设置到其他三个垂直立面上，从底层开始一直设置到顶层为止。于是，在建筑的所有垂直立面上都可以产生这样的跃层式生态庭院空间，绿色建筑四个垂直立面中的任意立面、任意高度就都可以实现绿化。

此外，也可以将外挑的生态庭院结构当作现代建筑中跃层被动式遮阳结构，这是一个具有多重功能的特殊遮阳结构，既能为下层空间遮阳，又能使上层空间的居民在遮阳板上直接种植植物。

还有一点，未来绿色建筑的空中生态庭院设置是没有层数和高度限制的。无论建筑有多少层、有多高，即使是几百米高的摩天大楼，也都可以在主体建筑外立面的结构上设置跃层式生态庭院，中间不会产生生态断层现象。整幢建筑外立面的绿化带全方位环绕一体，实现真正的绿色全覆盖。因此，生态空间是绿色建筑第一个前提条件，也是先决条件。可以说，没有生态空间就不可能产生真正的绿色建筑。

有些人会认为，绿色建筑中的生态庭院不过是生态阳台的概念，只是面积大了一些、高度高了一些、长度长了一些而已，也没有什么特别之处。其实人们有这样的想法也不足为奇，这是一种化繁为简的思路，但却不可以按生态阳台的标准去设计和建造。因为生态阳台是无法替代生态庭院的功能的，相反，生态庭院却可以替代生态阳台的所有功能。此外，在未来的绿色建筑中，并不会废弃阳台不用，由于生态庭院是跃层式构造，在跃层单元中阳台仍然是必要的构件之一。

在建筑理论界，人们习惯于在地面上设置生态庭院，比如乡村民居中的宅院、别墅中的庭院等，但几乎没有人考虑将地面庭院搬到高空中。在房屋建筑学中有楼板、梁柱、楼梯、墙体、屋面、阳台、雨篷等构件，唯独没有高空庭院的构件，这就是现代建筑与自然环境之间矛盾的根源所在。

二、物质循环

解决了生态空间的问题之后，人们还须解决另一个难题。因为光有生态空间并不能解决植物生长所需的营养和水的问题，如果这个问题没有解决好，那么种植的植物也是不会长久存活的。这也是建筑界搞屋顶花园几十年甚至上百年都没能解决的历史遗留问题。那些生长在屋顶上的植物经常由于灌溉和养护不当、有机质成分流失、土壤中微生物菌群失调、透气性差、土体结块成团变性等原因造成植物营养不良或病虫害，严重影响植物的生长。此外，由于屋顶种植的土壤有限，土壤中的营养元素也有限。如果灌溉不当及没有外界营养的持续输入，植物就会营养不良甚至枯萎。因此，这些屋顶植物生长不良所产生的问题症结就在于没有形成持续可靠的物质循环系统。即便人们已经认识到这个问题，对于小面积的屋顶花园来说，设置一个稳定的物质循环系统从设施和成本上来看都是得不偿失的，日后的管理和控制更是一件非常不容易的事情，需要有专人养护，其人工管理和养护费用等更是非常沉重的长期负担。

所以在屋顶上搞绿化，“种植容易养护难”就成了老大难的问题。通常它对大多数住户和居民来讲有口惠而实不至，他们也没有享受到屋顶生态带来的居住环境上的改善，相反，却可能要承担由此所带来的经济成本和管理成本，面对房屋建筑可能发生渗漏、沉降和对墙角、墙面或结构产生破坏等威胁（见图 2－8）。

显然，在建筑中建立物质循环系统不可能通过小打小闹的局部措施来实现。因为整套系统不能像人工施肥、浇水那么简单，它是一个综合性很强的系统工程，由生产者（植物）、消费者（人）和分解者（微生物）三者共同完成。

图 2-8　绿色建筑屋顶绿化及景观布置效果

未来的绿色建筑将建立一个真正的物质循环体系，它以绿色植物、人和微生物三个方面的相互作用和转化使物质循环得以顺利进行。太阳能促使植物生长，生成有机质，通过人的消费和排泄进入消化池，通过微生物的消化处理后又成为植物的营养物质，再经过智能微灌技术给植物施肥浇水，从而完成整个物质循环体系。人类消费所产生的生活污废水、厨卫垃圾及植物的秸秆、杂草和枝叶等物质通过专门的管道进入消化池中并经过微生物菌群在合适温度下一定时间的发酵、消化、分解和处理，形成植物所需的营养，这是一种最自然、最全面的营养液。这种营养液对植物的生长来说十分科学合理，不会对植物产生伤害和危害。在经过消化处理后的营养液中，危害植物生长的病菌和病虫害已被基本消灭或失去活性，因此非常安全、卫生。这些有机营养液可以与其他经过处理的水勾兑成植物的灌溉用水，再通过可控的智能化设施，对庭院中的植物定时定量地准确灌溉(见图 2-9)。

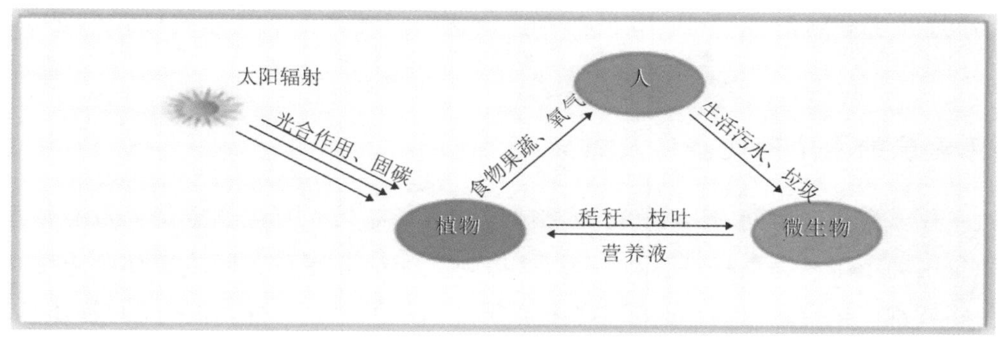

图 2-9　物质循环系统

上述物质循环系统包括生活污废水和垃圾处理设备，以及与智能化微灌技术相结合的可控设施。如果没有这一整套设施，那么建筑中的所有污废水和有机生活垃圾就无法得到有效转化，植物的灌溉和营养就无法保障。所以，没有一定的规模和整体的规划设计是难以实现的，即使实施了，倘若达不到一定的有机物含量，其运行效果也会不尽如人意。所以，物质循环系统必须以小区或社区为单位，少则几十户、几百户，多则几千户、几万户居民整合成一个大循环系统，统一规划、统一设计，并通过计算机技术智能控制整个系统的运行。因此，未来的绿色建筑不是什么屋顶、墙面或阳台的小范围局部绿化，而是对整幢大楼、整个小区甚至是整个城市的整体规划建设并全面绿化，形成一个巨大的生态系统和绿色建筑群。

从生态平衡的角度来讲，生态系统规模越大就越稳定，规模越小就越不稳定。认识到这一点是非常重要的。因为如果没有整体成系统规模的绿化和灌溉设施，那么在屋顶、阳台或墙面上搞一点小范围的绿化并不稀奇也没有什么技术含量，这也是许多人将屋顶、阳台、窗台和墙面绿化误认为是建筑绿化的主要原因。虽然这种绿化在短期内也可以生长和存活，但形不成相对稳定的生态效应，稍一疏忽或灌溉养护不当就容易引起植物的死亡，而且植物生长与人居活动空间的相互干扰和交叉较大，对植物生长很不利，难以形成对植物生长有利的小环境和小气候，更无法保证生态系统的稳定性。因此，生态系统是一个整体和庞大的系统工程，零星的小范围绿化不足以促成建筑生态环境的改善，也无法形成生态系统的相对平衡。只有建筑整体全面绿化，形成大规模的绿色生态系统和小气候，才能保障生态系统的相对稳定和持续生长。

必须强调，建筑绿化的目的是与自然和谐，而不是与自然对抗，这是首要原则。因此，无论是植物品种的选择，还是土壤、水、阳光和生长环境等，都应该与当地的自然条件相适应。不应一味追求高档奢华，而刻意制造人工环境。否则，不仅绿化、维护和管理的成本会大幅上升，生态系统也会变得极不稳定，从而违背与自然和谐相处的初衷。

在现代建筑中，绿色植物与建筑之间几乎是一对矛盾体，二者很难相容。建筑矗立起来之时，往往也是动植物消失之日。而当建筑表面爬满植物的时候，也往往意味着建筑的年久失修和破败。人类如何克服这些矛盾，使建筑与植物之间能够在建设之初及使用的过程中和谐相处、共生共荣，是绿色建筑需要解决的最根本的问题。

因此，绿色建筑就肩负起一个历史使命，即在建设之初和使用过程中就将建筑中的人居空间与植物的种植空间充分融合在一起。根据人类的生活习性、居住习惯与植物的生存、生长习性，创造出不同的室内外空间环境并相互组合捆绑在一起。人类居住在室内环境之中，而植物就生长在室外环境之中，二者通过外墙分隔，互不干扰，互助共存。这就完全规避了现代建筑模式中建筑与植物之间的矛盾。

三、绿色建筑的两个前提条件及意义

绿色建筑不仅要有生态空间，还必须有物质循环系统。如果光有生态空间而没有物质循环系统，那么即使在建筑中种植了植物也只是昙花一现，就像现在大部分屋顶花园或墙体垂直绿化一样，光鲜几年后这些植物就难以维持正常的生长了，许多情况是不了了之。另外，如果光有物质循环系统而没有生态空间，那么这个物质循环系统本身就是不健全的，因为在建筑中没有植物种植和生长，就不能产生物质循环效应，大量的污废水和垃圾等就无法转化为无害物质，进而对周边环境产生危害和破坏作用。只有当两个条件同时满足和具备，才有可能成为真正的绿色建筑并符合可持续发展的要求。

当然，仅仅满足上述两个前提条件还不能完全成为绿色建筑。比如植物品种的选择，土壤、气候、养护管理等因素也在不同程度上影响着生态系统的运行。在此之前，中外建筑界对绿色建筑一直有较大的误解。21世纪初，欧美国家先后出台了绿色建筑的相关标准和指导准则，中国国家建设部也参照欧美标准出台了《绿色建筑评价标准》供建筑界同人参考，但这些标准和准则离真正的绿色建筑仍相去甚远。由于建筑理念和观念的不同而造成成本、工艺、材料等人为的复杂化，使大多数所谓的绿色建筑效果并不理想，对生态环境和人居环境也没有起到应有的保护和改善作用。而对于最关键的前提条件即生态空间和物质循环却提及甚少，因而其生态和绿色效果不理想是可想而知的。

绿色建筑的两个前提条件对将来真正的绿色建筑标准的制定和绿色建筑的规划设计及建造，甚至未来国家城镇化和生态文明建设都具有里程碑式的指导意义。

第四节　居家养老与“菜篮子”工程

一、居家养老及养生模式的改变

当前，人口老龄化已成为世界性难题，欧美发达国家早已产生和面对，而发展中国家也即将产生和面对。发达国家因经济富裕及社会保障体系相对完善等原因，其人口老龄化所产生的社会问题并不突出，属于未老先富型，因而整个社会有很好的相融性。而大部分发展中国家就没有那么幸运，它们是属于未富先老型，国家经济和社会保障体系都不健全，社会融合性较差，养老就成为家庭和社会的一大沉重经济负担，也是造成社会不和谐、不稳定的原因之一，如何破解养老难题也成为考验当权者智慧和执政能力的课题之一。因此，本书也试图从绿色建筑结构和户型的角度来破解养老难题。

1. 居家养老

由于老年人口大幅度增加，每个家庭也都面临养老难题，社会只能解决一小部分养老问题，居家养老将是大多数家庭必须面对的选择。

一是居家养老的家庭是一个集约型的家庭，是三代或四代同堂居住的模式。这种居住模式对于建筑空间及资源和能源的利用等是最节约、最经济的，同时对家庭和社会的长期稳定及子女尽孝也是最有利的。老年人也最愿意生活在自己的家中颐养天年，三代或四代都可以同堂居住。因此，绿色建筑中跃层式的结构和户型就是居家养老最适合的模式。

二是跃层式、三代或四代同堂居住的模式虽然对于居家养老非常合适，但现代建筑的平面户型却无法适应居家养老所需要的面积和内部空间的布局要求。更由于没有空中的生态庭院，即便是跃层式户型也不能解决居家养老问题。因此，跃层模式、有家有园的绿色建筑就成为居家养老居住的最好选择。

三是空中的土地。在现代建筑中，人们的土地情结无处寄托，精神和心灵都得不到安宁，这在老年人的心中是很难接受的。而未来绿色建筑的空中土地就能够满足人们对土地的渴望和诉求，土地情结得以排解，让老年人在自家的生态庭院之中含饴弄孙，颐养天年。同时，老年人由于年老体弱，不适合从事重体力活，也无法再就业谋生，因而缺少经济来源，生活容易陷入窘境。而庭院经济正好能够弥补这一缺陷，不需要重体力劳动，老年人就可以通过生态庭院的经营获得一定的经济收入，不仅老有所乐、老有所养，还老有所依、老有所持。庭院经济和庭院环境对老年人的身心健康有莫大的好处，并相应减少了整个家庭的经济费用及“菜篮子”的日常支出。

四是家庭和睦，这可以减少子女因为照顾老人而产生不必要的外出交通支出和来回奔波的辛劳，对培养孝道文化及增进家庭成员之间的感情都非常有利，也更便于年轻人外出工作或办事的时候由年老父母照顾孙子孙女，增进彼此间的血缘亲情，促进家庭关系的和睦稳定。

2. 家庭养生与百草园

居家养老还必须与家庭养生结合成一体。如果脱离了养生的环节，养老的质量就会大大下降，老年人的精神和物质文明生活就无法得到保证，也容易异化成居家养老的负担和包袱。

居家养老与养生是互补的。居家养老需要合适的空间和户型，家庭养生同样也需要合适的户外庭院空间及与室内外空间互动的生态环境和场所，需要人与自然环境的亲密结合。在现代建筑封闭式的空间中，虽然也可以居家养老，却没有生态庭院空间，因而也缺乏家庭养生的空间。没有植物的种植空间和场所，人的土地情结就无法得到排解和寄托，对老年人的居家养老和养生就极为不利。在绿色建筑中，家家都有生态庭院和养生空间，室内外的空间和环境可以互动，庭院中可以种植各种植物及食用果蔬，也可以种植各种养生食材、药材，如人参、石斛、虫草、川贝等名贵药材及养殖甲鱼、螃蟹、鱼虾之类的水生动物，是一个动植物共生的百草园。人们能够通过生态庭院实现与自然最亲密的接触和融合，这才是居家养老和养生最基本的条件。

同时，家庭养生还必须有相应的室内外互动的健身场所和养生环境，那么客厅及与之相连的庭院空间就是家庭养生健身的最好场所，特别是向外延伸较大的庭院环境通常适合户外锻炼和憩息，对老年人在家中的修身养性大有裨益，如图 2－10 所示。

图 2－10　居家养老、养生与庭院休闲模式

另外，我们应该重视居家养老和养生所产生的经济价值和道德力量。当前，无论是发达国家还是发展中国家，人口老龄化所产生的养老负担是普遍存在的。虽然人人都会老、人人都要养老，尊老爱幼是人类的传统美德，但这对家庭和国家经济都是一个沉重的负担，在经济不景气的情况下就更容易产生养老困境和家庭伦理道德困境，对社会和家庭结构的稳定构成威胁。而在绿色建筑中，居家养老和养生不仅不会产生经济负担，还能够通过庭院经济模式补贴家庭经济，并直接解决老年人的收入问题。那么，这将成为老年人的人生幸福，也是老年人人生价值的体现和人类道德的进步，对子孙后代的道德教育和社会的长期和谐稳定都具有深远影响。

3. 社会养老

我国实施了长达30多年的独生子女政策，人口老龄化程度较高。许多家庭的子女不在老年人身边，无法照顾老年人的日常生活起居，无法满足老年人精神上的慰藉需求，因此社会化养老的市场需求也是非常大的。

对此，通过绿色建筑规划建造养老公寓是一个较好的途径。养老公寓是一种社会养老模式，适合社会上失去亲人的孤寡老人和没有能力养老的贫困家庭，同时也适合一些自助、互助养老和不愿意居家养老，以及喜欢热闹群居的社会养老人群。也可采用居家养老与社会养老互补的自主选择型等，由专业的养老机构提供一整套多元化养老服务。同时，这类养老机构还应该与家庭和社区养老，以及社会保险、医疗保险、社会配套服务机构、义工和志愿团体等相互结合成一体。

在养老公寓中，也同样可设置生态庭院空间，并设置养生及健身的空间和场所，使社会养老的老年人也拥有同等的养生权利。

社会养老应该与社会养生结合在一起，社会养生就是设置公共养生环境和养生机构，并通过公共设施和资源服务于社会公众。比如，设置公园、广场、医院、会所、影剧院和健身馆等社会养生设施。

此外，无论是居家养老、养生还是社会养老、养生，都会产生巨大的产业及就业机会，这个产业和就业机会的大部分将在各个家庭内部自我消化吸收，小部分在社会养老和养生机构中解决。

二、家庭“菜篮子”基地

家庭“菜篮子”工程是通过各家各户的生态庭院实现的，主人可以利用庭院内的地面和空间种植各种新鲜果蔬，也可以养殖鱼虾等水产品，还可以利用一些临时的可装拆的支架和塑料容器等，立体种植各种蔬菜水果，每个种植容器都与智能微灌系统相连接，智能控制果蔬的营养灌溉。

当然，仅仅是在自家庭院中种植并不能完全彻底地解决居民“菜篮子”的需求，因为许多食材或瓜果蔬菜是难以在私人庭院中种植的，也有一些住户错过季节没有种植甚至不想种植的情况发生。因此，家庭“菜篮子”工程还必须与城市公共“菜篮子”工程相互结合。通过公私结合的模式，将家庭“菜篮子”工程与公共权属性质的建筑屋顶、城市地面及城市周边农业用地中的高效有机农业、养殖业、渔业和林业等实现一体化布局，形成集中互补型供应网络。在自家庭院中没有种植的食材，可以通过公共菜篮子基地获得供应和补充。同时，私人庭院中的瓜果蔬菜也可以通过邻里之间的相互交换及网上物流系统进行同城交易等模式出售给需要的家庭，以满足所有城市居民“菜篮子”的需求。

公私结合是将家庭“菜篮子”工程与配置土地上的公共“菜篮子”工程进行有机结合，并通过互联网的同城交易和网上物流实现。

传统农业是一种低效、低产，又需要大量时间及劳动力进行日常管理维护并需要投入大量资金、靠天吃饭的高风险行业，农民的居住地与种植土地之间的平均距离通常超过 1 公里，浪费在来回路上行走的时间每天就可能超过 1 小时。而在绿色建筑中，空中庭院种植的植物是通过高度智能化控制的微灌技术自动实现的，基本免除脏乱差环境下的重体力劳作。庭院植物由于有稳定的营养源和智能灌溉系统而生长良好，农作物或瓜果蔬菜等优质高产，完全可以实现瓜果飘香、蔬菜满园、鱼虾满池的庭院景观（见图 2-11）。空中土地与居住地只有一墙之隔，一只脚在室内，另一只脚就可以直接跨入庭院，从居住区到庭院种植区的时间几乎压缩到零，这使得庭院植物的种植和养护都非常方便。由于是自己种植和食用，因而食品的安全是毋庸置疑的。它带给人们舌尖上最安全的保障，并彻底消除了人们的心头大患。

图 2-11　蔬菜满园、瓜果满树的家庭“菜篮子”基地

第五节　高层绿色建筑成本及比较

一、建设成本

1. 建安成本

建筑部分（包括建筑和水电安装等）的成本与现代高层建筑的建安成本相比没有太大的差别，通常在 1500～2000 元/平方米。

室外生态庭院部分是增加的部分面积及绿化，占室内面积的1/5～1/3。这部分建筑面积及绿化成本合计在3 000元/平方米左右(包括庭院的台地结构、安全围护、植物、土壤、智能微灌设施及污废水处理设施等)。如果与目前的普通高层建筑相比，增加部分的建设成本分摊到室内建安成本中，则每平方米约增加700元的成本。但它能带来室外生态庭院的实用面积和高空别墅般的环境效益，这是绿色高层住宅与普通高层住宅最本质的区别。

与地面别墅类住宅相比，高层绿色建筑每平方米的建安成本比普通地面别墅至少降低1/3，后期所发生的装修成本也会降低1/3左右。

2. 生态庭院的建造成本

(1) 庭院台地及梁柱结构(包括安全围护设施等)，约1000元/平方米(钢筋混凝土结构)。

(2) 庭院覆土绿化等，约1000元/平方米。

(3) 污废水处理系统及智能微灌系统等，约1000元/平方米。

合计建造成本约3000元/平方米。

3. 分析

虽然绿色建筑的住宅建设成本略高于现代建筑，但它提供了室外生态庭院的实用面积，其生态优势、经济效益和人居环境的综合效益十分可观，同时还带来了节能、环保、健康及零成本的家庭“菜篮子”工程，对开发商和业主都会产生巨大的附加值。

此外，由于高层绿色建筑的庭院空间与消防避难空间可以通用和共用，而原本用于消防避难的空间和通道等就可以作为室内建筑空间使用。因此，建筑实际得房率可以提高10%以上。也就是说，以现代高层建筑100平方米的住房实际得房率只有70平方米左右的现状来对比，采用绿色高层住宅的实际得房率可能达到80平方米以上，这对业主来讲是非常划算的。在绿色建筑中，100平方米的住宅户型，其庭院面积按照1/4配置，产生25平方米的庭院面积。其庭院的建设成本为：

3000元/平方米×25平方米＝75000元

因此，如果用增加的得房面积置换生态庭院的建设成本，在一线或二线城市就已经足够了。对于每平方米建造成本超过1万元的城市，就拿北京、上海、广州和杭州等城市来说，那就是一个更大的现金礼包了。

但公共建筑、办公写字楼和酒店等绿色建筑的成本可能会是另外一种情形，其成本会比当前的办公写字楼和酒店成本更低一些。因为这些建筑外墙目前通常采用高档玻璃幕墙或干挂幕墙等，其外墙成本通常每平方米超过千元，而绿色办公写字楼和酒店的外墙由于外侧有跃层式外挑生态庭院结构的安全保护，因而，可采用普通金属骨架的外墙和落地玻璃组合即能满足安全和节能等要求，其外墙成本每平方米可降至五六百元，将此节约下来的外墙成本用于跃层式外挑的生态庭院结构和绿化成本应该就能够基本持平。同时，由于外墙有生态庭院保护层，大楼的机械空调量可以大大减少，不仅中央空调主机和安装成本等可以相应减少，每年节约的电费和维护成本也是非常可观的，而且这些成本的降低是长期有效的。由于室外有生态庭院空间产生，室内部分的空间也会变得更加实用和紧凑，这同样可以大大提高建筑的使用性能，减少建筑室内空间的浪费(见图2-12)。

图 2-12　室外下垂的绿色植物可以大大减少室内机械空调量

4. 养护成本

由于庭院植物采用智能微灌技术自动浇灌，并以小区和整体规模统一养护和管理，只要小区有30%以上的入住率和相对稳定的有机物来源，就能够基本保证建筑表面植物的营养来源，因而不需要额外进行人工施肥浇水。即使一些住宅无人居住，这些庭院植物也不会因无人管理造成缺水或营养不良甚至大量死亡。需要强调的是：植物种植和免养护灌溉的设施成本已经在购房成本中一次性支付，不需要再支付额外的费用。庭院内部普通植物的修剪和打理是住户自己分内的事情，与开发商和物业公司无涉。如果住户不想自己修剪整理，则可以临时或全权委托物业公司派人修剪整理。物业公司的主要职责是承担每年1～2次的庭院栏杆区域属公共部分的植物枝叶的专业修剪、整理及庭院植物整体的病虫害防治工作，并承担专业的种植技术指导义务和咨询服务。

私人庭院中的养护灌溉水源来自免费的生活污废水，不产生任何附加费用，其处理污废水设施的费用也已在购房款中一次性支付，除产生少量电费及一些设施维护运行费用之外不会再产生其他养护成本了。此外，目前我国居民用水的水价中已经包含了污水处理和排污两项费用，这个费用是在支付水费时政府直接收取的。如果按照绿色建筑污废水自循环模式，那么政府就不应该再收取这些费用。如果将这些节约下来的费用直接补贴到绿色建筑中的植物灌溉用电和相关的维护养护费用之中，就基本能够支付私人庭院中公共部分的植物养护和管理费用了。

二、与地面别墅的比较

1. 地段

在房地产行业，地段是房地产开发最关键的因素，直接决定项目的成败和房产的价格。而别墅项目在城市中心是国家明令禁止的，开发商也没有任何盈利空间和项目开发的动力。因而，目前的别墅项目只能选择在城郊或偏僻的乡村。

与此相反，绿色建筑却适合在城市中心的任何地段、任何区域开发，它不影响建筑容积率，还可以直接增加城市绿地和景观效应，是城市之肺。在土地价格不变的情况下，绿色住宅可以华丽变身为空中生态别墅、公寓、酒店和写字楼等高品质楼盘，将大大提升楼盘的附加值并改善城市区域的生态环境和景观建设。

2. 生活成本

地段决定生活成本，住在绿色建筑中的居民可以充分享受城市的各种公共市政配套和商业配套设施的服务，生活和交通非常方便和快捷。而在乡村或偏远地区的别墅就不具备这种生活条件，其生活成本和交通成本相对非常高昂。

3. 土地成本

地面别墅需要承担全部的土地费用，与之相比，绿色建筑的土地成本是根据建筑层数和高度呈大幅下降的，层数和户数越多，分摊的土地成本就越低。因此，绿色建筑的用地成本与目前的高层住宅的用地成本是基本相同的。

4. 建设成本

由于地面别墅通常都是非标型，无法采用标准化、模块化施工，人工和材料浪费的问题都非常严重，施工距离和周期也比较长，建设标准又很高，因而建设成本非常高昂。而绿色建筑的户型和结构从上到下几乎是一样的，完全可以采用标准化、模块化施工，人工和材料都非常节省，施工距离和周期也都大大压缩，在保证质量的前提下建设成本也可以大大降低。与地面别墅相比，在相同建设标准和要求下，绿色建筑的成本可以降低1/4～1/3。在许多地区，用降低的建设成本去置换土地的分摊成本就已经足够了。但这种绿色建筑完全可以与地面别墅的品质相媲美，而在绿色生态、节能环保和市政配套服务方面的优势更是远胜于地面别墅。

三、结论

绿色高层住宅与普通现代住宅相比，虽然建设成本由于增加了庭院面积而略高一些，但居住和生活品质却因室外的庭院环境而大大提升，同时日后在使用过程中也能够大大降低建筑能耗，减少家庭开支。同时，由于拥有空中生态庭院的室外实用面积，建筑得房率也随着户外消防避难模式的改变而大大提高，仅提高的建筑得房率这一项就足以抵扣增加的建设成本。

与普通的地面别墅相比，绿色高层住宅的土地成本大幅下降，建设成本也降低1/4～1/3。同时由于地段的因素，绿色高层住宅不仅能够拥有地面别墅般的居住环境，还能够充分享受城市的各种市政和商业配套服务，生活成本和交通成本低廉，入住率和资源利用率都非常高。而传统的地面别墅不仅无法享受城市的各种配套设施服务，其生活和交通成本也相对高昂，长期空置和资源浪费现象非常严重。

在未来的房地产开发模式中，如果用乡村别墅的理念在城市中建造空中生态别墅，等于用高层住宅的开发成本打造城市中心的高端别墅，其产品的性价比和附加值都将大幅增长。这一理念将彻底颠覆整个房地产行业的开发模式和居民的居住及购房模式，可以说绿色建筑将成为未来房地产业中最具前途和价值的投资产品和产业方向之一，并对国家经济和全球经济产生巨大和深远的影响。

绿水青山就是金山银山，生态文明建设的核心就是保护绿水青山，保护土地和环境。因此，绿色建筑的核心就是在所划定的规划建设范围内最大限度地提高建筑容积率，最大限度地开发和利用空中的土地，从而保护规划范围以外的土地资源。在高层绿色建筑消防获得重大突破的前提下，高层绿色建筑必将成为生态文明建设的核心内容。

第三章
绿色建筑三个方面的若干问题

当前，人们对绿色建筑和绿色植物的种植存在很多认识上的障碍，主要表现在三个方面：一是绿色建筑理念，这对绿色建筑的规划和设计都起到非常重要和关键的作用；二是绿色建筑本身，主要是在空间、结构及室内的通风采光、防水、防潮、防渗漏和防蚊蝇等方面产生的影响；三是绿色植物的种植、养护和灌溉及人力成本和管理等难题。

如果这些问题不能得到解决，那么绿色建筑就很难真正推广进入百姓的视野成为人们的选择，以致人们对绿色建筑产生怀疑和抵触情绪。因此，未来的绿色建筑必须消除人们的这些疑虑。通过技术、材料、工艺和空间上的合理规划和设计，来解决人居与绿色植物之间的不和谐因素，使人、建筑与自然和谐共处。

第一节　建筑理念

一、家与家园的区别

人类需要一个家，所有的地球生命也都需要一个家。家是生命生存和繁衍的场所，是承载生命的载体，是一个生态平衡和生态循环系统。家不应该只包含人类所建造的室内空间的概念，只适合人类居住，而将其他的生物排斥在外；家应该包含其他生物生存和繁衍的空间，只有人与其他生物共生共荣，才能保持人与自然的和谐，才能延续人类文明，才能保证人类社会的可持续发展。

因此，家的内涵和范围应该包含人与自然两个组成部分：人类因为进化的原因而更适合室内环境，其他大部分生物也由于进化的原因而适合室外环境。由此反映在建筑中，未来的建筑就必须营造出这两种不同空间和环境，使之和谐共处，共同发展。

在人类的建筑中，家园中的家是指封闭式的室内人居空间，园是指相对开放的室外生态庭院空间。室内住人，室外绿化，只有实现相对开放的生态庭院才能真正适合植物的生长，利于人类生存。园的主要含义是土地和土地上的空间，没有土地概念的庭院无法实现植物的种植，只有将土地搬到庭院之中，搬到高层空间之中，形成空中土地，生态庭院才能真正形成，有家有园的品质生活才能真正体现，人与自然的和谐相处也才能真正实现。如图 3－1 所示，每个房间都有一个花园，即便是厨房，也可以有一个大的花园。

图 3－1　人与自然的和谐相处

人类建筑历经几千年历史，从原始人类的穴居和巢居到石头和砖木建筑，再到现代钢筋混凝土和钢结构建筑等，每一次建筑革命都意味着建筑的升级换代。有家有园的绿色建筑也不例外，而且不再是简单的建筑材料和建筑结构的改变，而是建筑模式的改变，是人们居住和生活方式的改变，以及对待自然的态度和方法的改变。

家庭的概念也是一样的，庭是指庭院，通常在居室的外面并与居室相连，是供人们休憩、娱乐的私家宅院，有相对的私密性和封闭性，可以种植各种植物以美化居住环境。

因此，无论是家园还是家庭的概念，都脱离不了庭院环境。没有庭院的家园或家庭，在建筑层面上都是不完整的。

二、对建筑与土地的重新认识

在现代建筑的土地利用模式中，地面的土地是固定的，建造一块就减少一块。在使用过程中，建筑还会长期蚕食周围土地，破坏周边的生态环境。

而未来绿色建筑的立体土地利用在理论上是无限的。因此，未来的绿色建筑缓解了建筑与土地、绿地和环境之间的矛盾，将平面二维的土地开发模式转变为立体三维的土地开发模式，使土地增加了一个空间维度，使建筑与土地之间成正比关系，建筑建得越多，土地反而越多，绿地越多，生态环境就越好。

在使用过程中，由于生活垃圾和污废水得到彻底的循环转化并成为植物的营养物质，因而绿色建筑对周边的生态环境还能起到保护和修复的作用，人类的建筑从此将真正能够与土地和自然环境和谐相处。

因此，未来的绿色建筑在利用地面土地的同时必须肩负营造立体土地的法定义务，这个法定义务必须通过法律的形式确定下来，给每个居住其间的住户一份法定的私有的空中土地，并通过规划设计和建造的方式实现。让每家每户在空中都拥有自己的生态庭院，拥有可自由支配的空中土地，这是多么美好的事情。

建设空中土地的目的之一是恢复并超越原有土地上的所有生物及生物量，这对整个生态环境来讲也是极具意义的重大事件。人在自然界中一直以来扮演着消费者的角色，是食物链中的一个环节，需要利用和蚕食周边的动植物资源才能满足生存和繁衍的需要。而在未来的绿色建筑中，通过空中的土地及土地上的动植物，人类可以在建筑的范围内建立起生产者、消费者和分解者的自我循环模式，并基本实现自给自足。因而，人类将大大减少对地面自然环境和资源的依赖，这对于地面上的其他生物和生态环境来讲就是最大的保护和修复。

三、划定“以人为本”的边界和范围

1. “以人为本”的边界范围

现代建筑只考虑建造人居空间，一切以所谓的“以人为本”为设计原则，千方百计地排斥其他生物及其生存空间，是一种非常自私和不符合生态道德及规律的理念。事实上，“以人为本”的设计原则是有其边界范围的。在建筑的范围中，“以人为本”的边界是指室内人居空间的范围，这个空间的边界往往是一个相对封闭的四边形立方体，与外界环境基本隔离。这一边界范围以外就属于开放式的露天自然环境，属于室外部分，与阳光、风霜雨雪等自然环境有着充分的接触和关联。因此，在这两种不同空间的环境之中，就应该有一个过渡空间，使室内空间能够自然地过渡到露天的自然环境中。否则，建筑的室内环境将直接面对自然环境的严峻挑战和考验，对建筑的节能、节材和室内环境的舒适度等许多方面都产生非常不利的影响，建筑与自然之间的矛盾就难以缓解。

2. 过渡空间

这个过渡空间就是生态庭院空间。它们一般呈半开放式，一边紧贴着室内外墙，上下有庭院结构围合，三面固定，另三面却没有固定和封闭的边界及形状。这个生态庭院空间在建筑中通常被称作“过渡空间”或“灰空间”，夹在封闭的室内空间与开放的室外空间之间，也夹在人工环境与自然环境之间。生态庭院空间的设计原则是“人与自然的和谐”，充分考虑了人与其他生物的生存及生活空间的和谐。因此，不仅要考虑室内人居空间的过渡及人与庭院生物的过渡，还要充分考虑庭院生物生长空间与露天自然环境的过渡，并使人与自然两者之间的空间和环境能够通过中间的过渡空间融为一体，以达到建筑的长期节能、环保和可持续发展的目的。

在这个半开放的过渡空间中，生态庭院空间与人居空间之间的边界是建筑的墙体，它有内墙和外墙之分。内墙直接与室内空间合成一体，成为室内人居空间的边界，所以内墙表面就需要满足人居功能要求；外墙与生态庭院空间合成一体，成为室内与室外空间之间的边界，因而需要满足适应当地气候条件和美化人居环境并隔离庭院中的各类生物等要求；庭院空间的上下边界为上下庭院的结构部分，起到分隔庭院空间的作用；其余三个面与开放式的露天自然环境相连接，是庭院生物与自然环境充分融合的场所，它们之间是没有边界或可以根据气候环境特点灵活地设置边界，其外表面是绿色植物攀附和生长的场所，以绿色植物的表现为主，建筑物表面的人工装饰成分将被大大弱化。

3. 三步设计原则

在绿色建筑中，"人与自然的和谐"的设计原则是由内向外分三步渐进式推进的。第一步，"以人为本"是从室内内墙的边界起始，室内人居，以满足人的基本需求为宗旨；第二步，从外墙边界起始的生态庭院空间，这个空间一半封闭，一半开放，它的设计原则是"人与庭院生物的和谐"，人与庭院生物和谐共处在同一个半封闭空间之中；第三步，开放式庭院空间与露天自然环境，它是庭院生物与完全开放的自然环境之间的融合关系，它的设计原则是"人、庭院与自然的和谐"。在这个开放的区域，庭院生物与自然界的气候和环境融为一体，庭院中有风霜雨雪、阳光等室外环境及气候，完全遵循自然的法则。三步融合成一体的设计原则才是"人与自然的和谐"。如图 3－2 所示的剖面图，展示了自然环境与庭院空间、室内空间的边界及相互渐变和融合的关系，同时也能够更好地说明庭院空间与阳台式空间之间的相互关系。

图 3－2　人、庭院与自然的融合

4. 私密性要求与邻里的和谐关系

"以人为本"的设计原则还应包括满足住户对居住空间的私密性要求。现代建筑由于没有室外过渡空间的保护，因而室内空间在没有窗帘遮挡的情况下就会完全暴露，无法满足人的私密性要求，这与以人为本的理念相悖。而在绿色建筑中，室外过渡空间中有大量绿色植物种植，通过这些绿色植物就能实现遮挡视线和过渡的作用，人居空间的隐私权就能够得到充分合理的尊重，才能真正保护室内空间的隐私。如图 3－3 所示，巧妙利用庭院植物枝叶的遮挡，可以很好地起到保护浴室私密空间的作用。

图 3－3　通过庭院植物枝叶的遮挡，保护浴室的私密空间

“以人为本”还包括邻里之间的和谐关系。在现代建筑中，由于没有生态庭院空间，邻里之间都被冷冰冰的钢筋混凝土墙体和铁门完全隔离，相互间几乎没有交流沟通的渠道和空间，许多住户对门住了十几年都不一定相互认识，甚至没打过招呼，更不用说与社区其他居民的互动和沟通了，邻里之间形同陌路。而在绿色建筑中，由于户外生态庭院之间是长廊式连续设置，邻里之间的庭院结构通常又是相互连接在一起的，虽然中间设置了有分隔功能的剪力墙，但分隔的剪力墙中也可以开设门洞，装上带有格栅的门或栅栏、篱笆等分界，邻里之间可以面对面地相互交流和沟通。在必要的情况下还可以互通互开，方便人员往来。也可以直接将栅栏和篱笆的高度控制在 1.2～1.5 米，邻里之间能够在自己的庭院中互相照面和交谈。

此外，邻里之间相互连接的庭院在发生意外火灾时还能起到自主消防和救助的作用，成为户外消防避难时的主要通道。只要打开庭院门户、栅栏或篱笆等设施，主人就可以从容不迫地到邻居家躲避火灾。同样，消防救火人员也可以通过隔壁的庭院到起火的房间灭火救人。

最后，还可以在绿色建筑大门的入口处设置一间公共属性的便民服务室和交流空间，居民可以将自己吃不完的蔬菜瓜果等拿到下面的便民服务室中交换自己需要的物品，也可以通过网上服务或在配送人员的帮助下与左邻右舍进行物物交换，在互惠互利的互动之中增进邻里之间的感情交流，并建立相互间的和谐关系。

5. 无障碍设计

建筑的无障碍设计也是人性化的具体体现，是对残障人士特别是人口老龄化以后对老年人的安全保护和人性的关怀。但在目前的居住建筑和城市公共设施中，这项工作和措施并没有做好，大多数多层和低层建筑没有安装电梯，垂直交通必须通过上下楼梯解决，这对残障人士和老年人来讲是非常不方便的。即使有的家庭想安装一部电梯，却因建筑结构的不适合或各家住户思想不能统一等因素而作罢。因而，建筑的无障碍设施无法实施。同时，也有许多建筑无障碍设施形同摆设，没有发挥应有的作用，更有许多设施被侵占和破坏。目前在所有的无障碍设施中，消除人居建筑与地面的垂直高差是解决无障碍交通的关键因素，而解决高差的最好办法就是在所有的人居建筑中设置电梯。

在绿色建筑中，由于高层建筑将成为未来建筑的主流，上下垂直交通主要通过电梯解决，步行楼梯只作为辅助或应急交通使用。因而，所有的高层建筑中都安装电梯，这就基本解决了老年人和残障人士在人居建筑中的垂直交通问题，满足无障碍设计的要求。在城市公共市政服务区，所有人基本上都可以通过公共电梯解决上下交通问题，老年人和残障人士也同样可以通过公共电梯解决所有的垂直交通问题。

未来的绿色建筑必须实现真正的无障碍设施，就像著名科学家霍金先生，虽然全身瘫痪，只能坐在轮椅上，但只要动动手指，就能够到达他想去的任何地方而不需要别人的特殊帮助。

6. 正确划定“以人为本”的边界范围

在现代建筑中，“以人为本”的设计原则看似充分保护了人类自身的权益，但其边界容易被无限地扩大，在本不属于人类场所中也野蛮地推行这种设计原则，损害了其他生物生存的权利。生态平衡系统就被人为破坏，没有绿色植物的生存空间，建筑也就不可能实现真正的绿化。这种结果是与自然规律相悖的，必然也会遭到自然的惩罚和报复，最终损害的还是人类自身的权利和利益。因此，只有将“以人为本”和“与自然和谐”的设计原则按照各自的内外空间和边界范围进行充分融合，建筑与自然之间的矛盾才会真正解开，人与人、人与自然的关系也才能真正变得和谐。

从古至今，建筑的进化也是一个渐变的过程。对于几千年前传统的建筑，由于技术和社会生产力落后，古人只能考虑单一的围合功能。由于人口稀少及土地资源相对充裕，人们在地面上仍然可以通过添加庭院以提升生活品质，人与自然的矛盾在一定程度上也能够得到缓解，以至于现代人都可能会产生古代人与自然和谐相处的误解。而在人口与土地高度紧张的现代高层建筑中，如果我们仍抱着古人单一的围合功能而不加以变通，那么现代高层建筑中的庭院功能就无法实现。

因此，在未来绿色建筑的规划设计中，人们必须打破传统建筑思维的束缚，彻底纠正“以人为本”理念上的误区，这也是摆在现代建筑设计师面前最难跨越的心理障碍。如果这个问题没有得到合理解决，那么未来绿色建筑的推广和实施将是一句空喊的口号而无实际意义。

所以，正确理解“以人为本”的设计理念，并在建筑和未来立体城市中准确合理地划定其边界范围是非常重要的，这也是人与自然真正能够和谐共处的最基本要求。

四、绿色建筑的节能

在当前建筑界，一提起绿色建筑人们可能会立即想到建筑节能，而建筑节能又直接牵扯到墙体的保温隔热，似乎墙体的保温隔热就能代表绿色建筑，各地政府部门为此还专门设立墙体改造办公室，可见政府对墙体保温隔热的重视程度。其实，建筑节能是建筑必须具备的一项最基本的功能，但不能与绿色建筑直接画上等号。如果建筑没有过渡空间，没有生态庭院空间和绿化层的保护而直面自然界的酷暑严寒，人们又要花费多大的代价和环境成本才能保障围护结构的保温隔热功能呢？建筑节能又如何能够真正发挥作用呢？虽然欧美国家的建筑保温隔热功能比大多数发展中国家做得好，节能效果也很明显，但付出的环境代价也非常大，同时还大大削弱了室内通风采光的功能。

此外，我国长江以南大部分居民即使在最寒冷的冬季也都有开窗通风的生活习惯，这使得墙体保温的优势在冬季几乎丧失殆尽，成为一项劳民伤财的举措和形象工程，达不到真正的节能保温效果。建筑成本增加了许多，民间的阻力也很大，推广效果就大打折扣。所以，仅仅在外墙围护结构上下足功夫，并不一定能够代表未来建筑节能和建筑绿色的发展方向。

目前，以玻璃幕墙作为建筑外墙围护的不在少数，特别是写字楼、酒店和一些大型公共类建筑都喜欢采用玻璃幕墙围护。但玻璃幕墙的弊端也逐渐被人诟病，其高成本、高能耗和光污染已成为建筑和城市不可承载之痛。而绿色建筑外墙大部分也是以玻璃门窗居多，这是否也会造成高成本、高能耗和光污染的情况呢？

其实，绿色建筑的玻璃门窗是可以避免上述情况发生的。第一是成本。由于绿色建筑外表面的庭院结构是采用跃层和错层模式，建筑表面的间隔距离和面积被层层分隔和减小，其建筑玻璃门窗承受的自然风力就可以被层层消解掉。外侧又有外凸的庭院结构作为安全围护，因而其外侧玻璃门窗的金属骨架可以相对简单和便宜很多，成本仅为玻璃幕墙的一半甚至更少些。更由于外凸的庭院结构的遮挡，玻璃也可以采用普通的透明玻璃，极少用昂贵的镀膜玻璃。第二是高能耗。由于上层采用外凸的庭院结构，对下层居室来讲上层庭院本身的遮阳效果就非常好，而且还有下垂的植物遮挡，下层庭院中也有大量绿色植物种植并遮挡阳光辐射，因而整栋建筑物几乎都可以被绿色植物层层覆盖和遮挡，夏季烈日下的遮阳和节能降温效果非常显著。而在北方的冬季，则可采用多层中空玻璃增加外墙保温性能，既不影响冬季采光，又能保温隔热，节能效果非常明显。第三是光污染。由于绿色建筑表面有大量绿色植物的覆盖及外凸庭院结构等因素，使得玻璃的大部分反光都被植物和庭院结构遮挡，再采用透明玻璃，没有反射阳光的金属镀膜层，所以通常也不会由于阳光的反射而引起光污染。

因此，绿色建筑的重点首先必须从绿色开始，只有建筑实现绿色，建筑节能效果才能够真正实现，建筑也才更舒适宜人。

由此可见，建筑节能并不一定就是绿色建筑，但绿色建筑一定能够达到建筑节能的效果。如图3－4所示，室外垂藤植物能达到极好的遮阳和节能效果。

图 3-4　室外下垂的藤本植物能达到极好的遮阳效果

五、低碳的悖论

随着全球工业化进程的不断深入，二氧化碳等温室气体不断地在大气中大量积累，使地球气温不断升高。全球变暖的趋势越来越明显，南北两极的冰川不断融化并导致海平面持续升高，全球性极端气候和自然灾害的频率也不断增加。这些全球性的环境问题唤醒了人们的忧患意识，世界各国在应对未来气候和环境问题上纷纷达成共识，节能减排工作也逐渐成为各国政府的工作目标和首要任务，全世界也掀起了一股低碳生活的环保风尚。

虽然节能减排、低碳生活的理念很好，但具体实施过程的效果却并不理想。从限制温室气体排放的《京都议定书》到最近法国巴黎的“气候变化大会”，这一理念已倡导了 20 多年，温室气体排放量不仅没有降下来，反而继续攀升。这里面不仅有经济、政治因素，更重要的还有现代建筑和生活模式的因素。

首先是建筑因素，在地球上，改变地球环境最大的因素是建筑。建筑业产出总额占全球生产总值的 12%，建筑业所消耗的能源占全球消耗能源总量的 30%以上，而与建筑有关的对环境的破坏和影响却远远超过 30%。所有这些数据都明白无误地表明现代建筑才是地球环境最大的破坏者和污染者。如果建筑模式不改变，那么所有的节能、减排和低碳生活的种种努力都将付诸东流，地球环境灾难和气候灾难也将变得更加频繁。

其次是低碳生活模式，低碳生活确实很好，它提高了人们的环保意识，通过在日常生活点滴中减少碳排放，减轻了对地球环境的压力。但问题是提倡低碳生活的人们通常是发达国家的中高收入的高消费家庭，这些人占全球人口总量 1/4，却排放着大部分温室气体。而大量发展中国家的一些中低收入的低消费家庭，他们的温室气体排放只占一小部分，可他们的生活却几乎都处在温饱阶段。虽然他们都处于低碳生活的模式之中，但他们的生活质量和生活水平普遍低下，有待全面提升，但这又与低碳生活目标相悖，这就是目前低碳生活的悖论。而且，这也是我们目前低碳生活道路上的最大障碍，更是发达国家与发展中国家在限制温室气体排放中所面临的最大分歧并最终导致哥本哈根气候变化大会"流产"。由此我们必须清醒地认识到，仅仅低碳是不能拯救地球的，人类必须实现全面的碳固定和碳循环才能满足地球可持续发展的要求。

但在当前形势下，低碳生活仍是全世界人民应该提倡的一种生活方式。关于这一点，日本政府的做法是值得各国效仿的。

日本政府为了削减城市温室气体排放量，多次修改《节约能源法》。2008 年，日本首相福田康夫提出了防止全球气温变暖对策，并设定了日本温室气体减排的长期目标，即到 2050 年使日本的温室气体排放量比目前减少 60％～80％。2008 年 7 月，日本政府又通过了"低碳社会行动计划"——3～5 年内将推广适用于家庭的高效太阳能发电系统并推动节能和新能源的开发，还通过电视、网络、发行刊物、举办专题讲座等形式宣传和普及节能知识。日本环境省还提出民众夏天穿便装、秋冬两季加毛衣的倡议，夏天空调温度由原先的 26℃ 调到 28℃，秋冬调到 20℃ 的方法，每年为国家节约上百万桶石油。通过政府的倡导，低碳社会和低碳消费理念在国民中渐渐建立起来。

在相同室温下，空气流通与静止状态下，人体的体感温度是不同的。因而，夏季机械空调应以机械通风优先为原则。28℃ 气温下是可以不使用机械空调的，但可以采用机械通风予以补偿。例如小型或微型移动式电动风扇、吊扇、台扇等设施就可以达到降低人体体感温度的效果，并可减少夏季空调病的发生。在夏季空调室温调到 28～30℃ 的情况下，通过给每个人再配备合适的微型移动式风扇也可以降低体感温度。而在冬天则通过添加衣物的方式，将室温调到 15℃ 以下也是可以接受的。节约能源要靠大家自觉参与，养成习惯，这一生活方式对身体健康也更为有利。上述两种方法非常简单有效，可以大大降低建筑能源的消耗。当然，这些节能措施对一些特殊人群可能并不适合，也不排除一些商家借此故意降低舒适性标准以谋取不当利益等行为。因而建筑节能措施还必须与能源的阶梯收费政策灵活地结合，多用多付、少用少付，使能源利用效率和节能效果都达到最大化。

另外，人们还应该从改变不合理的建筑供暖做起。我国北方已经有部分建筑能做到分户供暖，这可以避免在无人居住的情况下不必要的热能损失，大大节约建筑能源。但是即使这样做，也还是有可改进之处的。因为在同样的一户住宅之中，仍然存在不必要的供暖浪费现象。许多房间白天很少有人使用，但也一样在 24 小时供暖。其实，到了晚上睡眠时间，除卧室以外，其他房间基本上可以不供暖，到早晨起床前半小时再供暖即可。同时，居室供暖温度应当实现手工和智能调节，像夏天的空调一样上下可调，以最大限度地节约能源。当然，夏天的中央空调也可以与这种新的冬季供暖模式一样处理。如果将这些点滴的精细化供暖和空调技术进行优化处理，并结合智能化技术，对未来建筑能耗的全面降低将起到非常显著的作用。此外，国家还应该大力推广变频技术，使机械空调和其他家用电器的电能消耗降到最低。

低碳生活不应该只是发达国家和少部分中高收入家庭的的选，低碳生活应该是全世界所有人共同参与的重要事项。发达国家和中高收入家庭的碳排放必须得到强力控制，他们应承担更多的经济责任和义务；发展中国家和中低收入家庭则应该在保障生活水平稳步提升的前提下，有意识地限制温室气体的排放。这样的目标能否得以实现的关键就在于绿色建筑的固碳和碳循环技术能否在全世界得到真正的推广。

因此，降低能源消耗、减少浪费就是对地球环境的保护，应该大力弘扬。

六、建筑绿化和美化的区别

1. 绿化与美化的区别

人们对城市绿化、小区绿化、园林绿化及由园艺和盆景组合的庭院绿化、居室绿化、阳台绿化等早已司空见惯，但很少有人会想，其实它们之间是有很大不同的。绿化是指植物在很少有人工干预的情况下自然生长，比如封山育林或生态防护林、人工种植林等，这些植物除了在发生火灾或大规模病虫害等情况下很少再受到人工干预，这才是真正意义上的绿化。园艺和盆景中种植的植物，其实是按照人们不同的审美需求和不同的环境需要进行人工控制的一种植物美化成果。

2. 品种选择的差异

在未来的绿色建筑中，绿化与美化之间的差异其实是很大的，这种种植理念差异最明显地体现在植物品种的选择和养护管理的成本上。

绿化植物品种的选择余地更广，基本上是本土廉价型植物，对当地气候和环境适应性比较强。但一些季节性较强的落叶植物对秋冬季节的景观影响较大，美感可能要稍差一些。因而在庭院中要注意将落叶和常绿植物参差搭配种植，以减少植物景观上的季节性差异。以绿化为主的植物种植和维护成本相对比较低廉，往往以木本植物为主，生命周期较长，景观也相对稳定。

虽然用于美化的植物以灌木和草本植物居多，品种应该比用于绿化的木本植物要多，但在本土区域符合美化的植物品种通常较少，选择余地也狭窄些。因而，一些跨区域和地域的植物品种就可能成为首选，虽然美感较强，也有品位，但庭院的种植成本和日后养护管理成本会相应提高，适合高档社区并需专人管理和养护，不宜在普通社区推行。当然，不排除业主根据个人兴趣爱好进行个性化种植和自主养护。

3. 庭院种植区域的划分和兼顾原则

庭院中植物绿化和美化的区域划分，首先是庭院的外围区域，这一区域须安装防护栏杆以起到安全围护作用，主要是保障庭院中的人员安全，是庭院最外围的区域，虽然不适合人员活动，但却是光照条件最好并能接受自然界少量雨露的地方，最适合种植垂藤或灌木。在庭院的梁柱区域，其结构部位最有利于承重，适合种植小乔木或观赏树种，这些区域的植物应以房屋开发商种植为主，并纳入相应的公共物业统一监管和控制范畴。可以说，庭院外围区域的植物种植效果关系到整栋建筑甚至整个社区建筑外立面的景观效果，因此应该选择生命周期相对较长和生态景观相对稳定的灌木、垂藤和小乔木。遵循绿化为主、美化兼之的原则，不必经常性地修剪整理，以保持立面绿化景观的长期稳定和美观。

其次是庭院内部和内侧区域，由于有庭院外侧的垂藤和灌木丛的遮挡，这些区域在地面上基本是无法观察到的，只适合在室内或庭院之中近距离观赏，并且由于此处土层相对较薄，因而可以种植观赏价值较高的低矮类草本花卉或放置一些园艺、盆景作品，可以选择美化为主兼顾绿化的个性化自主种植方式。另外，用户还可以按照自己的意愿建立“菜篮子”工程，种植一些既可以美化庭院又可以满足口腹之欲的瓜果蔬菜。

再次是庭院的出入口区域，这个区域经常有家庭成员频繁进出，且在此休闲娱乐和逗留的时间较长，因而应该在地上铺设露天木地板或硬地面等以便于人员的活动，外围再种植景观植物予以相互映衬。如图 3－5 所示，庭院中的植物美化与绿化要合理兼顾，在庭院入口处可铺设露天防腐木地板，上面可放置一些休闲桌椅以便于家庭成员的休憩和娱乐。

另外还有屋顶部位，属于大楼的公共绿地，居民上屋顶观赏的情况也是经常发生的，因而其绿化和美化也应兼顾。

图 3－5　庭院出入口区域的植物美化与绿化

此外，从植物品种和体型大小分析，小乔木和灌木的寿命相对较长，体型相对较大，应以绿化为主、美化兼之；草本花卉寿命较短，体型较小，应以美化为主、绿化兼之。

总体来说，整个绿色建筑的植物品种选择和种植方式应遵循“绿化为主、美化兼之”的原则。

4. 绿色建筑中植物智能灌溉的主要对象

在绿色建筑中，通过对植物绿化和美化的不同种植方式分析得出：植物的智能化微灌系统主要服务对象是绿化，在保障绿化的前提下兼顾美化，二者不可颠倒和错位，否则，灌溉系统就不能与之匹配，也容易导致植物因灌溉不当而大面积枯死和养护困难的情况发生。

因此，美化植物的种植和养护一般不直接纳入庭院整体的智能灌溉体系及日后的维护管理体系。但如果住户在日后有美化植物的灌溉需求，则可以在智能灌溉系统的干管上接入“三通”，另接接头和管线单独灌溉即可，或者与物业公司协商签订养护协议，并承担额外的个性化养护管理费用。

七、生态庭院的功能及政策配套

1. 生态庭院的功能

生态庭院的功能大致包含六个方面：一是用作家庭接待宾客、祭祀的主要场所；二是用作家庭聚会、游戏、室外烹调、就餐的主要场所；三是作为室外晒台、阳台，使人接触自然，享受阳光，用于养生、健身及休憩的场所；四是为室内空间提供不同层次的景观，解决通风采光的物理问题，并调节室内气候；五是用作消防避难场所（前面已述）；六是满足居室绿化、美化和建立家庭“菜篮子”工程的需求，以达到节能、健康、养生、休闲的生活目的。

业主通过若干年的种植和养护，在居室的前庭后院营造出芳草萋萋、苑囿青青、水榭华庭、小巧拙朴等一派生机盎然、充满诗情画意的庭院景象。在古人的建筑观中，居室属阳，庭院属阴，一阴一阳，一虚一实，虚实相济，阴阳合德，符合“天地合一”的精神追求。而庭院中种植的瓜果蔬菜能为家庭提供安全的有机食材的同时，也起到美化庭院的作用，使主人在精神和物质上都获得收获和满足。

2. 庭院的政策配套

第一，明确庭院的产权。在高层绿色建筑中，设置庭院的主要目的是种植植物，使建筑实现绿化；次要目的是提供户外休闲养生场所及实现室内外环境美化的功能。因此，庭院的首要属性是空中土地，其产权属性是空中的地产，而不是房产。因此在庭院中，房屋业主不得擅自搭设房间或者改变庭院的用途和属性。

第二，与房产的分界和绑定。在其庭院范围内，其产权必须依附于房产，不能脱离，但二者产权可以捆绑在一起。空中房产与空中地产以外墙和外墙立面为分界线，外墙内侧为空中房产，外墙外侧为空中地产。

第三，庭院植物的物业管理范围。在庭院中，外侧垂藤植物及栏杆内侧灌木和小乔木等绿化植物均属于公共物业的免费养护范围，这些植物的灌溉和养护等均由公共物业公司承担，业主原则上须服从物业公司的统一管理和养护，以保持和维护建筑外立面植物景观的相对统一和长期美观。如果业主想改变外立面种植的植物，则须征得物业管理公司的批准，并服从物业公司整体的统一管理。

庭院内部由业主自己种植的植物不在公共物业的养护范围内，由业主自己养护和管理，比如瓜果蔬菜、花卉、灌木等植物的种植和养护。但种植超出物业规定范围的植物须经物业公司同意，并服从物业公司的统一管理和安排。

如果上层庭院的植物下垂至下层庭院或中间庭院的植物攀缘至左右庭院，那么周围相关庭院的业主有自行处置的权利，也可要求物业公司进行处理或请物业人员对这些越界植物进行处置，如采取剪枝、整理或清除等措施。物业公司在对这些庭院植物的修剪和养护管理中也应主动征求该庭院业主的意见和建议，并告知邻居，尽量尊重双方的意见，以避免邻里之间产生不必要的矛盾和纠纷。

此外，在庭院中，不得种植和养殖一些国家规定的影响人体健康、生活习俗、危害公共安全或生态环境安全的动植物品种，如罂粟、大麻等，也包括有害的外来入侵动植物品种。房屋业主有自觉服从和接受政府监管的义务，物业公司则负有直接监管的法定责任和义务，但政府和物业公司不得以此为名干涉和侵害业主的个人隐私权。因此，应该设置相关的法律规范制止不法侵害行为。

在不破坏建筑外立面整体生态景观和生态平衡的前提下，庭院中所有种植和养殖的动植物所产生的经济收入和其他价值，原则上由庭院业主享有和自由处置。物业公司或房屋开发商均无权占有，但业主有承担庭院物业费用的义务。

屋顶、地面或其他公共区域种植及养殖的动植物属于公共物业，由物业公司统一养护和管理，其产生的经济收入也由物业公司统一核算后再分配给各业主，任何个人或单位都无权私自占为己有。

房屋的房产和庭院的地产都属于业主的私有财产，受法律保护，任何单位、组织和个人都不得非法侵占。明确庭院产权可以防止某些单位、业主或个人利用庭院的空间私自搭设或侵占，从而改变庭院的用途和属性，进而影响建筑外立面植物的整体景观，并避免公共安全隐患及物业管理上的问题，也可以防止邻里之间不必要的产权纠纷。同时，也可以相对合理地划分业主和物业公司之间各自所必须承担的法定义务，更便于公共物业的统一管理和养护，并防止非法种植和养殖行为的发生。

八、绿色建筑与城乡建筑居住观念的再认识

有人说，城市需要绿色建筑，农村不需要，因为农村周边不缺少绿色，农田、山林等都有绿色。其实，虽然农村的周边环境不缺绿色，但绿色建筑技术本身是没有城市和农村之别的。城市建筑可以通过绿色建筑技术实现绿化，农村建筑为什么就不能呢？

事实上，农村建筑对周边环境的干扰和破坏比城市建筑更大，更有必要强化绿色建筑的推进工作。随着国家新型城镇化规划的实施，农村居民住宅也将被纳入城镇化规划范围，新农村建设与城市建设都将被纳入未来城镇化建设的大规划之中。因此，农村建筑也与城市建筑一样需要绿化，需要绿色的居住环境，也更需要立体生态城市般的大规划。

这里所指的农村建筑绿化并不是指地面绿化和两层或三层的独栋式小楼的绿化，因为这样的农村楼房要建成绿色建筑是得不偿失的。本书在前面已经讲了这方面的内容，说明这并不是什么技术问题，而是建筑规模和高度不太合适。绿色建筑的绿化不仅仅在地面上，主要还是在空中实现的。绿色建筑必须有生态优势和规模效应，而这种生态优势就体现在建筑高度之中，20 米以下的独栋式农村建筑几乎没有任何生态优势和规模效应可言，无法建成真正符合要求的绿色建筑。只有通过村镇规划和新型城镇化规划集中式地大片建造，并通过提高建筑容积率和扩大建筑规模效应的方式，才能建造出真正符合可持续发展要求的绿色建筑。

当然，我们不能否认当前存在许多人选择逃离城市搬到农村居住的状况，在欧美国家尤其如此，当前我国中产阶级和富有阶层也有类似的居住倾向。这种放弃城市公共市政、商业配套和医疗服务而离

群寡居的生活模式通常是由于城市病而产生的不得已而为之的选择。如果城市病都被消除了，城市地面环境和绿地景观由于立体规划而更优于乡村别墅环境，家家户户又都有空中的绿地花园，在居住品质优于乡村别墅的情况下，人们是不是会重新选择城市生活呢？毕竟城市的公共市政、商业、教育和医疗配套等服务更成熟和完善，使人享有更高的生活质量，对老年群体更是如此。

目前，许多城市都采用转嫁污染的办法来转移城市自身的污染，将污染企业和产业搬离城市，放到郊区或偏远的农村，这种做法虽然可以一时减轻或改善城市污染的状况，但污染源和污染量并没有减少，只是将污染转移到农村，而污染面却大范围地扩散了。同时，又由于城市污染一时的改善和减轻而放松对污染的治理，城市的污染源和污染量反而可能增加。若干年以后，当污染再次来袭时，人们可能就再也没有可以转嫁污染的地方，也找不出一块没有污染的净土了。如果这些污染没有得到更有效治理和控制，到那时，城市和城市周边的生活和居住环境只会变得更加糟糕。那么，生活在城市与生活在乡村还有什么区别呢？人们又能逃到哪里去生活和居住呢？

九、发达国家治污的误区

目前，环境污染是一个世界性的难题，不要说中国，就是全世界也没有解决此难题的好办法。许多人会说，美国、英国、德国、法国和日本等发达国家早年也出现过严重的环境污染，大气、水和土地等都遭受了很大的污染破坏。但现在，这些国家的环境污染都得到治理，城市空气新鲜，河流鱼虾成群，城市周边生态环境良好。他们走的是先污染、后治理的路子。那么，发达国家走过的道路是否也适用于发展中国家呢？发展中国家是否也可以像发达国家一样先污染、后治理呢？

但是，问题并非人们想象的那么简单。首先，发达国家当年发生的污染事件是一个局部小范围事件，污染的面积和区域范围并不大，其大部分区域的生态环境还没有遭到大的破坏，因而通过向周边环境的转嫁和稀释大大降低了污染的危害性。其次，发达国家的经济和科技实力相对雄厚，它们通过产业转型和污染转嫁等模式将许多污染产业转移到发展中国家，这使得发达国家的环境得到极大的改善，而发展中国家却因此遭受了巨大的污染。再次，发达国家国民素质和受教育的程度相对较高，环境保护意识和相关法律规定较为先进和完善，再加上环保技术上的进步等因素，才使得发达国家的生态环境得到相对较好的治理。

在这里，我们应该注意到“相对较好”的用词，因为这些发达国家，即使是经济非常发达，但想要完全彻底地修复生态环境也是无法做到的。许多生态环境的灾难和隐患还因为政治及经济利益驱使而被人为掩盖、忽视或严重低估，并造成生态环境修复的假象。

同时人们也应该更深层次地观察和研究发达国家的环境状况，某个国家或某些地区区域性的改善并不能说明和反映地球生态环境整体好转的趋势，转嫁污染的做法更不可取，这是一种国家私利，不仅国家层面上存在道德瑕疵，对整个地球生态环境来讲也是有害无益。而且所有物质都是循环往复的，任何国家或地区产生的污染都不可能完全独立和封闭，没有谁能独善其身。

虽然发达国家通过产业升级和污染转嫁的方式可以使本国的生态环境重新好起来，但发展中国家却没有那么幸运。原因有三，一是世界经济突飞猛进，人口数量和污染的总量都已大大增加，在全球各个角落，只要有人居住的地方都会产生不同程度的污染。二是人类的消费与几十年前也大不相同，现在的消费水平大大提高，对资源和能源的消耗已大大增加，短期内无法做出改变。三是发展中国家本身已处在产业的最低端和最下游，这些污染产业无法再转嫁，产业的转型升级困难重重，只能就地在本国消化，这就大大加重了环境的压力，使环境污染雪上加霜。

显然，发展中国家借鉴发达国家先污染、后治理的模式是行不通的。这是一个巨大的治污误区，一旦付诸实施，必然会给环境造成不可弥补的巨大损失和生态灾难。

第二节　建筑本身

一、室内绿化与室外绿化

世界上几乎所有的动植物都适合在室外环境生存，而不太适合室内环境；而世界上几乎所有的人类都适合在室内环境生活，而不太适应长期生活在室外的露天环境。这就是人类与自然界动植物在生存空间上的最大不同。

在现代办公和家居环境中，人类由于工作或生活压力等原因，会在室内摆放和种植一些植物，但植物与人的性质有本质的不同。大多数植物在野外的自然环境中生长良好，对人类是无害甚至有益的。但如果将这些植物移居到室内空间，对植物来讲其实是非常不舒服、不自由的。它们的生存空间和生存自由遭受侵害和破坏，生命的尊严也受到伤害。因此，大部分植物在室内是无法长久成活的。

虽然人类与植物之间是不可脱离的，也希望能够经常性地亲近自然和接触绿色植物，但人与植物最好是处于两个完全不同的空间和环境之中，既能够随时来往，又可以相互分隔。因此，在未来的绿色建筑中，人居住在室内环境中安全地生活，植物在室外庭院环境中自由地生长，二者之间通过玻璃或墙体进行相互的分隔，这样就能够相安无事、互惠互利。

二、生态庭院与阳台的设置差异

1. 功能、用途和设计理念上的区别

阳台与生态庭院在结构上的差别并不十分明显，但在使用功能、用途和设计理念上却有本质的区别。阳台的主要用途是供人们观光透气和晾晒衣物，很少考虑绿化的需求。即使有设计师从结构、空间和荷载等角度加以改进或专门设计成花园的模样，但阳台设计的初衷和理念仍没有本质的改变，上升不到庭院的概念。特别是污废水循环系统更是难以在阳台上建立，影响日后植物的养护和灌溉。同时，也有一些爱好花卉种植的人在阳台中种植一些花卉或者直接将阳台改造成花园的模式种植。但阳台终究是阳台，不可能想种什么就能种什么，适合种植的类型非常有限，乔木等高大植株基本无法种植，而且植物与人在阳台中也相互干扰，对室内采光、通风也会产生一定的不利影响。

而在未来的绿色建筑中，空中庭院是参照地面庭院的要求和标准设计的。因而其结构的荷载、跃层空间高度及面积等都是按照庭院的要求和标准设计的，能满足植物的生长要求，庭院中能够直接铺设种植土、种上各种草木花卉，并留出供人员户外活动的空间，使人与植物的空间互不干涉又能和平共处。这种种植理念和生活享受是普通阳台无法比拟的。另外，在高空中，阳台是很不安全的构件，易发生高空坠物，如花盆、衣物等日常物品稍有不慎就有跌落的危险，人员坠落的情况也时有发生，对地面上的行人也构成极大的危险。因此，阳台下面就需要有阻挡高空坠物的构件和安全措施，而生态庭院已自带这样的功能和用途。

2. 二者和谐共处，相辅相成

建筑阳台与生态庭院之间并不是相互排斥或非此即彼的，由于生态庭院是跃层设置，其面积、高度和空间体量都大大超过了普通的阳台，将阳台的全部功能替代掉了，所以建筑阳台在平层位置上设置就没有任何意义，而在跃层的立面则可设置阳台，同时也能够满足人居功能上的一些要求。因此，跃层设阳台，平层设庭院，将是未来绿色建筑在同一户型和垂直外立面上的基本设置模式。

阳台属小空间，庭院属大空间，大的庭院空间可包含小的阳台空间；阳台出挑距离小，庭院出挑距离大，庭院空间可以保障阳台空间的高空安全，尤其适合恐高人群；阳台是非种植空间，庭院是种植空间，两者可以通过上下空间和功能的划分相辅相成、相得益彰，使建筑外立面空间的变化更丰富，也更富人性。同时，下层的庭院构件可以构成对阳台的安全保护，减轻阳台坠物以及人员不慎跌落所产生的伤害。

在同层立面之中，阳台与阳台之间通常是单独分开设置的，以保障各房间之间的私密性要求。而庭院与庭院之间通常是相互连接成一体的，使庭院生态能够相互连成一片，更便于植物灌溉管网的统一敷设和布置。而在同层的不同立面，庭院与庭院之间可以错层设置，以保障每一水平层中都有室外生态庭院设置。

因此在绿色建筑中，阳台仍是一个不可或缺的构件。同时，在阳台的内侧或外侧等部位，仍然可以种植一些草本或花卉类植物以美化居室环境。

此外，跃层庭院中的阳光比平层阳台更充足，面积也更宽敞，许多衣物、被褥等可以直接在庭院的大空间中晾晒，既可以得到充分的阳光照射，又能够在发生意外降雨时由于上层凸出的庭院结构而避免被雨水淋湿，还防止了衣物、花盆等物品意外掉落砸伤行人，同时也完全避免了现代建筑外立面在晾晒衣物时产生有碍观瞻的“万国旗”现象，使地面行人无法看到庭院中晾晒的衣物等日常用品，更使整个小区和社区的建筑外立面干净整洁、统一美观。如图 3－6 所示，跃层设阳台，平层设庭院，阳台小，庭院大，阳台与阳台是分开的，庭院与庭院相互连接。在高空中，下层庭院可以对上层阳台构成安全保护。

生态庭院的这些巨大优势使绿色建筑从现代建筑中脱颖而出，而传统建筑和现代建筑本身面临着升级换代的进化需求，生态庭院就是绿色建筑进化过程中的最重要构件。没有生态庭院构件的建筑是进化不完善的建筑，更不能满足未来建筑可持续发展的要求。

图 3-6　建筑阳台与生态庭院和谐共处

三、绿色建筑的通风采光

在许多居住小区中，一些人对居室前面过于茂密的树木或垂藤植物很有意见，因为影响到室内自然采光和通风，因而常常要求物业公司将挡光的树木树枝或垂藤植物剪去枝叶，有的甚至采用非常极端的措施砍掉整棵树木等，这种行为本身损害了小区整体的绿化环境，对公共权益也是一种非法侵害。

因此，许多人担心绿色建筑中室外大面积种植的绿色植物可能会使室内光照不足和通风不良，对人的生活产生不利影响。但这种担忧在绿色建筑中其实是完全多余的。

第一，未来绿色建筑的生态庭院是以跃层式高度设置的，目的就是规避对跃层室内通风采光产生不利影响，空间高度通常在 6 米左右，庭院空间高大宽敞。虽然外挑的庭院构造和植物种植确实对建筑起到极大的遮阳效果，但主要是解决建筑外表在阳光下的过度暴晒问题，并不妨碍室内的通风采光，反而能使室内通风采光更加柔和舒适。

第二，由于室外有跃层式生态庭院设置，庭院的周边又有安全围护栏杆保护，因而即使在高空之中，其安全性也与地面上的二层小楼几乎没有差别。因此，高层建筑的外墙在满足节能规范要求的前提下，可以尽量采用落地玻璃门窗以增大通风采光面积，从而彻底改变现有建筑窗户洞口尺寸过小、通风采光不良的现状，并改善室内的通风采光条件，提高居室的品质。

第三，虽然过于繁茂的绿色植物可能会对室内环境产生一定程度的遮光或通风不良的影响，但绿色植物本身属于柔性生长型生物，能屈能伸、能疏能密，可以通过物业公司专业人员对庭院中的植物进行左右上下任意方位的整理和调整，并适度修剪枝叶。同时，庭院内植物的修剪和整理主要针对极少数通风采光不良的住户，对整体的公共绿化景观影响并不会太明显，而大量的绿色植物在强烈阳光下可以为居室遮挡强光并避免室内温度骤升和眩光的发生。

因此在绿色建筑中，植物不仅不会对室内通风采光产生不利影响，而且会更有助于提高室内居室环境并改善通风采光条件，如图 3－7 所示。

图 3－7　庭院绿色植物能通过大面积的落地式玻璃门窗使室内通风采光效果更佳

四、绿色植物对建筑结构的影响

通常情况下，人们对绿色植物是非常喜爱的，但又害怕植物对建筑结构造成破坏，比如植物根部对墙体和结构的损害，长期潮湿环境对室内环境的损害等。那么，如何解决这些矛盾和缺陷呢？

1. 防水、防穿刺措施

第一，植物的种植必须分区域，并不是任何地方都可以随意种植。只有在主体建筑外挑区域的庭院和屋顶上才可以种植，因此只要对外挑的庭院结构及屋顶结构采取相应的防渗漏、防穿刺和隔离保护措施即可完全解决结构上的不利因素。

第二，生态庭院结构与室内空间结构之间应采用相应的防水隔离技术，彻底消除庭院潮湿环境对室内墙体、楼板和空间的影响。

第三，庭院本身属于户外环境，有大量植物种植，需要进行灌溉，因而在防水隔离措施到位的情况下少量降雨和潮湿环境并不会影响室内环境。即使设置水池、水景等设施，只要严格按照防水规范施工，也能够消除对室内环境的不良影响。

第四，尽量采用泵送商品混凝土，这种结构材料本身可以是防水混凝土，其质量稳定，搅拌均匀后防水效果好，施工质量和工艺均有保障。另外，加入防水抗渗添加剂及混凝土表面的防水处理等措施就能够基本满足结构材料和工艺上的要求。

在现代建筑中，建筑产生的渗漏通常发生在屋顶和墙面等部位。产生渗漏的原因主要在于传统的建筑材料落后，工艺和技术方面的不成熟，以及地基处理不良引起的不均匀沉降等。目前，建筑材料、工艺和技术方面突飞猛进，地基处理技术也非常成熟，特别是商品混凝土的应用和施工技术及工艺的提高，使建筑结构的安全性基本得到保障。只要方法和方案合理并满足规范要求，未来的绿色建筑完全能够解决由于上述原因产生的渗漏问题。

2. 土壤和植物的保温作用对结构的有益影响

未来的绿色建筑在植物和土壤覆盖的双重作用下可大大减少结构本身的昼夜温差及热胀冷缩效应，特别是在屋顶和外围护部位，能够起到很好的保护作用，可以大大缓解混凝土结构自身的老化和氧化问题，对延长建筑结构的使用年限具有非同寻常的意义。同时，对生态庭院防水防渗漏结构的稳定性也能起到较好的保护作用，建筑的节能效果亦更加显著。

五、绿色建筑结构荷载的综合解决方法

1. 土层厚度控制

很多人以为，建筑绿化需要很厚的土层，因而建筑结构难以承受。其实，生态庭院以种植草本植物为主，外侧种植灌木，只有很小的区域种植小乔木，因而需要的土壤并不是很多。在生态庭院的结构中，柱、梁等区域无疑是结构最能承力的部位，这些部位用来种植小乔木是非常合适的，土层可适当厚一些；而在其他结构薄弱的区域，则以种植草本植物为主，土层可以薄一些。在建筑绿化中，庭院土层的平均厚度宜为 30～40 厘米。

2. 土壤的选择

在庭院结构的荷载中，土壤的比重是非常关键的因素，将直接影响庭院结构。因此，庭院土壤首先应尽量避免直接使用自然土，因为自然土的比重较大，对庭院结构的负载非常不利，也会增加大楼基础的荷载及成本；其次，自然土土壤的酸碱度、有机质、无机盐等均难以达到理想配比，对植物的生长及品种的选择也会带来负面影响；最后，一些有害昆虫、虫卵和有毒物质没有得到彻底清除和控制，会对日后人居或办公环境产生不利的影响。因此，对土体进行专业改良和配制是非常有必要的，同时在配制的土壤中增加有机腐殖质和多孔材料，既可增加土壤的营养和透气性，又可减轻土体重量。配制土壤的重量一般只有自然土壤的一半左右，约每立方米 600～700 千克，比水的质量还要轻许多。虽然配置的轻质土对庭院结构负载非常有利，但土层平均厚度仍应控制在 40 厘米以内，土体及植被荷载累积相加应控制在每平方米 300 千克以下为宜。

3. 种植箱或种植槽

庭院植物也可以采用种植箱或种植槽进行种植。也就是说，将种植箱或种植槽沿着围护栏杆内侧或外侧，或直接安装在栏杆上方，固定排列布置即可，也可以将庭院外侧的围护栏杆设施直接设计成种植槽结构。这些种植方式重量轻，结构负荷少，人在庭院中的活动空间就非常宽敞。种植槽或种植箱中可以种植花卉、灌木或小乔木等植物，庭院中的草坪可以种植也可以撤掉。灌溉设施可以直接固定

安装在种植槽或种植箱的表面。

4. 庭院结构的悬挑距离及结构材料的选择

在绿色建筑中，庭院结构通常为主体结构的延伸和悬挑部分，主要为钢筋混凝土结构，也可以是钢结构或混合结构。结构悬挑距离宜控制在1.5米左右(办公建筑可适度加长一些)。钢筋混凝土结构由于自重的原因，在设计时可以适当增加庭院结构中混凝土的厚度和钢筋的含量，以确保悬挑结构的安全性。如果是钢结构，那么由于钢结构自身重量很轻、强度大、负荷能力强，应该能够承担更多的土体和植被及人员活动所产生的叠加荷载，但钢结构应做好材料自身的防腐和防锈工艺。如果它们的悬挑距离或结构本身已经超出了规定范围，则应该考虑在外侧部位增设立柱等方式解决荷载问题。另外，在钢筋混凝土结构施工中，还可以应用预应力技术和工艺等方式来增加庭院结构的负载能力。

5. 室内外面积之比与建筑整体荷载

室外生态庭院的面积与室内面积之比宜为1∶4～1∶3，室外面积部分大约会增加30%；在面积相同的情况下，生态庭院与室内空间的质量之比大约是1∶2。与相同面积的现代建筑相比，绿色建筑的总质量可能会增加15%左右(指混凝土结构)。因此，基础荷载设计也应该增加15%左右。当然，如果庭院结构全部采用钢结构设置，那么其增加的总质量可以控制在10%以下。再加上绿色建筑的外墙如果采用大面积的落地玻璃作围护，那么建筑的总质量几乎与现代建筑相同。除此之外，为了解决建筑荷载或庭院悬挑结构的自重问题，建筑和庭院结构也可以完全采用钢结构，以最大限度地减轻建筑的自重。

即便如此，对于整栋建筑的基础来讲，增加的15%荷载并不是什么难题，只要在建筑规划设计之初考虑进去就可以了。但在建筑设计时要考虑到建筑前后左右的宽窄比对庭院设置有一定的制约作用。如果前后宽度较窄，那么前后庭院悬挑的距离会受到相应限制，应该增加一些其他的技术措施，否则就会导致建筑前后重心不稳及抗震、抗风能力不足的缺陷。庭院设置还应该考虑建筑的整体性和对称性，使前后左右的庭院质量基本相同，以避免整体建筑发生倾斜。同时，设计师还应该重视建筑基础和裙房对建筑重心的整体稳定所起到的重要作用。另外，还可考虑将建筑下部体型加大一些，像酒瓶的形状那样，重心降低，上部收缩，以提高建筑的稳定性。

6. 提高建筑的抗震等级

绿色建筑的使用寿命要比现代高层建筑要延长很多，因而从建筑抗震性的角度出发适当地提高抗震等级是非常必要的，用提高建筑抗震等级和使用寿命的方法来同时提高庭院结构的承载能力也是一个一举两得的好办法，还可以适度放宽庭院悬挑的距离限制。

六、绿色建筑与现代建筑的成本比较

1. 有庭院与无庭院之比

未来绿色建筑与现代建筑最大的不同在于有庭院与没有庭院的区别，其建设成本的差异也在于庭院本身。现代建筑没有庭院空间和面积，当然不会产生庭院成本，但建筑的舒适度就大受影响，需要外加许多材料、能源和工艺才能提高舒适性。花费额外的成本不说，还常常达不到应有的效果，许多情况下更是得不偿失。绿色建筑确实需要增加庭院成本，但却产生了实实在在的庭院面积和庭院环境，还可以大大改善建筑内外环境的舒适度和居住品质，人们可以在庭院环境中真真实实地享受到绿色生活并产生生态价值，这是毋庸置疑的。因而，这个建设成本不仅值得投入，还物超所值。

2. 庭院成本与购房成本之比

庭院这部分面积是在主体建筑结构上增加出来的，而主体建筑的建设成本与现代建筑几乎是没有差别的。因此，只要计算一下外加的庭院建设成本就可以得出绿色建筑实际需要增加的成本了。目前，我国一线和二线的大部分城市房价都突破万元，建安成本却只有房价的 1/5 甚至更低，许多项目的建设成本可能还没有资金成本大，对房价基本不构成大的影响。庭院成本大致为 2500～3000 元/平方米，这部分建设成本对购房成本的影响非常有限。但有庭院的绿色建筑与没有庭院的普通建筑，居住或办公品质却有着天壤之别，不仅大大影响建筑的节能效果，更重要的是还影响建筑舒适度和实际的使用价值。关于绿色建筑的成本已在前文叙述分析过，这里就不再重复了。

3. 庭院成本的平衡点和增加的健康红利

此外，人们不能仅仅看到绿色建筑增加了多少成本，还应该看到绿色建筑可以降低和减少多少成本，并提高了多少建筑的舒适度和居住品质，这才是比较合理的成本计算方法。

第一是高层绿色建筑得房率的提高，大约为 10%，即一个 100 平方米的户型可以再增加一个 10 平方米的房间。也就是说，在房价过万元的城市，用增加的得房率来抵消庭院的建造成本是绰绰有余的。在建设初期的成本中，它们的平衡点在 5000～6000 元/平方米。第二是建筑外立面成本的降低。现代建筑注重通过材料的材质和装饰性造型等表现外立面，其建筑工艺和材料成本较高，长期维护和养护费用也是一笔不小的支出；而绿色建筑的外立面注重绿色植物的表现，不需要对建筑外立面进行过多的装饰，因而其成本相对比较低廉，而且植物能够自然生长，植物的颜色更能够随四季变化而使建筑外表五彩斑斓、千变万化，且基本可以长期保持并有自我更新和自净功能。第三是建筑节能。现代建筑节能效果不是很好，特别是夏天，需要机械空调长时间的工作才能满足室内环境温度和舒适度要求；绿色建筑却可以通过绿色植物的遮阳和蒸腾作用自然降低建筑温度，不仅室内舒适度更高，使用成本下降，节能效果也更明显。第四是生活成本的减少。现代建筑没有室外环境，所有的蔬菜瓜果都需要到市场购买；而绿色建筑中家家户户都有一个免费的“菜篮子”生态庭院，天天可以食用安全无污染的果蔬，长此以往可减少家庭生活开支。第五是居住品质提高并促进人体健康。现代建筑没有绿色生态环境，室外生态环境几乎等于零，对居住品质和人体健康没有多大的益处；而绿色建筑有一个智能化控制的庭院环境，室内外环境可以互动，人们可以到庭院中休闲和养生，对建筑品质的提高和人体健康状况的改善都起到不可估量的作用。

上述五个方面的益处都将远远超出绿色建筑增加的成本，更不会动摇未来房地产行业对高层绿色建筑的投资热情。

七、对高层绿色建筑的重新认识

很多人对高层建筑持有误解，原因大致有三种。一是不接地气，虽然这是一种并不太科学的说法，但却代表了相当一部分人的想法。人不接地气容易生病，可地气是一种什么东西大多数人是说不清楚的——地气其实就是土地及土地上的自然环境，包括植物、土壤、阳光、水等生态因子，人如果长期脱离生态环境，就会产生心理和生理上的不适感，甚至发生疾病。高层建筑远离地面生态环境，人与土地和自然被人为地隔离开来，人与自然的关系被切断，许多人就会产生身体上的不适，进而影响健康，特别是对儿童和老年人群体影响较大。二是高层消防的缺陷，这是现代高层建筑本身一道难以逾越的障碍，对于超过 20 层的建筑，普通消防车就无法到达灭火区域，更别说救人了。三是恐高症，这是许多人易产生的一种原始的心理疾病，在平地上生活不会影响身体健康，但如果长期生活在高空环境中就可能会产生各种心理和生理疾病。

但在未来的高层绿色建筑中，家家户户都拥有空中生态庭院，对于第一个接地气的问题，有植物、土壤、阳光和水等自然生态环境，地气问题自然也就不会成为人们担心的问题了。二是消防问题，未来的高层绿色建筑户外生态庭院空间与消防避难空间是通用的，这就使得高空消防避难成为一件非常安全和相对容易的事情，即使没有专业消防人员到场，普通人稍加培训后也可迅速处理和控制一般的火灾。三是恐高问题，恐高症的产生主要是由视觉和心理恐慌引起的，人在离窗较远的室内一般是不会产生恐高症的，但在临窗或阳台区域就容易产生恐高现象。而在未来的高层绿色建筑中，居室外侧有跃层式生态庭院作为安全围护，庭院中还有灌木和小乔木种植，就像生活在地面的跃层式小楼里，人在建筑中的心理感觉是非常安全可靠的，即使站在窗户或阳台区域也不容易产生恐高情绪。

事实上，目前很多人都喜欢居住在高层建筑，因为高层建筑的视野开阔宽广、阳光充足，空气清新，使人神清气爽，又远离地面环境的干扰，而且蚊蝇爬虫也相对少见，使居住环境更舒适宜人。如果在此基础上再增加建筑的得房率，使百姓得到更多的实惠，那更是锦上添花的大好事。

随着绿色建筑技术和理论的发展，低层、多层、小高层建筑的绿化也完全可以实现和普及。但从节约土地资源和拓展空间的层面来分析，高层绿色建筑的优势是更为显著的，它将成为未来建筑可持续发展的首选。特别是在人口众多、土地资源相对贫乏的国家，充分利用土地和高空空间的高层绿色建筑对未来社会的可持续发展更具现实意义。

八、现代高层建筑的节地效应与绿色建筑之间的关系

有人说，现代高层建筑本身也能产生巨大的节地效应，这些高层建筑是否就可以归属于绿色建筑了呢？其实不然，现代高层建筑虽然能够充分利用和节约土地，但它没有在空中创造土地，更不能在建筑表面实现绿化，建筑本身自始至终都需要占用土地并蚕食周围的自然资源，而不能通过自身获得生态循环。因而，仅仅是高层建筑是不能成为绿色建筑的。只有在建造高层建筑的同时创造空中的土地并通过绿化实现碳循环的前提下，才能使高层建筑成为真正的绿色建筑。

此外，现代高层建筑的维护成本很高，而得房率却很低，这一高一低两项产生的合力对现代高层建筑是非常不利的，使它无法摘掉高成本、高能耗、不环保的帽子。

相反，高层绿色建筑不仅能够实现更高的建筑容积率并节约土地，更能够在空中创造出更多的土地，并通过绿化实现生态循环，使得建筑能耗大大降低，生活成本也大大减少，而生活和办公环境却大

大优化，节能降耗和生态环保的价值就充分地体现出来了，这才是最关键的有利因素。同时，户外消防避难模式的改变使建筑得房率大大提高，使居民获得更多实惠和利益，这将使得高层绿色建筑的空中节地效应和生态优势更加突出。这一增一减所产生的结果是非常明显的，高层绿色建筑的优势和效益也就不言而喻了。

第三节　建筑绿化

一、垂直绿化与立体绿化

低层绿化是容易做到的，比如贴近地面的墙体绿化、建筑裙房的屋顶绿化等，但高层绿化就不常见或几乎难以见到；地面或墙体等低空绿化是最简单的绿化，几乎不需要什么技术含量，只要满足一定的种植条件即可，而高空绿化就相对较难，需要克服许多技术难题和障碍，依靠精心的灌溉和养护才能成活成荫；屋顶绿化比地面绿化相对复杂，但屋顶毕竟是一个平面，有植物的生长空间，比起没有生态空间的四个垂直外立面的绿化来讲又简单了许多。因此，绿色建筑最难的就是在四个垂直外立面上的绿化，也是目前和未来最具挑战性和革命性的建筑绿化，如图 3－8 所示。

图 3－8　最具挑战性和革命性的垂直外立面绿化

现阶段很多人将垂直绿化与立体绿化混为一谈，以为在墙壁上种些爬山虎、阳台上放几盆花草就是“立体绿化”了，其实这与真正的立体绿化相去甚远。我们必须搞清楚这些问题，如：建筑绿化是墙体绿化、阳台绿化还是庭院绿化；种植的是品种单一的草本植物还是可任意组合的乔灌草立体植物；是紧贴墙面攀附的攀缘植物还是可以脱离墙面自由生长的植物；是近地低空立面绿化还是远离地面的高空立体绿化；是人工施肥浇水还是智能化免养护灌溉等。

因此在建筑绿化层面，低层绿不叫绿，高层绿才叫绿；地面绿不算绿，高空绿才算绿；屋顶绿不是绿，立面绿才是绿。

二、垂直绿化与爬墙绿化

目前，人们所说的垂直绿化基本上属于近地低空绿化，绿化高度一般在10米以内。专业人士所指的垂直绿化通常又可分为墙体攀缘绿化和墙体种植绿化两种。前者指攀缘植物依附于建筑物表面攀缘而上的墙体绿化，植物的根系种植在地面上；而后者是墙体本身通过一些特殊的构造和防水处理使植物扎根在墙体上产生的绿化，也有的是通过一些可装拆的装置将许多盆栽植物一一安装固定在墙上产生的绿化。这两种方法虽然均可促进墙体的垂直绿化，但只适合高度在10米以下的建筑或小区、工地围墙等绿化处理，不适合高层和多层建筑的墙面绿化。业余人士所指的垂直绿化通常是指阳台和窗台绿化等，将阳台和窗台绿化误作垂直绿化。

同时，这些垂直绿化生长的寿命普遍不长，短则几个月，长则几年就可能要重新种植，在更换期间对建筑立面景观的负面影响很大，养护成本也很高，还很不方便。特别是这些植物枯萎死亡以后更换非常麻烦，高空作业人员还存在一定的操作风险，对墙体和墙面也会造成一定的破坏，并影响墙体的防水功能。更换下来的植物和损坏容器的处理也是一个相当麻烦的事情，还存在环境污染的隐患。

但不管是专业人士还是非专业人士，人们对建筑的垂直绿化都存在认识上的不足。因为垂直绿化不等于近地低空的爬墙绿化或墙体绿化，也不是阳台或窗台绿化。在高层建筑中，只要拥有生态空间和种植条件，植物不爬墙、不做墙体种植照样也可以实现立体绿化。而阳台和窗台绿化更是对建筑垂直绿化和立体绿化的严重误读。

立体绿化在完全脱离地面环境的情况下也能在建筑任意高度和立面上实现乔灌草立体种植，并形成良好的生态群落和生态效果，这才是真正意义上的建筑立体绿化。但这种立体绿化的先决条件是必须在建筑垂直外立面有适合植物种植并生长的空间和条件，否则这种高空立体绿化就难以实现。

在这里，必须注意植物种植的生态群落关系。生态群落是一种乔灌草立体种植模式，与地面上的种植环境类似，植物品种多样，各种植物可交叉种植，植物生长实现空间分层，生态系统稳定良好，与相对单一的植物种植模式完全不同。

在目前的建筑界，人们对建筑绿化的理解大都停留在墙面绿化和屋顶绿化等层面，植物种植的品种也相对单一，选择面十分狭窄。这是对建筑绿化最低层次的理解，这种绿化形式在当代和古代的建筑中都有大量类似的尝试，没有革命性的技术创新内容，对绿色建筑的推广和发展也不会产生重大影响。真正的建筑绿化是不受建筑立面、高度、部位等限制，在不违背植物生长条件和生长规律的前提下，各类植物品种基本上都可以实现立体种植和立体绿化。

三、墙体和窗台绿化对建筑的影响

传统的墙体和窗台绿化对建筑的影响是非常大的，虽然有利于建筑的节能环保和景观美化，但不利的一面也是非常明显的。一是对墙体和窗台结构会产生一定的破坏和侵蚀作用，影响建筑的使用寿命；二是影响建筑内部的通风采光，使窗户终年不能自由启闭，还要饱受爬虫和蚊蝇的骚扰，并造成墙体、窗台受潮和霉变；三是墙体和窗台绿化的植物主要是垂藤和攀缘植物，以及一些草本植物，它们的寿命少则一年，多则几年或十几年，存活时间普遍偏短，对建筑绿化景观效果产生许多不确定因素；四是绿化空间和高度非常有限，只能在 10 米以下的低空范围绿化，10 米以上基本就不太可能，更不用说日后的养护和管理了。因而，传统的种植方式并不符合高层建筑的绿化要求，也存在高空养护和修剪困难，容易造成跌落伤人等安全隐患。

因此，未来的绿色建筑除了对建筑结构、墙体、窗台等方面做进一步改进以外，还必须改变植物品质单一及种植条件和生长方式受限的局面。植物品种选择将不再局限在垂藤和攀缘植物，而是乔灌草结合。除大型乔木不能种植以外，其余任何植物通过建筑庭院均可以在任何高度任何部位扎根生长，所有植物基本上不用爬墙和上墙，植物和墙体之间至少可以形成一米左右的空间和距离，并形成室外的人行道供人员自由走动，这就解决了窗户不能自由启闭及通风采光不足等问题，也消除了植物对墙体和窗台的侵蚀和破坏作用。如图 3 - 9 所示的庭院中，墙体与植物之间有一定距离，植物不用爬墙也可以绿化。沿居室外墙还可铺设人行道以便于行走和人员的活动。

图 3 - 9　居室外墙与庭院植物间的人行道

四、高空中人员的安全和植物的防风抗风

1. 人员安全的三重防护

庭院中的人员安全是庭院设置的头等大事。许多人对高空的风力印象深刻，认为在高空中人员到户外庭院活动有一定的危险性，其实这个担忧是多余的。高空中的风力确实要比地面大许多，但庭院四周都有按照国家标准设置的符合安全高度的金属栏杆和玻璃挡风墙，能够切实保障人员在户外庭院中的安全和正常活动。这些玻璃挡风墙既可以透光，又不影响庭院内部植物的采光和生长，还可以阻挡高空的强风。在玻璃挡风墙的栏杆上，还有大量灌木和垂藤植物沿栏杆攀附，这些植物也都具有抗风和消风的作用。另外庭院内部还有一些枝叶密实的小乔木和小灌木，它们对高空风力的集体遮挡和消减效果也是非常明显的。

在高空庭院中，仅仅通过植物及挡风墙阻挡和消减高空风力尚不能解决所有的安全问题，基于人的心理安全需求，金属栏杆和挡风墙是必需的，也是最基本的安全配置。另外，栏杆内侧的灌木丛及沿着栏杆下垂的垂藤植物也很重要。栏杆内侧的灌木丛由于有向上伸展的密密匝匝的枝叶可以阻挡人员贴近和靠近栏杆，像一道天然的植物防护墙，而栏杆上的垂藤植物也同样有阻止人员攀扶的作用，使人员可以近处观赏而不能轻易地接近或靠近栏杆。通过种植的植物形成两道软防护及外围金属栏杆和玻璃挡风墙的硬防护，这三重防护就可以基本消除高空庭院的不安全因素，切实保障人员的高空安全。如图 3－10 所示，庭院外侧有灌木丛和垂藤植物作为软防护，最外侧是金属栏杆硬防护，这三重防护完全能够保障人员的人身安全。

图 3－10　保护高空人身安全的三重防护

这些绿色植物不仅能够有效地阻止人员靠近栏杆，还能够对恐高人士的紧张心理起到安抚作用，有效缓解高空环境对人的精神造成的压力。当然如果还有更好的防护措施也是可以选择的。

2. 植物的防风、抗风

在高层建筑中，高空植物的防风抗风情况也让建筑师非常担忧，特别是沿海地区台风肆虐，建筑中的树木如果没有固定好，在高空中很容易会被狂风卷起而产生安全事故，对此许多人都心存疑虑。因此在未来绿色建筑庭院中，庭院本身在建筑结构设计之初就应考虑到植物本身的抗风、防风和安全性要求，在小乔木的种植区域预先埋设预埋件以固定植物的根部，或是利用立柱、墙体或栏杆等设施加固枝干。

同时，由于跃层高度的结构限制，对树木的品种和高度也必须进行合理选择和限制，物业公司每年要安排专业人员对伸出栏杆外或超高的枝干进行适当剪枝整理和维护，以达到抗风、防风的安全要求。

此外，用钢筋混凝土材料建造的绿色建筑本身由于自重及高强度结构等因素而对台风和飓风有较强的抵抗能力，只要在设计之初充分考虑建筑可能发生的水平方向的意外的风荷载，就不会产生房屋及庭院植物被飓风或龙卷风刮倒的事故。

沿海地区台风肆虐，当地政府和规划部门还可以出台政策禁止超高的小乔木在高楼庭院中种植或限制树木的高度等，或对超过 3 米的树木进行强制规范，指定由物业管理部门派专人及时修剪和整理。同时，还可以选择一些抗风能力较强的海岛植物或沿海植物进行种植，外围金属栏杆的高度可以适当加高和加固。另外，在围护栏杆区域多种植灌木和垂藤植物以增加植物本身的防风抗风能力，通过政策规范和植物自身整体的抗风能力的整合，并结合当地气象预警和预防机制以达到防风抗风目的。如图 3 - 11 所示，在高空环境中，庭院外围护通过金属栏杆、挡风玻璃、垂藤植物、灌木丛等组成防风墙，对庭院中的小树则采取防风和固根措施。

图 3 - 11　在高空环境中对庭院中的小树做防风和固根处理

当然，远离沿海的内陆地区没有台风的侵袭，也鲜有飓风，高层绿色建筑的植物抗风就不存在问题，一些3米以上的树木也可以种植，但应防止这些树木的果实或枯枝从高空坠落。因此，有树木挂果的时候，必须在庭院外侧栏杆上增设临时防护网以防止果实坠落，并及时修剪和整理植物的枝叶。另外，还可以考虑种植一些只开花不结果的树木，或进行适当的人工剪枝去果，以及运用使树木不结果实的方法。同时，建筑低层应设裙房或雨篷防护，周围地面也应划出相应的防护区和警示告示，用灌木密实地围合起来，并设置相应的监控措施，以避免人员进入。对于突出栏杆外的所有树木的果子原则上都必须进行及时清除，以防止果子或树枝坠落伤害到地面人员，对于这些树木的生长位置也可以考虑内移、剪枝或更换等措施。因此，物业公司必须通过监控设施定期观察和评估每栋建筑立面上所有植物的生长情况，并采取必要的防范措施。业主如果发现有安全隐患，也可以及时报告物业公司并由其处理。

五、爬虫和蚊蝇的防治

很多人认为，绿色建筑中的植物容易招来爬虫和蚊蝇，给人们生活带来不便和烦恼。为解决这个问题，根据绿色建筑的特点，大致有以下几种治虫和防虫措施可以参考。

1. 工厂化配制轻质土

在绿色建筑中，一是庭院绿化的土壤不宜直接采用自然土，而应该采用工厂化专业配制的轻质土。轻质土必须经过专业的除虫和灭虫处理，保证没有自然土壤中的虫卵寄生和藏匿。二是植物本身在种植前也要经过除虫和灭虫处理，基本消灭虫子或使其失去活性。三是每年由物业公司指定专业人员定期对庭院植物进行专项人工杀虫除虫和预防处理，并对住户进行专业现场杀虫治虫的技术指导、培训、预警和控制工作。

2. 种植前的病虫害防治

通常情况下，应避免蜈蚣、千足虫、蛇类等爬虫和动物直接通过土壤或植物的种植进入建筑空间，因为这些生物可能有毒并容易发生伤害人类的事件，也容易引起房屋业主的惧怕和不适心理。所以，需要在土壤配置和植物种植阶段采取专业措施加以阻止和控制，以避免这些生物的入侵。此外，许多业主自己也会购买一些树木、花卉或瓜果蔬菜等品种在庭院中种植，这些植物及随植物一起种植的土壤等都有可能带来有害的昆虫和病虫害。因此，在种植前必须要由专业机构的专业人员对这些植物和土壤等进行除虫杀虫及灭菌处理，这样才能保障庭院植物少受病虫害的干扰和侵害。另外，也可引入青蛙、蟾蜍等小动物来捕捉和消灭这些地面上的爬虫。

3. 外来物种的检疫与地方品种的培育

政府农业部门必须设置一个专业机构以进行动植物检疫及认证，特别是对于一些跨国或跨区域的外来物种及本地野外物种更应该加以严格检疫，对明显违反国家法律规定或有一定风险的物种一律禁止种植和养殖。另外，还应该对转基因动植物进行严格监管和监控，因为有些人工合成的转基因品种所产生的危害可能远远大于那些有害的昆虫，特别是一些通过非法途径获得的转基因品种，对当地生态环境或人体健康有极大的潜在风险，政府应出台专门针对转基因品种的相关法律，并设置严格的检查监控措施。

同时，政府部门还应设置专门的动植物种植和养殖基地，培育各种优良品种（特别是各种瓜果蔬菜品种），供社区中广大业主自主选择。外地或跨区域引入的动植物品种必须在当地进行试种和驯化，在确认没有危害、不对当地生态环境构成威胁的前提下小范围地养殖和种植，再慢慢扩大种植范围。

4. 绿色防控技术

在未来的高层绿色建筑中，绿色植物远离地面，高空风力又比地面要大，一般的爬虫和害虫是非常罕见的，只要庭院卫生和垃圾能及时清理和打扫，不留卫生死角和积水等，自然就很难滋生蚊蝇和虫类。许多植物自身也具有驱除害虫的作用，如樟类植物，黄杨、艾草等草本植物则有驱蚊蝇的作用，将这些植物间隔一定距离种植在小区地面以及生态庭院之中，也能够达到用植物驱赶蚊蝇和有害昆虫的效果。此外，高浓度的新鲜沼液喷洒对杀灭植物中的害虫和爬虫也有奇效，既可以为植物进行叶面施肥又可以杀灭害虫，一举两得，并且对人畜无毒无害，是绿色防控技术中的治虫奇兵。另外，利用鸟类和益虫等生物，以鸟治虫、以菌治虫、以虫治虫等也是生物治虫的好办法。

在所有的害虫之中，蚊子和苍蝇可能是老百姓最常见也最讨厌的生物，在农村及现在的建筑小区中也是最令人头疼、最难处理的害虫。而在绿色建筑中，由于建筑高度的因素，绝大部分住户都在高层建筑中生活，远离地面环境。而蚊蝇由于生活习性和身体结构特性等因素通常只适合在低空环境活动，高度越高飞行能力就越弱，活动空间受高度限制。因而，高层绿色建筑中的人居环境可以基本避免蚊蝇的干扰。老鼠和蟑螂在目前的高层建筑中已经非常罕见，只要利用目前现成的防控技术和措施就可以基本达到防治和控制的效果。白蚁的防治手段目前已经非常成熟和有效，将来的高层绿色建筑更无须担心。其他对人类有害或有威胁的昆虫就非常少了，只要对庭院中的土壤和植物进行定期检查及除虫和灭虫处理，就可以基本控制和消除有害昆虫的干扰了。

在未来的绿色建筑中，老鼠、蟑螂等有害生物可以杜绝；蚊子和苍蝇在贴近地面的住宅中会有少量存在，但在中高楼层中就可以基本避免；土壤和植物中可能会产生少量爬虫，但通过专业公司专业人士的杀虫、灭虫处理，基本可以解决，还可以在所有门窗上可安装防虫、杀虫的电子门窗和电子杀虫器等，以阻止各种飞虫和爬虫侵入。

5. 注重生态平衡

需要强调一点，并不是所有的昆虫都是有害的，也不是人类不喜欢的昆虫就一定是有害的。大多数植物需要昆虫来传花授粉，一些植物本身也需要一些昆虫的刺激以保持自身的抵抗和免疫能力，同时土壤中的微生物也能促进植物生长和自身的生态平衡以保护整个生态群落的稳定关系。否则，整个生态系统的平衡能力和对环境的适应能力就会下降，一些益虫还可能因为环境突变而变得有攻击性。因此，只要不发生大规模、大范围的虫类泛滥和扩散危害到植物生存和人类的生活，人类与大多数昆虫特别是益虫还是应该友好相处的，以保持生态平衡。同时，还应尽量发挥以虫治虫、以鸟治虫的作用，并采取人工捕捉害虫及用不伤害鸟类的防鸟和防虫网保护果蔬等方法，而不应该采用极端措施一举杀灭和驱除所有昆虫和鸟类。

六、北方寒冷气候条件下的植物种植

在绿色建筑中，植物生长在气候温暖宜人的南方地区自然是没有问题的，但在气候寒冷的北方地区或高原地区是否合适，很多人心里都会打一个问号。这就牵涉到绿色建筑的普适性问题了。

其实大家的担心也是有道理的，但只要我们在庭院设计和植物品种选择上做点文章，这些问题就不难解决。比如在绿色建筑庭院四周外立面的结构上设置预埋构件，安装玻璃或塑料透明薄膜等，可围合成永久或季节性的温室大棚，以适应寒冷的气候。特别是靠近北极圈地区的建筑，其庭院的外围护材料可采用玻璃幕墙，在室内与室外之间再增加一个封闭的过渡空间，起到既能阻止和减少室内温度的直接散发又能防止外界低温空气直接侵袭室内空间的作用。这使得极寒地区的建筑由内而外组成了三个温差梯度关系：最核心的是室内人居空间，可将温度人工控制在15～20℃之间；起到过渡作用的是室外的庭院空间，也是一个人工控制的温室空间，其温度可控制在0～15℃；温室空间的外面为露天环境，其温度随自然气候的变化而变化。

庭院温室空间成为室内与室外之间的一个温度可控的过渡空间，这对于北方寒冷地区的室内保温有非常明显的效果，不仅可以大大减少建筑本身热能的散失和浪费，也能够大大改善室内环境的舒适性，保持人居空间温湿度的稳定性，而庭院中的温室空间既能够自然透光透亮又能阻挡冬季的极寒气候入侵。在庭院温室空间中还可种植各种植物，并利用居室内散发的余热供给植物越冬，即便在寒冷的冬季也能使温室中的植物鲜花盛开，春意盎然。

将生态庭院设置成冬季的温室既有利于植物的越冬，也能保护建筑内部热量不易散发，对寒冷地区的建筑采暖和节能都大有裨益。另外，极寒地区的建筑室内新风系统也可以通过设置地下通风通道的方式进行输送，使新风的温度经过地面以下地热能的加温而大幅度提高，然后再输送到室内，以减少由于室外新风的直接输入导致室内温度的急剧下降和热量的损失。

此外，在建筑四周围护的玻璃幕墙和玻璃门窗材料上，可以采用双层中空玻璃，在中空玻璃的空腔内充入惰性气体，也可以将双层中空改成三层中空玻璃，甚至可以采用抽真空的措施以隔绝室内及庭院中热量的流失。在屋顶部位，则直接可做成四周封闭的玻璃温室，既保温又透光透亮，以保障屋顶植物安全越冬。

如果是一般性的低温气候，则采用塑料薄膜等材料围合成临时温室即可解决植物的越冬问题。

同时，植物品种的选择也非常重要，温室内的植物品种选择余地适当大一些，许多温带和亚热带观赏类植物也能一并种植。但如是常年在温室外的户外植物，则通常应挑选本地耐寒植物或者经过本地驯化的耐寒植物进行种植。许多植物冬天落叶呈枯死状，应该再选择一些常绿的植物予以合理搭配种植。另外，冬季植物灌溉也应根据气象和气温高低进行适当调节。在室外种植的植物，当温度在0℃以下时，土壤水分和含水率应该尽量减少，表面还可铺些干草或草木灰等进行保温防冻。

令人深思的是，我国北方地区冬季几乎没有绿色植被分布。而远在北极圈内的苔原地带，常年气温在－30℃以下，却有几千种常绿植物生存，它们在冬天也不会枯萎，为当地的食草动物特别是驯鹿、麝牛等提供了丰富的食物。这可能与气候和降水量有关，还可能与当地原生态植被没有被人为破坏有关，因而保留了这些冬季的绿色植物品种。而我国北方由于人类活动时间长，人口密度大，加上气候的变化和降水量减少等综合原因，造成大量冬季绿色植物物种灭绝。但在 2500 年前，我国北方地区也曾是水草丰美、绿树成荫，动植物资源非常丰富，生态环境非常良好的地方。这说明那时我国北方地区冬季仍有绿色植被大面积地覆盖和生长，否则这些大型食草动物在缺乏绿色植物的情况下是无法越过漫漫长冬的。但同时也说明一个问题，如果能够找到这些地方性的冬季绿色植物加以培育和大面积种植，或将北极地区的冬季绿色植物在当地驯化和培育再用于北方地区的冬季绿化种植，那么，今后我国北方的冬季既有千里冰封、万里雪飘的壮丽景致，又有郁郁葱葱、苍翠欲滴的绿色美景了。

如果上述植物在北方能够得以种植，那么这些绿色植物或许也可以在绿色建筑的外立面上种植，使建筑外立面在冬季也能够充满绿色。

七、建筑阴阳面的植物种植

很多人对建筑背阴面的植物生长心存疑虑，所有的建筑也都存在阴阳面和南北向，因而也会产生植物种植方面的困惑。但植物本身是由喜阳和喜阴植物组成的，而同一种植物也有对阳光的耐受性和适应性。在自然界中可以看到很多喜阳植物生长在山的北面，喜阴植物生长在山的南面的情况。有一些植物还可以在光线微弱的树荫下甚至洞穴中生长，也有一些植物可以在山岩或沙漠中生长。这说明大多数植物对阴阳面并不是很挑剔，当然也不排除少数植物物种对阳光有一些特殊性要求。通常来说，建筑阴阳面的植物种植规律与自然界是基本相同的。喜阴植物可以在建筑的北面种植（见图 3－12），喜阳植物可以在建筑的南面种植，而东西两面则两种植物基本都可以种植。

图 3－12　背阴面也可以种植植物

世界上每种植物都有其最适合的生长条件，各种植物的生长条件也各不相同，因此在种植时，应尽量将相同或相似性状的植物组合在一个生态群落中。并且，最好采用乔灌草搭配的立体种植方式，避免不符合种植条件和要求，相互间的习性差异又较大的植物品种在同一区域种植。

在现实中，很多人自以为对植物种植很有经验，包括有些从事植物种植多年的专家，常常将一些生活习性和生长要求差异很大的植物种在一起，这也常常导致这些植物由于不能适应当地气候环境而死亡。

在绿色建筑的庭院中种植，其成败的关键在于种植的目的和植物品种的选择。如果以美化为目的，选择娇生惯养的外来植物和娇贵的品种，相互间的生长条件和要求差异又较大，那么种植失败的概率就会更大些；如果以绿化为目的同时兼顾美化，多选用已经适应本土环境的植物品种种植，那么成活率就会更高些。因此，绿色建筑中的植物种植始终也需要顺应优胜劣汰的自然选择规律。

八、枯枝落叶的处理

1. 观念的改变

在绿色建筑中，枯枝落叶可能是很多人比较头疼的问题。想想满大街飞舞的落叶需要人打扫的场景，不由得让人联想到如果在绿色建筑中也会这样漫天飘洒落叶枯枝，很多人可能会感到厌烦。

但在自然界中，植物随四季更替枯荣本身是一种最自然的美丽景色，秋冬季节的落叶也是大自然的一道风景，况且四季自有四季的景色，红的、黄的、绿的树叶各有特色、各有风味。因此，没有必要将枯枝落叶作为一个问题来考虑。许多欧美国家并不把大街上的落叶当作垃圾来处理，而是把落叶当作秋季最美的景色和景观来处理，任由树叶随风飘落。在韩国一些城市的大街上，秋冬季节也可以随处看到满大街的落叶，但这并不妨碍城市的美丽，相反，更能增加城市的魅力。目前，成都也在尝试利用落叶作为秋冬季节的城市街景。网上更有大量网民对秋天的落叶情有独钟，呼吁政府保留城市大街上的落叶以留住秋天的美景。

当然，这些城市中的落叶最终还是需要处理的，临时性增加一些打扫的人力或机械成本也是有必要的。但也可以考虑将落叶作为景物来处理，特别是在草地和人行道上的落叶更能增加城市的色彩，只要不影响正常交通和人们的日常生活，不必每天打扫，或适当推迟打扫落叶的时间，使城市在增加风景的同时又减少了人力成本的支出，一举两得。另外，还可以将一些四季更替不明显的常绿植物交叉搭配种植，即便在秋冬季节也能够绿意盎然并美化城市建筑和城市景观。

在城市中，落叶类植物在夏季可以为城市建筑和城市大街遮挡烈日暴晒，起到遮阳纳凉和降温的效果；而冬季树叶凋落，阳光又能够不受树叶遮挡直接照射到建筑物表面和城市的路面上，起到日照和升温的效果，实在是一举两得的大好事。因此在大自然面前，人类只有适应自然，顺应自然，摆正人与自然的位置，才能与自然其乐融融。

2. 三个措施

俗话说："办法总比困难多。"只要多动动脑筋，集思广益，解决问题的方案总是有的。

一是从建筑结构和体形的角度可以考虑从下往上跃层收缩的办法。建筑下部离地面较近，主体建筑和庭院可以不收缩，也可以像裙摆一样再层层向外挑一部分出来，或可以将底部几层做成裙房，利用裙房屋面直接接收落叶和高层掉落的意外果实，避免地面行人进入这些区域，并减少落叶直接飘落地面。5～10 个跃层后再考虑向上逐渐收缩，每 1～2 个跃层，庭院向内收缩 5～10 厘米。建筑上部可以考虑连内部结构也一起收缩的方法。通过建筑结构或庭院结构的收缩，以及底部裙房的设置，一则可以降低建筑重心，减少上部建筑物的重量，保障结构的安全和稳定性；二则能够减少上层落叶飘落到地面；三则可以减少高空意外坠物等对地面人员的直接伤害，保护地面行人的人身安全。

二是在庭院中，植物种植部位的适当选择可以减少树叶往下层飘落的概率。比如庭院外围超出栏杆外的区域以种植常绿植物为主，少种落叶类树木，以减少叶子飘落到下层建筑庭院的麻烦。另外，还可以在栏杆外侧设置临时网兜、网罩等措施以减少上层落叶的飘落。

三是种植低矮类植物，最高不超出 3 米，庭院景观向园艺方向发展，追求庭院景观的艺术之美和近距离观赏价值，植物、石头、水景、灯光、园艺小品及休闲桌椅等搭配布置，参考苏州的园艺及日本园艺中的片山石手法等，使所有植物不挑出庭院栏杆外，全部种植在庭院内部，完全杜绝高空落叶的飘落。另外，庭院外侧围护可采用夹胶玻璃与金属栏杆的组合固定，既满足透光透景的需求，又便于室内观景，如图 3－13 所示。

图 3－13　庭院内种植的低矮类植物与室内景观相映成趣

另外，在大风或降温天气及秋冬季节转换时，高空飘落的树叶都会突然增加，有相当部分会落到地面上或周围的区域之中。因此，在建筑底部光滑的地面上及周围几十米范围内，都需要适时增加突击打扫的次数和人力成本。在平常季节也可能需要经常性地打扫和清理，以保持地面环境的整洁，因而需要增加相应的物业成本和临时人手。但在乔木、灌木和草地上，高空飘落的叶子则不必经常性地打扫，因为自然的风景总是美的，落叶也有自然的野趣和韵味供人品赏，等到落叶达到一定的数量或叶子基本枯萎时再集中打扫也不迟。

庭院内部的落叶由业主自己打扫和清理，也包括上层或其他地方飘来的叶子，这些落叶与公共物业无涉。

3. 枝叶和剪草处理及生物能源的利用

植物枝叶和剪草的处理可能也是政府部门非常关心的问题，特别是许多植物的枝叶、枝条和根须等自然腐烂的速度是非常缓慢的，即使采用自然堆肥法的效果也很不理想，花费的时间、场地和人力成本都非常大。但如果采用机械粉碎机直接粉碎并压缩减量化处理，再进行生化处理或作为燃料，那么不仅植物的体量大大减少，处理费用和处理时间都可以降下来，场地面积也可以缩小，处理成本可大大降低，处理效率却大大提高。而且经压缩或风干后的大部分植物枝叶和剪草除送入沼气罐中消化处理以外，也可作为生物燃料发热或发电，成为城市的清洁新能源，而燃烧后的草木灰还可以作为植物的有机肥料加以利用，没有一点浪费。

因此，绿色建筑表面的绿色植物通过光合作用可以源源不断地转化太阳能并制造大量的生物能。建筑与绿色植物合成了生命有机体，建筑结构和空间是其骨架和身体，绿色植物是其皮肤，绿色建筑是真正的光合建筑。这些合成的生物能一部分可以变成人类的食物或其他动物的食物，另一部分可以转化为生物燃料用于发电、发热等，真正做到物尽其用和能量循环，就像生命的新陈代谢一样。

九、庭院植物的营养灌溉和物业管理费用

在绿色建筑中，所有庭院植物的营养灌溉都是通过智能化灌溉设施实现的，而这些营养和灌溉的运行除管理和人力成本以外几乎是免费的。因为所有的营养灌溉设施都是前期一次性投入建设，其费用已经分摊在建筑成本之中，用户在购房过程中已经全额包含了所有的费用，除使用过程中承担部分运行的电费及少量维护费用以外就基本不产生其他费用了。

因而，庭院植物养护剩下的工作内容就是一年数次的修剪和整理，其主要作用是保持整个社区及建筑大楼植物绿化的整体美观和整洁，以避免杂草、树枝和落叶等影响庭院环境的美观和卫生。而在其余时间里，植物需要的日常养护工作内容大部分应由业主自己承担。

1. 庭院植物定期季节性修剪维护

物业公司每年需要对各家的庭院植物进行一两次修剪整理及除虫工作，以及对公共类屋面、地面等区域的植物进行常年打扫和整理。这部分工作量和工作内容将明显增加，需要添加相应人手和一定的物业成本，这些物业成本支出是非常明确的，能够得到业主的理解和支持，且费用也并不昂贵，能够控制在业主可承受的范围以内。

不管业主在不在家，物业工作人员未经同意通常是不得进入业主的生态庭院中的。经同意确认后，工作人员可通过与电梯间相连通的玻璃门窗直接进入户外生态庭院，因而不进入业主的室内就能够直接在户外庭院中对植物进行养护和整理。业主也完全可以将所有连通庭院的门窗锁闭，以切实保障业主的财物安全。这对于保障业主的人身和财产安全及维护隐私权都是非常关键的，业主事后也可以对物业人员在庭院中对植物的养护和服务情况进行全面的了解和监督。

应该说，每年春秋两季公共物业人员对绿色建筑外立面的树木、灌木和垂藤植物的修剪和整理就能够基本满足庭院外围植被的安全和美观要求，即使站在远处或站在地面往上观望也能够基本达到统一和美观。在这里还应该指出，原则上，庭院外围区域的植物由公共物业公司负责专业修剪整理和养

护，这不仅解决了业主养护和管理上的困难，还避免了业主养护管理时因操作不当造成的高空坠物甚至人员坠落。因为庭院植物外立面的修剪和整理是一项非常专业并有高空作业风险的工作，不适合绝大部分没有专业修剪技术的业主。业主的职责主要是负责庭院内部地面的草坪、花卉、果蔬等及高度不超过 2 米的植物修剪和养护，包括自己所种植物的修剪、整理及养护工作。

2. 个性化物业服务与收费

在修剪整理的过程中，如果业主要求物业人员对庭院中自己种植的植物进行个性化修剪整理，包括草地和花卉等的修剪整理和养护，那么物业公司可以按照预约登记的情况，根据业主要求再指派专业人员提供特色的有偿服务。

另外，对于一些长期无人居住的住宅，庭院中的植物除外围公共部分例行的定期修剪和整理以外，每隔一两年，物业公司也应对庭院内部植被进行一次定期的全面修剪整理和养护等，以避免庭院中植物疯狂生长而影响其他住户的居住环境和整栋建筑外立面的景观。如果长期在外的业主要搬入居住，也可以委托物业公司帮忙修剪和整理庭院中的植物。

与此同时，物业公司还必须有相关的农业技术方面的专家队伍。平时可以通过社区举办各种种植和养殖技术的培训和指导活动，在春秋两季可利用在业主庭院中修剪整理植物的机会定期对业主进行种植技术和除虫防虫技术方面的一对一的现场培训指导，并发放相关培训手册和种植技术指南等书籍。物业公司还可通过举办讲座、座谈会，开展培训班等形式在业主群中培养一支农业种植和养殖技术方面的志愿服务队伍服务于广大业主，以提高业主的种植和养殖技术。

3. 公共建筑的物业服务及费用

在公共建筑中，上述所有的工作内容都需要一支专业的植物种植和养护队伍才能完成，并产生一定的养护费用。而在住宅类项目中，除公共物业每年春秋两季定期的修剪整理以外，其他时间段通常由用户自己承担，公共物业不会再参与私人庭院中的物业维护工作，因而也不会产生其他费用。当然，业主有其他服务要求的除外。

对于一些高档的住宅区、写字楼、商业楼宇或公共建筑的植物种植和养护，可以由物业公司全权包办，提供专业而贴心的个性化服务。

下　篇

立体生态城市

人口爆炸、城市扩张、土地紧张、环境恶化、交通拥堵……这一系列问题一直困扰和威胁着现代人类。人类未来的生存之地在哪里？出路在哪里？如何解决？这都是现代人类亟待解决的问题。因而，有人提出太空移民，也有人提出海洋移民、地下移民等构想，但无论是上天还是入地，这些移民方式在短期内都是无法实现的，有些方案更是以破坏地球环境为代价的，是不可取的。

最近，生态文明建设被列入国家今后的发展方向，而城镇化建设本身就是生态文明建设的重要组成部分。虽然绿色建筑可以解决建筑自身小范围内的环境问题，但在城市规划层面，建筑的局限性就显现出来了。因为，人们出行的交通，建筑和城市所需的能源供应，日常所需的各种消费品供给，城市生产和生活水源的规划，还有各种城市污废水和垃圾的处理等，这些问题都必须放在城市规划层面才能得到解决。因此，将建筑与城市规划合成一体的立体生态城市也将应运而生，这也是实现未来生态文明建设目标的核心内容。

第四章
立体生态城市概述

目前,国家正在大力推进城镇化建设,各地方政府也正全力以赴地实施城镇化建设。那么,城镇化建设是怎么形成的呢?城镇化的路线图是什么?未来城镇化的最终目标是什么?是将户籍取消但仍旧让农村居民住在农村,还是将所有的农村居民都迁到城市?另外,我们的城市在将来是否也面临着自身的城镇化?城市居民是否也存在着更高级别的城镇化需要?整个社会是否也面临着全面的城镇化?这才是关键!

要想理解城镇化,首先要理解,所谓城镇化就是农民进城,变成城市居民;其次是,拉近人与人之间的空间距离,使交通距离变短变近,变得更加方便和快捷;再次就是生活配套设施更为集中和完善。但事实并非如此。城市本身存在着更深层面的城镇化需要,城市居民也同样面临着城镇化升级换代的需求,所有这些需求集中起来,就推出一个思路:必须构建立体生态城市。

第一节　未来城市的城镇化之路

一、城镇化之路

有人说,城镇化就是将农民迁移到城市中生活和就业,成为真正的城市居民。如果农村居民都实现城镇化,未来城镇化的目标就一定能实现吗?

1. 城镇化的现状

改革开放近40年以来,我国经济发展突飞猛进,使我国的城镇化进程大大加快,农村人口大量涌入城市,使城市人口急剧增长,城市建筑和住房大量增加,城市面积也急剧扩张。由于经济的发展,各行各业齐头并进,工厂、企业等都获得了大发展。同时,小汽车也进入家庭,城市汽车的拥有量急剧上升,城市道路拥堵状况也越来越严重。大气污染更成为城市居民的健康杀手,城市环境日益恶化。特别是城郊交汇区域,还容易成为城市"三不管"区域,是社会治安和污染的重灾区。

表面上来看,我国目前的城镇化率已过半,城市人口已超过农村人口,但大多数城市却已经人满为患,不得不扩大城市规模才能满足今后的城镇化需求。而这会造成更大范围的环境污染并诱发大城市病,使城市生活和居住环境更加恶化,交通更加拥堵,空气污染也更加严重。显然,目前我国的城镇化已使城市不堪重负,城市人口更面临极大的分流需要。因此,现有的城镇化之路本身就存在着巨大的风险和缺陷,必将对今后的城镇化发展产生阻碍,应该引起高度重视。

另外,城镇化在世界范围内也是一个没有得到解决的难题,即便是欧美发达国家的城镇化也存在同样的问题,只不过他们的人口相对较少,自然环境的压力更小一些而已。

2. 农村城镇化

目前,中国农村的城镇化大多是由政府统筹引导下推进的。通常情况下,农民一般是不愿意背井离乡到城市里谋生活的,他们中的大多数出于经济原因,单靠土地上的一点微薄收入难以养活家人,只能外出打工,并千方百计地落户城市,成为城市中的外乡人。

此外,由于城市急剧扩张产生的"摊大饼"效应,城市周边的这部分农村居民被快速城镇化,一夜之间成为城市居民。

另外还有一些乡村,由于地处交通要道或特殊的地理环境及政府政策,人口和资源等突然聚集在一起,从而在不知不觉中成为一个城市或中心城镇,我国近几十年来的大部分城市和建制镇就是这样产生的。

总之,中国农村的城镇化大部分是被动的城镇化。而且,农村城镇化所留下的后遗症也是非常严重的。大量的孤寡老人和留守儿童无法得到照顾,无数家庭被拆散,造成家庭经济上的困顿和亲情上的疏离,社区服务和教育严重缺乏,生态环境恶化及社会治安混乱。这些都是农村城镇化带来的一系列社会问题,这些后遗症所产生的创伤可能需要几代人的努力才能修复。

世界上大部分城市都是从农村的村落发展起来的,我们可以将这种由村落聚居成城镇的过程称作初级城镇化,也可以称作农村城镇化。目前世界绝大多数城镇都是初级城镇化的产物,我国也不例外。由于近代工业革命的大发展和建筑技术、材料及工艺的进步,高层建筑在许多城市拔地而起。同时,立交桥、绕城环线、城市轻轨等市政交通设施也在大规模建造。虽然土地利用率和建筑容积率大大提高,但城市的发展与初级城镇化并没有发生质的改变,建筑与土地的矛盾没有消除,生态环境问题、城市交通拥堵问题也没能得到解决,但建造成本和城市生活成本却大幅提高,生态环境有更进一步恶化的趋势。因而,我们将这些由高层建筑群组成城市的过程称作中级城镇化。

中级城镇化是为未来城市的发展奠定了技术、材料和工艺上的基础,是向高级城镇化前进道路上的基石。中级城镇化是在初级城镇化的基础上产生的,也是城市城镇化最初的雏形。未来城市应该向更高层面、更高质量的城镇化发展,因为只有解决和消除城市病,使城市污染、城市交通市政、城市绿化和环境等一系列问题都得以彻底解决,才能使城市城镇化真正在更高层面上产生质的飞跃。

实际上,农村城镇化所产生的问题根源是由城市城镇化本身带来的。如果城市城镇化问题没有得到解决,没有消除这些后遗症,那么农村城镇化就无法得到顺利实施。

当前,城镇化的最大误区在于将农村人口的城镇化当作主要目标,而忽视城市自身也需要升级。

这是一个国家决策层面上的方向性问题，未来的城市只有在克服自身城镇化所带来的城市病时，才能在更高层面解决农村城镇化所带来的一系列问题，也才能真正推进国家城镇化建设和生态文明建设的顺利进行。因此，城镇化本身就需要升级换代。

3. 城市城镇化

城市就是人口增长与土地紧张的城镇化产物。因此，城市与土地之间的紧张关系是与生俱来的。与此同时，城市本身还存在环境污染、交通拥堵、住房紧张、垃圾围城、失业率上升、人口老龄化、城乡矛盾等问题，这些都是目前城市所面临的严峻挑战。即便如伦敦、巴黎、柏林、纽约和东京等发达国家的城市，仍然存在着不同程度的城市病，更不用说那些条件落后的发展中国家的城市了。因此，在目前状况下，城镇化所带来的城市病在世界各地都是不可避免的。

目前，农村存在严重的城镇化后遗症，但城市本身也存在大量的问题，这些问题不比农村的少，有些甚至更为严重。因此，由农村城镇化产生的城市并不是城镇化的终结，而是开始，它仍然有向更高级别进化的强大动力，那就是立体城市，也可以称作城市城镇化或立体城镇化。

立体城市就是城市的立体城镇化目标，也是城市的高级城镇化。虽然现代城市聚集了大量的城市居民，但城市病却无法根除，城市污染和交通拥堵的现状更是城市居民的心头之患。同时，由于建筑技术、材料和工艺等方面的落后，现代城市建筑物和构筑物所规定的设计寿命和使用寿命及城市规划的方案均不能满足今后城市城镇化的要求，因而也存在着更新的必要。另外，城市只有实现高级城镇化，才能真正引领农村的城镇化建设。如果连城市自己都解决不了自己的问题，那么农村城镇化和生态文明建设就是一句空谈。

二、立体城市

1. 城市城镇化的加维

所有的城市都是在地面上形成的，地面是一个二维平面。城市“摊大饼”式扩张就是通过侵占更多的地面土地来解决建筑的居住和人口问题。虽然通过增加建筑层数和高度的加维方式可以解决人口居住问题，但城市交通问题就会变得非常困难，交通距离变长，交通也会产生拥堵，城市环境变差，污染越来越严重。目前，解决交通问题的办法是局部增加维度，如十字路口会产生交通拥堵，最好的办法是建造立交桥，这可以称作“点加维”，建造地铁、高架、环线，这叫“线加维”。但这些城市局部增加维度的方法对于人口众多的国家和城市来讲已经远远不够，况且在城市加维过程中对现有交通会产生巨大的压力，城市交通规划经常来回反复修改，城市摊的“大饼”也越来越大，城市污染更加严重。

显然，点和线的局部加维措施是无法彻底解决现代城市交通的困境的。因此，未来城市的扩张模式必须改变，它不是在城市中采用点或线的临时加维措施，而是整个城市层面的交通、市政和公共设施的整体都需要增加一个维度。

因此，未来立体城市在规划层面的两个方面都必须加维：一是城市建筑层数和高度的增加，将低层建筑改成高层或超高层建筑，充分拓展城市上空的建筑空间；二是将整个城市地面一次性用建筑大框架模式复制二至三层(三层最佳)，这是城市公共服务和交通层面的整体面加维，将城市地面从平面二维模式直接转变成立体三维模式——这就是立体城市的原理。

虽然立体城市可以称作立体城镇化，但立体城镇化太容易被误解和泛化到所有的城镇之中，可能会产生各地城镇一窝蜂地建造，造成整个城市建制的混乱和资源的极大浪费，对生态环境的修复和保护也非常不利，所以在这里我们仍将其称作城市城镇化。

建筑维度的增加并不稀罕，因为现代高层建筑本身就是建筑加维的结果，它们是由平层的房屋变成多层和高层建筑。而城市地面交通的整体加维则是前所未有的，目前世界上还没有一个城市实现面加维，没有把城市地面完全立体化的方案和案例，因而需要更全面、更细化的立体市政交通规划和停车规划。

2. 城市城镇化路线图

城市城镇化发展的大致路线图是：初级城镇化（农村或村落转变而成）→中级城镇化（城市高层建筑的聚居区及中央商务区等）→高级城镇化（立体生态城市）三个阶段。

城市城镇化从农村城镇化演变而来。经过村镇的历史积淀形成城镇或城市，这是城镇化的第一阶段，目前大部分城镇停留在这一阶段。第一阶段的城镇化大都以平层和多层建筑为主，高层建筑是非常少见的。但也有少数城镇脱颖而出，成为该地区的中心，城市就自然而然地形成了，这就是城市的概念。城市的发展虽然也是由城镇的扩张引发的，但大多数城市的形成要比普通城镇形成的历史更久远，规模更大，人口更多，交通也更发达，区位优势非常明显。第二阶段是城市的城镇化，这是中级城镇化。虽然许多人并没有意识到这种城市城镇化的现象，但城市中高层建筑的出现就是城市城镇化的雏形。它通过城市高层空间的营造将地面上的建筑拓展到空中，比如高楼林立的城市中央商务区、高层住宅区等，城市立交桥、地铁、高架桥、环线等。这种现象在一般的普通城市可能并不明显，拓展的空间也非常有限，可在人口密集特别是一些金融、贸易、港口和交通发达的大城市，变化就会比较突出。

因此，我们可以把城市城镇化的整个进化过程的三个阶段用城市建筑和交通两个方面的变化进行简单归纳，城市建筑：低层和多层建筑→中高层建筑→高层和超高层建筑；城市交通：地面交通→地面交通＋高架、环线→ 立体交通。

可以想象，建筑高度和城市交通的变化意味着城市上空的空间利用关系的变化，它们由低变高，由少变多，由小变大，由平面二维向立体三维逐渐推进和演变，城市城镇化的最终目标是从这两个方面充分拓展城市中的高层建筑空间和城市地面的立体交通空间。

初级和中级城镇化是现在所有城镇和城市正在经历和已经经历的，这两个阶段的城镇化是为高级城镇化之路奠定技术、材料、工艺及经验等方面的基础。而第三阶段的城市高级城镇化大幕还没有正式拉开，正有待于人们去建设和创造，去书写最激动人心的城市画卷。

3. 未来城市城镇化的核心和目标

未来城市城镇化需要的是立体城市，需要立体的土地、立体的居住、立体的市政交通、立体的绿化等。城市城镇化核心是高效地利用土地，立体开发土地资源，使土地和生态效应最大化。因而，未来城市城镇化的目标不是将农村变成城市，也不是将农村变成城镇，而是将城市变成三维立体城市，同时将农村人口转移到城市，转变成立体城市居民，是将广大的农村居民和城市居民融合在一起共同实现更高级别的城市城镇化之路。所以，城市城镇化的地点是在城市之中，而不是在农村新建。

立体城市——就是将摊大饼变成摞小饼，变成千层饼，将城市人口从地面二维分布变成立体三维分布，将地面土地变成立体土地，将地面人居变成立体人居，将地面交通变成立体交通，将地面绿化变成立体绿化，让整个城市完全实现三维立体化。

很多人担心，目前的城市人口已经处于饱和状态，立体城市的高度聚集将可能使这些状况变得越发严重。这其实是一个错误的认识。虽然在立体城市中，按落地面积计算其人口分布的密度可能比目前的城市大十倍以上，但在立体城市之中可通过三维空间的有序分层和立体分布，在不同的空间和结构层中，使其居住人口分布和机动交通的密度都控制在一个合理的范围，也使人们的工作和生活舒适度均达到最佳状态。

4. 村镇规划与城市规划的结合和统一

随着国家城镇化建设的不断推进，未来的立体城市不仅会大大改变城市规划和建设的面貌，同时也将会更加深刻地影响到广大农村地区和村镇居民的房屋建设。

目前，大多数农民和乡镇居民基本上是根据家庭经济能力自主建房。由于政府缺乏统一的村镇规划及监管，私建乱建现象比较普遍。更由于农村居民是一户一院的建筑模式，建筑高度通常都在 10 米左右的低空范围，占用和浪费土地及空间的现象更为严重和突出，对周边生态和环境的破坏影响更大。因此，农村城镇化势在必行，未来乡镇规划建设也不应该成为立体生态城市规划的盲区，而应该与城市城镇化建设紧密结合，通过大集居或大移民等政策和措施，在更高层面上统一到城市大规划之中，统筹规划，统一建设。

事实上，目前的乡镇和村镇规划建设对生态环境的影响比城市规划建设更大、范围更广，因为它们居住区域的建筑基本上是以自然村镇形式形成的散居模式，占用和浪费土地面积更大，对当地大范围生态环境的干扰破坏更为明显。因此，将区域广大的村镇建筑直接纳入立体生态城市规划建设范围，以及将所有农民从农村移居到城市之中，是完全符合国家新型城镇化建设长远战略需求的。未来的乡镇和村镇建设必须与城市城镇化建设紧密结合为一体，并同步实施。不应该将城市与农村的城镇化割裂开来，出台有偏向或差异化的政策，政府和城市规划部门要从宏观政策层面加以落实和贯彻执行。所以，农村城镇化的核心是人口转移，通过移民和集居的形式就近在城市中落户居住，并通过城市解决农民的经济和就业等一系列社会问题。

因此，未来立体城市的规划建设不仅需要用极少的土地解决城市居民的居住，还需要解决广大农村居民落户城市的居住问题，更需要利用城市市政配套和商业配套设施提高广大农村居民和城镇居民的生活水平和就业水平。同时还需要解决农村村镇人口的老龄化、空巢化和空心化等问题，使数量巨大的农村土地从现有建筑中解放出来，用于退房还田、还林、还草、还湖等生态保护措施，也更有利于村镇周围的田野、山林、湖泊、草场等自然生态保护区的规划和生态文明建设。

将农村居民全部转变成城市居民并在立体城市中安居乐业，可以解决城镇化过程中严重的家庭破碎化问题，促进农村家庭关系的和谐，也是农村居民落户城市以后其人口老龄化问题在家庭内部得以解决的重要前提。

农村需要城镇化，城市居民本身也需要更高级别和更高层面的城镇化，城市城镇化是全体国民共同的需求，而不仅仅是农村居民的需求。因此，农村和城市的所有居民都需要绿色建筑和立体城市，它们是全体国民共同追求和向往的美好生活方式，也是城市高级城镇化的必然选择。城市城镇化是国家城镇化建设方向的重大战略调整，将对今后城镇化建设和国家未来生态文明建设起到不可估量的作用和影响。

5. 绿色城镇化

未来的城市城镇化之路还必须以绿色为主题，它是国家生态文明建设的主要目标，包含城市建筑立体绿化、城市基础设施立体绿化和城市周边环境绿化等三个方面。

城市建筑的立体绿化就是建筑绿化，将立体城市范围内的所有建筑按照绿色建筑规范和要求统一规划建造，使每一栋建筑都符合绿色建筑的设计规范和要求，使整个建筑群都满足绿色生态城市的规划要求。

城市基础设施的立体绿化包括城市地面绿化和城市基础空间立面的垂直立体绿化等。

城市周边环境绿化是指在立体城市建筑物、构筑物之外的地面环境绿化。

绿色城镇化和生态文明建设就是从城市规划层面将上述三个方面的绿化方案有机结合在一起，统一规划建设，使立体城市的生态和绿化效果最大化。

绿色城镇化和生态文明建设的核心在于绿色，即用于植物光合作用的叶绿素的绿色，这应该作为城市最基本的色调。通过这种生命的颜色覆盖整座城市，从空中到地面甚至水面等都可以被绿色植物覆盖，使整座城市成为一座真正有生命、能呼吸的绿色城市。绿色城镇化的目标是在城市规划层面建立一个物质循环体系，使城市中的建筑、人与自然生态形成一个生生不息的生命循环，以达到永久可持续发展的目的。

当然，上述三个方面的绿色并不是绿色城镇化和生态文明建设的全部，城市经济、政治、文化、生活和基础设施等也都是其中的内容，但植物的绿色是主色调，没有植物的绿色，其他一切都是空谈。

三、建筑高度的调整和空中土地规划

未来的立体城市规划必须有前瞻性和长远的战略眼光，10 年、20 年、50 年都太短暂，不足以称之为未来规划，城市管理者应该着眼未来百年、千年甚至更为长久的可持续发展的远景规划。有人说，这样的规划未免太远太长久了吧，但随着绿色建筑技术及立体市政交通规划的成熟和完善，规划的眼光和思路也必须调整，在建筑满足社会可持续发展的基础上，规划本身的可持续性就是一个必然的选择。早在 2000 年前的欧洲，古罗马人规划和建设的一些城市和建筑工程，虽年代久远又历经战火，但有些到现在还仍在使用之中，可见古罗马人工程技术水平之高超及城市规划眼光之长远。因此，未来的立体城市也要有这样经得起时间考验的远景规划，这也是绿色建筑和立体城市可持续发展的必然要求。

1. 建筑高度的调整与高层建筑的重新划分

建筑革命的核心是“空中的土地革命”，建筑中所有一切技术创新都是围绕着它展开的，它将传统的平面二维的土地概念拓展到立体三维的空间之中，也将地面低空的生态概念引申到高空之中，创造出超出地面土地面积几倍甚至几十倍的空中土地资源及空中生态资源。从绿色建筑高层生态优势的角度引申出来，高层绿色建筑建得越多，空中土地和绿地面积就越多，空间开发和利用的价值也越充分，生态环境也越好。为了建成立体生态城市，其空中土地资源开发的关键点就在于未来城市规划思路的彻底改变。

首先，要对建筑高度和高层建筑进行重新划分，除公共类建筑和高层建筑裙楼以外，高度在 20 米以内的建筑应该全面控制和淘汰，高度在 60 米以内的建筑应该属于近地低空建筑，高度在 60～200 米的建筑属于普通的高层建筑，300 米以上才属于超高层建筑。

在当前世界建筑中，800 米以上高度的建筑已经建成并投入使用(迪拜哈利法塔)，1000 米以上的特高建筑也正在兴建之中(沙特阿拉伯吉达塔)。因而，1000 米以下的建筑高度在技术、材料和工艺上已不存在任何障碍，而未来高层绿色建筑也不需要如此特高层的建筑，因为毕竟建筑的成本和各种风险也会随之大大增加。即使有必要建造 1000 米以上的特高层建筑，用绿色建筑的技术和理念建造也将会变得更简单和容易些，特别是在解决高层建筑消防的问题上更具优势和效率，并且还可以增加大量的实用面积。虽然在理论上一栋特高层建筑能够解决几万甚至几十万人的居住问题，但笔者反对将一个城市规模的人口放入一栋建筑之中，因为这样做无论是建造成本和风险还是在人居舒适度方面都将受到一定的不利影响，更何况将来通过立体城市的规划建设已能使土地紧张的状况得以缓解，就没有必要通过特高层建筑来解决人口过剩的压力。

未来，100～200 米的高层绿色建筑将是人居和生态效果最佳、最适宜的建筑高度，人类将真正迈入立体生态城市的时代。如图 4－1 所示，立体生态城市的高层建筑群可以充分拓展城市上部空间，而城市中的立体轨道列车是居民出行最主要的交通工具。

图 4－1　立体生态城市的高层建筑群

2. 空中土地规划

实质上未来立体城市需要一种宏观的空中土地的立体规划，并通过建筑高度得以实现，这在规划之初就能够产生最大限度的节地和增地效应、生态效应和环境效应，而其可持续发展的目标首先必须从节地和增地开始。在未来的高层绿色建筑中，空中土地可以成为源源不断的再生资源，可以创造出几倍甚至几十倍于占地面积的立体土地。因此，在节地和增地的双重作用下再实现节能、节水、节材等项目，就可以最大限度地满足和实现建筑可持续发展的要求和目标。

空中土地规划与空中人均土地和绿地面积的指标紧密相关，通常情况下，居住类建筑室内与室外跃层庭院的面积之比在 4∶1 至 3∶1 之间。也就是说，3～4 平方米室内面积需要 1 平方米的室外绿地配置(这个比例配制有待于进一步研究和完善)。按照目前三口之家 100 平方米的住宅标准，那么其室外生态庭院部分的绿地面积将有 30 平方米之多。因此，未来的居住类绿色建筑应该增加一个非公共类的人均绿地指标作为该地块住宅类开发规划条件中的一个必要组成，使每家每户在规划建设之初就拥有产权独立的空中绿地花园。在这里还应该注意，空中绿地是按照跃层式的高度来衡量的，非跃层高度的构造只能按阳台而不能作为空中绿地指标来考虑。商业办公建筑、工业建筑或公共类建筑的人均绿地也可以参照住宅类的人均绿地指标或视建筑结构及形状要求增减。

应该注意，空中土地规划是一件利国利民的大好事，能实现各方共赢，对政府、开发商、住户等利益相关方都有益。因此，国家应该出台相应的鼓励政策支持空中绿地建设，而不是一味地考虑行政收费或政策限制。

3. 人均空中绿地指标

人均空中绿地指标是按照人均居住面积指标而定的。通常来讲，人均居住面积越多，空中绿地面积也相对越大。但人均空中绿地指标不是越多越好，它与人均居住面积一样也应该有一个相对合理的区间，否则会影响下层的居住或办公功能及下层跃层的室内自然采光，并增加结构上的悬挑负担和安全隐患，也增加结构成本，对自然资源也是一种浪费。从庭院悬挑结构的合理性上也可以得出同样的结论，适度悬挑的庭院结构对下层的室内环境具有良好的遮阳功能，对室内通风采光的影响不大，过大的悬挑结构不仅对结构的安全性不利，成本不合理，对下层采光还会产生不利的影响。当然，在设置立柱支撑的情况下局部范围的大庭院外置也是允许的，但必须在规定区间内取值，以控制大庭院的面积和外置距离。

4. 人均居住面积指标

根据国家统计局的数据，2016 年我国居民人均住房面积为 40.8 平方米，但从资源的合理利用角度分析，人均使用面积并不是越大越好，面积和空间浪费都是对环境和资源的破坏。另外，许多房间还存在空间和面积偏大的情况，这对人居环境不利，对家庭资源和能源也是极大的浪费。比如，卧室的面积通常以 12～16 平方米为最佳，但目前有大量农村住宅的卧室面积非常大，超过 20 平方米以上的卧室比比皆是，不仅造成面积和资源的浪费，人居的舒适性也大大下降，这种情况在城市住宅中也很多。而在绿色建筑中，这种多余的室内面积就可以通过设计方案的细微调整而直接转变成室外庭院面积，达到庭院面积更大、绿化景观更丰富的有益效果。因此，在今后绿色建筑的户型设计中，室内房间面积与室外庭院面积之间应该有一个最佳比例，以避免由于室内面积过大而引起的资源和能源的浪费，并进一步提高人居环境的舒适度。

从某种意义上讲，绿色建筑中人均35平方米的居住面积可以说是一种高标准住宅，更何况还有室外10平方米左右的生态庭院配置。但我们应该清楚，目前许多家庭实际拥有两套以上的住房，一些家庭在农村还拥有老宅。虽然人均建筑面积已大大超过国家规定，但居民实际居住的住房仍然还是比较狭窄和拥挤的，居住品质普遍较低，存在进一步更新换代的需求。同时，由于居民大部分建筑都分散在各处，并都处于空置或半空置状态，既侵占了土地资源，又浪费了自然资源和能源，严重干扰城市和农村的总体规划，对生态环境的干扰和破坏更是无比巨大。因此在未来，随着绿色建筑和立体城市的规划建设，人均居住面积应该做相应的调整，居民居住应该偏重大家庭跃层模式。同时，将居住环境的质量和品质一次性建设到位，使自然资源和能源的利用最大化，并在宏观政策层面上控制一户多宅的现象。

5. 一户一宅模式

在未来的城镇化建设中，政府政策层面都必须一视同仁，不管是城市居民还是农村来的居民，所有居民的居住条件和居住环境都必须按照统一的绿色建筑标准执行。居民居住的地方也应该是选择一处居住，而不是多处多宅。不能这里有住房那里还有住房，城市有住房农村还保留有住房，或以所谓的投资保值及异地购房等行为来扰乱市场。要严厉打击有权有势的人利用手中的权势多占多住、多出面积的情况，并对一户多宅及超标准的住宅进行个人身份信息的确认和全面登记，再将超标的住宅实行等级评定，向社会公开，使之完全透明化，国家更应该出台相关法规和税收政策遏制一户多宅行为。如果全国均严格执行一户一宅的模式，那么人均35平方米的居住面积也就不能算是超标准了。当然，一些富裕家庭希望住房面积大一些、多一些也是可以理解的，但超出部分面积必须缴纳比普通人更多的税收，并长期承担更多的消费者的责任和义务。

居住面积、庭院面积及庭院悬挑距离等问题的关键还在于把控一个合理的“度”，而这个度的把控最主要在于政府的规划部门和政策、法规的制定，其次在于建筑设计的具体方案，这两者也必须密切配合。

人均居住面积和空中的人均土地指标将是政府今后对城市空间立体规划的主要内容，也是绿色建筑规划设计的灵魂。

6. 物质循环系统的规划思路

未来城市规划的指导思想将会有巨大的变化：一是将从城市规划的角度开发立体空间和立体土地，在建设人居空间的同时兼顾空中土地的立体规划；二是通过空中绿地的规划建设，并与地面上的配置土地捆绑为一体，建立城市宏观层面的物质循环体系。这主要是考虑到空中绿地和小区地面绿地的生物量可能还远远不足以消化城市居民全部的生活污废水和有机生活垃圾等，还需要从城市规划层面将地面和城市周边的高效生态农业、林业、渔业、牧业、家禽养殖业等捆绑在一起，才能够实现彻底的物质循环。各建筑内的生活污废水处理系统既保持相对独立又能够相互支持，组成城市污废水后续处理及灌溉网络，并与相应规划地面的林地、湿地和有机农业用地的植物灌溉等合成一体，甚至还可以辐射到规划区域外的农田和山林等植物的灌溉，成为有机生态农业和林业的配套组成部分并消化落实。这样既解决了城市生活污废水处理后最终的出路问题，又彻底解决了农业和林业中植物的营养灌溉难题。

因此，未来的城市将不再是平面型规划，而是要进行全方位立体型规划，成为真正的立体生态城市，并从城市建设的高度科学规划物质循环体系及城市的土地配置，使之共同参与生态环境的修复和保护。

第二节　立体生态城市配置土地的规划

设置配置土地的主要目的是实现绿色建筑与立体城市中污废水和生活垃圾的循环利用。因为仅仅依靠绿色建筑和立体城市之中的绿色植物只能处理很小一部分污废水，大量的污废水及生活垃圾仍然无法得到有效处理和循环，因此需要有大量的地面土地及土地上的植被才能真正实现物质的循环和转化。

在目前阶段，人类社会已不仅仅满足于解决70亿人口的衣食住行难题，因为这一难题在现有的科学技术基础上是完全可以得到解决的。难的是人类消费后所产生的巨大污染物如何化解和消除，这才是各国政府和百姓最关注的头等大事，也是人类社会的文明成果在地球上继续生存和延续的关键。因此，在立体城市规划中，还要有相配套的配置土地来消化人类消费后所产生的全部污染物，使之在自然环境中能够全部得到合理的循环利用，同时不损害地球生态环境并满足人类社会长期可持续发展的要求。

一、配置土地的规划

1. 配置土地的圈层结构和规划

配置土地是以立体城市为核心的内外三层同心圆圈层结构，它们分别是城市生活圈、物质循环圈和自然环境圈，如图4－2所示。

第一层是城市生活圈。这是立体城市外面的第一层配置土地，紧挨着规划中的立体城市的基础板块，其土地面积是立体城市建设用地的1～2倍，配置土地主要以山地、林地和湿地等生态景观为主，再规划一定比例的用于公共休闲和文化娱乐的公园建筑作为城市生活的配套设施。城市生活圈中的土地配置比例基本上是固定的，后期不应该做大的调整。特别是一些组团的大中城市，它们的城市生活圈的配置土地更是不能随意变更的，否则将与整个组团的立体城市规划不协调和不匹配。单独规划建设的立体城市其生活圈的配置土地可大一些，而在组团城市中生活圈的配置土地会相互重叠，因而可能会小一些，但不宜低于1∶1的比例。

如果按照1∶1的比例配置组团的大中城市，其城市建设用地与城市生活圈的配置土地之间的规划布局犹如国际象棋棋盘中的黑白格子，一格白一格黑，一格是立体城市建设用地，另一格是城市生活圈的配置土地，可相互组团布局。同时，在配置土地中，可设置处理小规模污废水及生活垃圾的建筑物、构筑物或中转站。

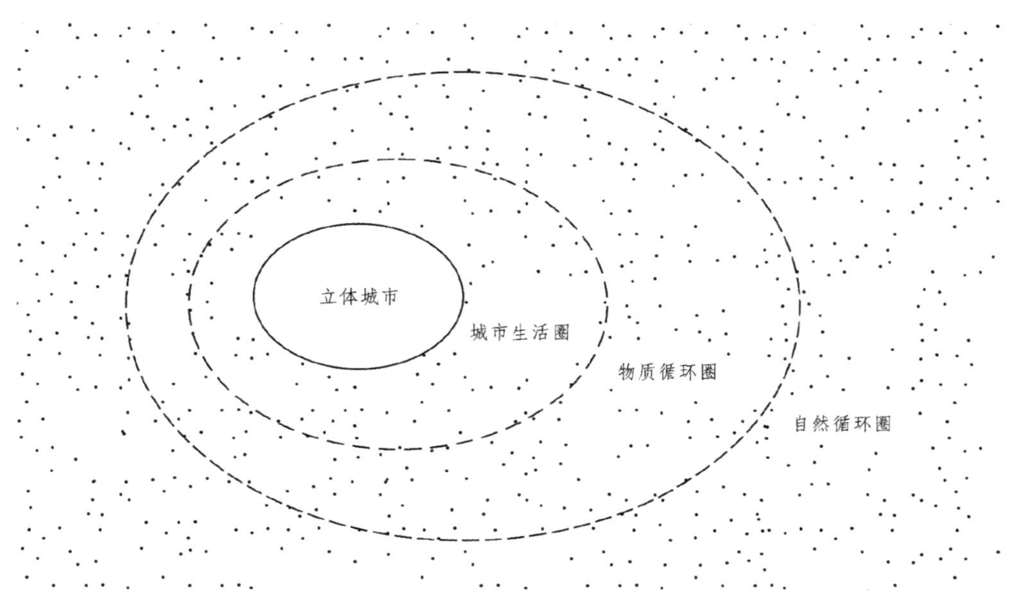

图 4－2　立体城市配置土地的圈层结构

当然，立体生态城市平面布局的形状并不局限于方形、圆形、椭圆形、星形，其他几何形状也可以，只要不影响组团和总体规划，并便于城市合理的交通规划即可。

第二层是城市物质循环圈。它是立体城市用地的 5～10 倍或更多，物质循环圈的配置土地面积可以根据当地的气候、地理和生态环境等状况灵活处理，主要规划农业、林业、养殖业、渔业和其他产业等，其作用是消纳城市污废水和生活垃圾等，是城市物质循环的最主要场所，主要由林地、农地、工业用地等组成。在这些区域中，城市公共“菜篮子”工程和部分农作物的生产占了很大一部分，同时也包括家禽和水产养殖业等，主要是为了满足城市居民的日常消费需求。工业企业也占一部分，这要视企业的规模和大小决定，也可以划出专门的工业开发区、科技园等。

当然，组团的立体城市的中央水系规划在物质循环圈中比较合适，特别是大中城市组团规划时最为有利。

城市生活圈和物质循环圈的配置土地在组团的情况下会与其他相邻立体生态城市产生交集。因此，在通常情况下物质循环圈可以考虑设置在组团城市的外围，留下城市生活圈与立体城市组团即可。

民以食为天，粮食安全事关国家安全和国计民生，是百姓生活的头等大事。因此，物质循环圈的土地原则上应包含粮食用地，以保障当地城市居民当年的粮食供应。但也不排除在一些鱼米之乡建立专门的产粮区域，如我国东北的黑土地、江淮和湖广等产粮区域，生产的粮食可以在全国范围内调拨和流转。

第三层是自然环境圈。它在物质循环圈的外围，这个圈层结构几乎没有外边界，规划用地也不设上限，因而它可以跳出组团范围。因为这些区域将来应该成为野生动植物保护的乐园，远离人类的干扰。但目前人类的主要任务是清除垃圾、消灭污染源、保护和修复原生态的环境，通过几代人的努力，使生态环境渐渐恢复到自然生态平衡的状态。

在这里还需要说明：畜牧业的污废水和粪便是非常庞大的，按照目前人均肉类消费水平计算，其产生的排泄物可能与城市居民产生的污废水和生活垃圾的量相当，因此畜牧业的物质循环原则上不能划入城市物质循环圈的范围内。小型的畜牧业养殖场也应该单独规划一个物质循环圈，选择在城市物质循环圈外围下游平坦的地区，周围水草丰美，植物生长条件良好，最好与大面积的草场、山林或粮食作物的生产区等结合在一起，在满足自身物质循环要求的前提下就地解决。同时，畜牧业的污废水也不得任意排放到自然水系之中，人们应该根据污废水量建立一个与此相适应的智能灌溉网络，使之就地在与此相配套的林业和农业灌溉区循环和消化掉。

另外，许多农作物和植物的生长需要有特殊的地理环境和气候条件，畜牧养殖也存在同样的情况。因此，不能在所有的城市周边设置农牧区，而应该根据当地的自然环境条件因地制宜，宜牧即牧，宜农即农。粮食种植和牛羊放牧等可以划出合适的地区供其专业经营，特别是一些大型农牧养殖场等更应如此。

2. 配置土地的边界设置

城市生活圈中的配置土地主要是林地和湿地等景观用地，是城市居民生活配套用地。面积与立体城市用地相当，内部以立体城市的外围轮廓线为边界，外部按照规划规定的用地范围为边界，它们的内外边界是非常明确的，日后也基本上不作调整。物质循环圈在城市生活圈的外围，占地面积比较大，内部边界以立体城市和城市生活圈外围边界为边界，其外部边界为自然环境。因此，其外部边界可以作模糊处理，必要时边界也可以做相应调整。

为了防止某些野生动物误闯，所有边界均可以利用河道、陡坡及其他难以逾越的天然屏障作为明显的划界依据。另外，在城市生活圈或物质循环圈的边界上，还可以将城市建筑垃圾和固体垃圾等堆积成绕城环线，在环线上设置机动类交通干线，环线外侧设置河道等。

接下来就是自然环境圈，它以物质循环圈的外边界为内边界，除各国人为的国界以外，外边界基本被取消，它们中的大部分是真正应该恢复的大自然环境，将来更应该成为野生动植物的生存和生活乐园，让它们自然繁殖，自由生长和生存。在这些区域或更远的一些区域，政府的工作重心是生态保护和生态修复。

3. 配置土地的用途和效果

城市配置土地主要有四个方面的用途和效果：一是容纳立体生态城市中的雨洪，在城市周边合适的低洼区域通过地势规划设置中央水系，降雨时便于城市周围高地上的水通过地势高差顺势自然流入汇聚在一起形成河流和湖泊等水景，这对立体生态城市规划非常重要，不仅能够永久性地消除城市雨洪的威胁，同时还是城市之肾，是生态环境中最重要的屏障。二是作为立体生态城市中居民消费后所产生的生活污废水和生活垃圾的循环处理的场所，这就需要有相应的农业、林业及畜牧业等与之配套的广大土地才能完全消化吸收掉，并保障城市居民的物资和日常消费品需求。而这些农业和林业用地中的绿色植物又是城市之肺，能够保障城市居民时刻享受城市周边的森林气候和新鲜的氧气，并对城市气候的相对稳定起到非常重要的作用。三是城市生态景观需要及气候环境需要，高楼林立的城市需要留有空白的区域，否则城市生态景观不仅会显得单调乏味，城市居民还会缺少休闲放松的自然场所，对人居环境产生不利影响。四是大量密集的城市高楼还可能减弱和阻断低空大气环流，对城市空气的流动不利，而配置土地及中央水系等可以在各组团的大中城市中形成城市的通风走廊和通道，使城市大气随时保持新鲜和流通，特别针对当前城市雾霾天气更有规划上的前瞻性意义。此外，所有配置土地上的动植物资源和良好的生态环境都将为人类的子孙后代造福，特别是在配置土地上成材的树木将成为人类巨大的森林储备库。只要经过科学合理的可持续利用和更新，这些树木都可以制成木质家具和日用品等，最终还可以作为生物燃料释放利用。

4. 配置土地的产权及政策配套

在城市生活圈和物质循环圈内配置土地的产权也必须明确。城市生活圈和物质循环圈的土地是全体城市居民共同拥有的财产，不属于政府或开发商任何一方，配置土地上的市政配套设施和生产的农副产品或其他有价值的收益等也都属于全体居民共同所有和支配，任何个人和单位集体都无权私自占有。明确产权关系可以防止政府、单位或个人以各种合法名义非法占有或利益输出及扰乱市场的行为，更有利于城市循环经济的良性健康发展，也更能够创造一个公平合理、公正有序的社会环境和良好的社会氛围。

物质循环圈内所有能种植的土地在法律层面上都应该按面积划分给每户居民种植，但在具体实际操作过程中可授权由政府以股份或股权的形式公司化、集约化经营，所有生产的物资和收益按股份公平分配即可。

配置土地大约是立体城市建设用地面积的10倍，人均土地面积上百平方米（不包括城市生活圈和物质循环圈以外的土地面积）。

按照我国的实际国情，已在立体城市居住的所有城市或农村居民，其个人和集体拥有的所有土地、山地、林地等所属权利，原则上都应该由国家全部收归国有，再按照物质循环的需要以股份制的形式公平分配给每一个立体城市的公民，包括这些在立体城市落户居住的农村居民。这些股份制分配的土地由集体组织按照公司化运作，在满足物质循环需要的前提下，可以再从事其他行业的经营和拓展。

超出物质循环圈以外的所有土地，是属于自然循环圈的土地，由政府统筹规划。这些土地也属于全体公民所有，可授权政府行使行政权力，在满足可持续发展的前提下统一规划、合理使用。自然循环圈的区域主要是林地、荒地、高山、河流、湖泊、草原、沙漠等无人区域，这些地区的生态环境建设是人类对自然环境的回馈和付出，是需要全体城市居民和政府花几代人甚至更长时间修复的生态工程，人类应该怀有深深的愧疚和忏悔之情，而不是将其据为己有以满足一己之私。

同时，在土地国有化政策的制定和执行过程中，必须避免当地环境进一步被破坏的情况发生，如为获得征地赔偿突击砍伐树木、苗木及毁坏公共设施和生态环境等方式追求眼前的一点利益而损害可持续发展的长远社会利益。政府的政策也应避免粗暴和一刀切的做法，土地所有权归国有，而原土地使用权和经营权仍可以施行优先原则，并根据实际需要适度延长或灵活处理，甚至可以继承，但在宏观政策层面应予以相应的调整和限制，为未来立体城市土地的大范围统筹规划及生态环境的长久治理创造有利的条件。因此，土地完全国有化的进程可以规划百年或更长的时间，通过几代人的努力和政策措施的调整而达到。

土地国有化的目的不是国家占有土地，为某些利益集团谋利，而是为更高层面的全民所有和社会所有，并以立体城市规划为中心，实行全区域范围内的土地整体规划和统筹，以更好地保护生态环境。因而，土地国有化和股份制企业运作都必须在公开、公平、公正、透明的前提下进行，并为城市的物质循环和可持续发展服务。

土地权属是国家层面的最高政策，是所有百姓的切身利益所在，是宪法赋予的最高权力，事关国计民生和国家的长治久安，也是国家经济可持续发展的根本，不可能一蹴而就。因此，政府土地政策的制定和推行必须慎重，最好在某些地区、某些城市或特区先试点、试行和及时调整，再在全国范围内推广和落实。

当然每个国家的制度不同，国情不同，文化、宗教、传统和习俗等不同，土地政策也不尽相同，各国也应当制定与本国土地权属相配套的土地政策，千万不能因为某些利益集团或小团体利益而损害广大百姓的利益和自然本身的权利。同时，所有的土地政策都应该以维护未来人类社会可持续发展的最高目标为宗旨。

5. 就地解决城市居民的衣食住行

可以说，立体城市主要提供给居民居住并展现内部的交通功能，而城市物质循环圈主要是为居民提供衣食及工业原料和生产资料等。因而，在整个立体城市规划中，就地解决居民的衣食住行始终是整个城市规划建设的核心，也是生态文明建设的重要内容。

二、从建筑容积率向城市容积率和城市平均容积率转变

1. 思路的转变

现代建筑容积率是指某规划地块的用地面积与地上总建筑面积之比，它不包括地块周边的城市市政配套和道路交通等所占用的地面。因而，现代建筑容积率只反映该地块建筑的容积率指标，并不能反映地块周边区域以及城市平均容积率指标。城市平均容积率是指整个城市范围内的土地面积与城市总建筑面积之比，它包括城市公园、绿地、市政配套、道路交通和河流湖泊等所占的面积。显然，建筑容积率与城市平均容积率之间的差距是非常大的，世界上大多数城市平均容积率都很低，土地浪费现象严重，虽然个体建筑的容积率可以很高，但城市平均容积率仍是很不理想，土地利用效率不高，并影响城市未来的可持续发展。

在未来的立体城市中，建筑物高度的划分以及高层建筑的重新定义的目的实际上也是对城市平均容积率的调整。目前，许多城市由于土地紧张而大幅度提高建筑的容积率，特别是一些新城规划的容积率指标与老城相比已经非常高了，某些新城中的大部分建筑容积率可能都达到 2.0 以上，个别现代高层建筑甚至允许突破 10.0 的容积率。但我们应该看到，虽然新城规划地块的容积率指标看似很高，但刨去市政配套、公园、绿地和道路交通以后，整个新城规划的平均容积率指标仍然很不理想，房屋空置

率也很高。而且许多地块的建筑容积率指标是某些城市当权者拍脑袋的特权和权力寻租项目，不受城市总体规划的控制。目前，国内大部分新城规划的平均容积率仍不足 1.0，还远远不能满足立体生态城市高容积率的要求。因此，现代城市规划的思路并不适合未来立体生态城市的规划建设要求。

在未来立体生态城市的规划建设中，建筑容积率指标并不是最关键的因素，城市容积率指标才是决定因素。这与立体城市的开发模式有关，立体城市注重城市层面的整体开发和城市空间规划，同时必须一次性整体规划并建设到位，个体建筑必须服从城市整体的规划建设要求。这与目前城市规划分地块、分时段开发模式完全不同。

2. 城市容积率和城市平均容积率

未来立体生态城市的容积率指标主要有两个：一是城市容积率，它是指城市整体的规划用地面积与城市地上总建筑面积之比。城市规划用地包含了城市内部所有的市政设施，包括公园、绿地、市政交通等，但不包括城市周边配置的土地，这样的容积率指标几乎是不含水分的，它能使得城市土地和空间利用效率最大化，经济和环境效应最大化。城市容积率指标只反映该单位用地范围内的立体生态城市的容积率指标，通常占地 1～2 平方公里比较合适，因为这样的单位面积用于立体生态城市规划特别是市政交通规划比较经济和合理，交通半径控制在 500～700 米范围内，而面积太大或太小的立体城市其相应的城市交通效率和人居环境就要稍差一些。二是城市平均容积率，它包括城市周边配置的土地，这个配置土地主要是指城市生活圈内的土地，这些土地是立体城市不可分割的组成部分，主要承载立体生态城市的生态景观和公共休闲设施，具备城市气候环境的调节功能（城市配置土地上几乎没有或很少有固定建筑）。城市平均容积率是立体生态城市占地面积加上城市生活圈的配置土地面积之和与城市总建筑面积之比。城市平均容积率比城市容积率低 50%左右。城市平均容积率指标适合组团的大中城市的指标考核和统计，特别是新型城镇化建设中农村居民城镇化以后的考核和统计。这里我们也应该考虑到，在立体城市规划中，城市容积率指标相当严谨和准确，是一个城市规模的超大型的城市综合体，全部由高层建筑群共同组成，其规划指标是一个硬杠杠，调整的余地较少。而城市平均容积率指标包含了城市生活圈的土地配置，其配置土地的指标相对宽松和灵活，它将立体城市周边的林地和湿地景观等土地划入其中，这个土地配置的边界是可相对灵活的，大小也可适度调整，只要能满足城市功能和城市居民的生活需要就可以了。

目前，我国城市平均容积率在 0.33 左右，但我国的城市没有任何配置土地的指标，城市被见缝插针的建筑填满，其生态环境的破坏程度是可想而知的，特别是农村村镇一级的平均容积率就更低。而未来立体生态城市容积率为 3.0～5.0，超出目前城市平均容积率 10～15 倍。如果完全采用立体生态城市的规划建设方案，那么只要当前城市的 1/10 甚至 1/20 的面积即可容纳现有规模的全部城市人口，这还不包括目前居民和开发商手中大量空置房和囤积房占用城市土地面积所产生的巨大水分。因而，未来立体生态城市的占地面积和规模都将大大缩小，应该与人们记忆中 20 世纪 80 年代初未实现城镇化前的老城镇的面积和规模相差无几，即便将周围所有农村居民的城镇化建设纳入其中，至多增加一倍的面积和规模。如果再将立体生态城市生活圈的用地面积计算入内，那么其平均容积率也在 1.5～2.5，是目前城市平均容积率指标的 5～10 倍。

3. 农村人口的转移和彻底的城镇化

当前，中央政府已经取消了农村居民与城市居民之间的二元户籍制度，农村居民与城市居民之间的户籍和身份鸿沟被消除，但这仅仅是政策上的第一步，未来农村居民的城镇化建设将与城市居民的城镇化建设同步进行。同时，由于目前农村建筑的容积率更低，土地浪费更大，他们的立体生态城市面积和规模的浓缩效应将更为显著。此外，随着全球人口的不断增长及土地的日益紧缺，农村居民城镇化建设也是一个全球性的发展趋势，农村居民最后将全部转变为城市居民，农村居民将作为一个阶层或一个集体彻底解体和消失。所有的农村居民也都将搬入城市之中，转变为城市居民并与城市居民一起生活，农村绝大部分村落和建筑也将在今后的城市城镇化建设浪潮中被淹没和拆除，农村居民将面临被彻底城镇化的趋势。

同时我们应该注意到，农村居民的彻底城镇化是在城市城镇化基础上的城镇化。没有城市的城镇化，农村城镇化是难以实现的。应该说，农民阶层的彻底城镇化对整个国家的影响是非常大的，涉及面也非常广。因此，国家应该从政策层面充分认识到农村城镇化的最终发展趋势和结果，并从顶层视角出发设计具体政策，以避免农村建筑再次重复性建设而影响未来城镇化的步伐，同时也可避免百姓财力的浪费和农村生态环境的再度破坏。

事实上，未来的立体城市建设也将促进大部分农村地区的村镇土地转变成城市生活圈、物质循环圈或自然环境圈中的配置土地，或许有一小部分土地能成为立体城市的建设用地。此外，还有相当多的村镇土地将成为真正的无人区域，通过人们的长期保护和修复，回归到几千年前原始状态。

未来的立体生态城市建设将使大量的城市和农村土地从传统和现代建筑中彻底解放出来，重新回归到大自然的怀抱，以达到恢复和修复自然环境的目的。同时，对于未来的人类来说，土地将不再稀缺和紧张，政府的土地财政政策也必须彻底改革，回归到本来的政府职能之中。

4. 立体城市数量的总量控制

自改革开放以来，我国城市的数量从 1978 年的 193 个增长到 2016 年的 665 个，仅仅过了 30 多年城市数量就增加到 3 倍多，建制镇的数量从 2173 个增加到 20113 个，几乎增加到 10 倍，但农村人口的城镇化率却仍只有一半左右。如果再将目前农村的全部或大部分人口城镇化，我国的城市和建制镇的数量和规模可能还会再增加一倍以上，那么，我国的国土面积有这个潜力吗？我国能有那么多土地提供给新的城镇建造吗？环境污染和就业问题是否也能一并解决呢？显然，按照当前的城镇化模式是不可能做到的。而且城市和建制镇的大规模泛滥对国家的宏观规划非常不利，会造成城市建制和交通规划的巨大混乱，也会严重影响国民经济的健康发展。所以在未来的城镇化建设中，立体城市数量的总量控制是必不可少的。

因此，在我国未来的城镇化规划建设中，需要注意以下几点。

一是原有的大中城市的数量和建制可以基本保持或适度减少，新增的卫星城市数量应该大幅减少和合并，建制镇应该考虑基本取消，并将裁减和取消的卫星城市和建制镇人口就近合并到大城市之中，可以考虑回归到 30 多年前改革开放时期或新中国成立初期的大中城市建制及数量。这样可以大大减少对自然环境的干预和破坏，也可以避免对土地资源的再度破坏。同时，也能够基本保持目前大中城市建制及规模。但随着农村城镇化和搬迁集居工作的推进，目前大部分城市人口数量可能会翻一番甚至更多，政府及城市规划部门应提前做一个统筹的预案。

二是立体城市的规划建设主要是在现有老城区区域内择地进行，而不是另择新址，这一点非常重要。因为这便于旧城固体废弃垃圾的就地消化和清除，对生态环保来讲也能起到事半功倍的效果。此外，由于立体城市巨大的容积率优势，即便是周边卫星城市和建制镇的所有居民全部集中搬入大城市之中，也没有必要另择新址建设或扩大城市面积，只需要在原来老城区的地面上选择一处合适的地点组团建设即可将这些居民全部安置。

三是农村居民采用大移民、大集居的形式。原则上，所有农村居民就近选择辖区的城市居住，但所有城市或农村居民也都有自主选择到其他城市居住的权利。同时，国家应该制定相应的政策配套措施予以鼓励和引导，以避免造成不必要的社会混乱。

当前，中央政府对新型城镇化建设非常重视，但城镇化建设必须符合城市建制和规划要求，各地政府应该严格按照国家制定的城市建制和总体规划方案要求来推进新型城镇化建设，不能四面开花，盲目地规划建设，以避免城市建制的混乱及国家资源和土地的巨大浪费。

三、绿色建筑及立体生态城市的尝试

2012 年，北京万通集团计划在四川成都 1 平方公里的土地上建造约 600 万平方米的建筑，城市容积率达到 6.0～7.0，建筑平均高度在 100 米以上，最高达到 400 米左右，居住人口为 15 万～20 万人，里面有住房、办公、医院和商场及部分工业厂房等设施，同时按建设用地面积 1：2.5 配置相应的农业用地和绿化景观用地等，并进行了全球范围的建筑设计竞标活动，获得竞标方案。但这些方案仍然很难脱离现代建筑模式的窠臼，与真正的绿色建筑尚有不小的距离。

其一是建筑缺少立体绿化。虽然诚如万通集团董事长冯仑所说的“吃软饭，戴绿帽”的思路，但如果能够“披绿衣”不是更好吗？这当然不只是做表面文章而已。目前的建筑方案中只有空中的房产没有空中的地产，只有室内环境没有室外环境，只有地面、屋顶绿化没有空中立体绿化，在这样一个水泥森林里城市生态环境状态和生态景观模样是可想而知的。在这里我并不是反对建高层建筑，相反是非常支持和赞成建造高层建筑和立体城市的，因为这是前所未有的创新和挑战，也是绿色建筑和未来城市城镇化建设必然要走的道路。但仅凭节地理念去建造高层建筑是远远不够的，还缺少空中土地规划和建设的内容。

其二是高层建筑的消防。笔者认为这是任何高层建筑都绕不开的话题，目前全世界建筑消防范围一般都在 100 米以下的高度，100 米以上高度的建筑消防基本属于空白和真空地带。因此，万通集团建造的立体城市也一定会碰到高楼消防的难题。此外，百米以上高层建筑的另一个问题是得房率比较低，有近 10%的消防面积，也就是说，600 万平方米的高层建筑中有 60 万平方米以上的建筑面积，这与万通集团——创造更有价值空间的理念不符。同时，高层消防还会带来项目建设的过程风险，如果这几十栋、上百栋的高层建筑是由不同开发公司分时分区分段建造的，那么一栋建筑出现消防安全风险是不会蔓延和拖累整个项目的实施计划的，但如果是由一家或几家公司联合开发一起建造，那么这种消防安全风险发生的概率就会大大增加并拖累整个项目计划。

其三是居民的就业。虽然在整个项目中已经考虑了一半居民的就近就业问题，但始终没有家庭就业来得方便和实惠。由于没有空中土地，居民需要外出工作挣钱才能生活，这无疑大大增加了家庭生活成本和建筑能耗的支出，同时也减少了一个稳定的家庭就业渠道，大大增加了外出交通的压力和就业竞争的压力，不利于促进家庭和社会的和谐稳定。

其四是物质循环体系。笔者认为万通集团的立体城市已经考虑到了这个问题，在立体城市周边按1∶1或1∶2配置的农业和景观用地就有这一层用意，但城市的生活垃圾、建筑垃圾和工业垃圾等是层出不穷的，目前全世界几乎所有的城市都被垃圾包围。虽然有的国家这方面做得好点，但大部分国家都处理不好。这不仅仅是资金和技术问题，还有人才和管理等问题，以及其他意想不到的问题。实际上，这些问题大部分都可以在绿色建筑的物质循环体系中得到更好的解决。当然，如果能再配合城市的工业、农业用地和景观用地就更好了。同时，配置土地的另一用途是发展有机农业和其他产业，以及解决城市居民的就业等。

其五是跃层式住宅和办公建筑也应该列入改进的范围，这将大大改善居民的生活质量和居住品质，改善办公环境。大家庭居住、跃层办公模式不仅不会影响立体城市的人口规划，相反可以减少人居空间和办公空间的浪费现象，在提高居住和办公品质的同时更提高人口密度，从宏观上影响整个城市未来的规划面积和人口规模。

立体城市是建筑和房地产开发模式的全新理念，也是未来城市规划建设的一个可能方向，它对于解决未来人口与土地之间的矛盾具有非常重要的借鉴意义。但是，立体城市必须与空中立体土地和立体绿化相结合才能焕发出真正的生命活力；只有彻底化解建筑与土地和绿地之间的矛盾，使建筑与土地及生态环境和谐共生，才能真正成为引领未来并满足生态文明建设要求的立体生态城市。

第三节　立体生态城市建制及规划思路

任何国家和地区都有相应的行政建制，任何城市也都需要有相应的城市建制，立体城市也不例外。

一、立体城市建制

1. 三级城市建制

在我国，未来的立体生态城市规划建设大致分为三个建制较为妥当。其中，一级城市主要是指目前人口超过1000万人以上的直辖市和大部分人口超过500万人的大城市，城市容积率4.0～5.0，每平方公里居住人口7万～10万人，城市规划面积在200～1000平方公里范围(含城市生活圈的配置土地面积，以下相同)。建成后一级立体城市的人口规模超过1000万人，直辖市的人口可能达3000万～5000万人。北京、上海、天津、重庆、广州、深圳、武汉、长沙和南京等城市在自身扩大的同时，可以将周边大部分卫星城市的部分人口合并到自身城市体系之中；也可以通过撤销和合并卫星城市等措施，适度扩大个别原有的区县级卫星城市规模，以城市群的形式分担一级城市的部分人口，城市周边的这种卫星城市必须大幅度裁减和压缩。二级立体城市是指目前人口低于500万人的省会城市和地区性中心城市，建成后增加的人口规模可达200万～1000万人，城市容积率4.0～5.0，每平方公里居住人口7万～10万人，城市规划面积在50～300平方公里。三级立体城市是指大城市周边的区县级卫星城市，增加后的人口规模可达50万～200万人，城市容积率3.0～4.0，每平方公里居住人口5万～7万人，城市规划面积在20～60平方公里。距离较近的区县级卫星城市可以直接并入一、二级城市之中，成为其一部分；距离较远的可以就近与其他卫星城市合并，再组建新的有一定人口规模的城市；区县级卫星城市之间的相互合并，可以大大减少区县级城市的数量，更便于立体城市三级建制的完善。

目前，像北京、上海和重庆等特大城市的人口规模都超过2000万人，如果按立体城市三级建制和规划，那么这些一级城市的人口规模就可能都翻倍，超过4000万人甚至5000万人，更有个别城市可能会达到6000万人，成为超级大城市。但人们不必对这些大城市的人口规模忧心忡忡，这是城市人口增长和城镇化的必然趋势，同时也正是立体城市发挥优势所在，所以没有必要再对这些大城市人口规模进行限制和分流。立体城市的三级建制是根据目前我国的国情和现有城市人口规模确定的，它符合未来城市发展的需要。同时，立体型的大城市本身拥有巨大的区位优势，拥有成熟的城市商业配套及公共服务系统，城市市政交通设施的规划建设也更发达和便捷，能够实现人口的高度聚集，即使立体城市的人口翻倍增加，也不会超出目前的现有城区规划面积，相反还可能会缩小些。同时，由于采用立体城市规划建设，即使按照城市规划用地与配置土地1∶1的最低比例计算，立体城市建设用地与周边规划的林地、湿地和水域面积至少也各占一半，其城市生态环境和居住环境均不会受到任何不良的影响。相反，在大城市的规模优势和经济实力支撑下，可以营造出更多更美的城市建筑景观和人文景观。

2015年，国家推出了《长江中下游城市群发展规划》，将武汉、长沙、南昌纳入城市群规划之中，旨在推动地区性经济、人口、生态和环保等领域的协同和均衡发展。城市群的规划实质就是将地区性的中心城市与周边城市相互合并，形成大城市或特大城市，与目前的北京、上海和广州等特大城市的发展路径基本类似，成为地区性经济发展中心。但切记，未来的城市群规划不能再按照摊大饼的老模式、老思路，而应该采用立体城市规划的新模式、新思路，将周边非重点区县级卫星城市合并到中心城市之中，形成立体版的大城市或特大城市的规模。在这些大城市或特大城市的基础上再形成类似京津冀、长三角、珠三角等地区的城市群大规划理念。城市群是国家层面的大规划理念，但它仍包含在立体城市的三级城市建制范围内。

未来立体城市的规划条件基本是按照每平方公里居住人口5万～10万人，城市容积率3.0～5.0，人均空中绿地10～15平方米，建筑平均高度100～200米的规制设置的。在城市生活圈内，建设用地与景观用地按1∶1～1∶2配置，城市平均容积率1.5～2.5。城市物质循环圈的规划用地可根据当地情况合理确定。所有城市都需要组团规划，超大城市和大城市可划片、划区块再组团规划，并设置多个商业中心、行政中心及中央商务景观区等，中央商务区的地标性建筑高度可明显比周边城区建筑高出100～300米；地区中心城市设2～3个商业中心和行政中心，中央商务区地标性建筑高度可比周围建筑高出100～200米；区县级卫星城市设一个商业中心和一个行政中心，商业中心的地标性建筑可比周围建筑高出 100 米左右。

在整个立体城市三级建制的人口规划中，每平方公里通常可居住 7 万～10 万人。实际上，这个人口规划指标比目前万通集团在成都的立体城市项目指标要少一半以下，是一个人口密度相对要小很多的方案，可以调整的余地很大，完全能够满足城市居民宜居的环境要求和我国实际国情。当然，对于人口相对稀少的国家，低容积率的立体城市也是可以考虑的，但不宜低于 2.0。另外，由政府行政办公大楼、企业办公大楼和各种工矿企业的建筑所形成的城市容积率指标也可以适度降低一些。

2. 中心城镇

中心城镇是三级城市建制以外的立体城市建制，主要适合地广人稀的地区或一些产业发展需要的地区，人口规模在 10 万～50 万人，城市容积率 3.0～4.0，每平方公里居住人口 5 万～7 万人，城市规划面积 5～20 平方公里。中心城镇设一个商业中心和一个行政中心，商业中心的地标性建筑高度可比周围建筑高出 50～100 米。人口低于 10 万的中心城镇基本上不需要规划组团。

中心城镇是规模最小的立体城市，是三级城市建制编外的补充编制。未来，随着国家城镇化建设步伐的加快，人口规模小于 5 万人的城镇和村落应该就近合并到附近的城市或大的中心城镇之中，以前的自然村落和一些偏远落后、交通不便的村落也应该搬迁合并到就近的城市或中心城镇之中。大量农村土地将从这些农村居民的房屋建筑中解放出来，用于土地还原修复和生态环保建设。特别是我国西部地区，地广人稀，生态环境比较恶劣，这些居民应尽快搬离，迁到适合居住和生活的城市之中，他们的城镇化建设和搬迁合并需要尤为迫切。当然，西北地区人口稀少，也可以适度调整城市和中心城镇的面积和规模，以切实改善人们的居住和生活条件，并更好地修复当地的生态环境。

在这里必须强调，中心城镇的规划建设与立体生态城市的规划建设模式是一致的。立体生态城市并没有城市和农村的地域差别和歧视，农村居民和偏远地区的居民也应该享受与城市居民同等的生活和居住的权利。因此，中心城镇的规划建设也应该与其他三个建制的城市规划建设同步。

从上述容积率规划指标中可以看出，区县级卫星城市和中心城镇的容积率明显低于大中城市，这主要是考虑到一些工矿企业及农业、林业和畜牧业等产业布局，特别是工矿企业，这些行业大多需要室内空间环境和办公环境，所以立体城市中大量的基础空间是可以得到充分合理利用的。另外，区县级卫星城市和中心城镇的周边土地空置和空余较多也是一个重要因素。当然，一些有噪声、震动及污染排放的工业厂房是不适合与城市居民住宅规划在一起的，因而需要另辟工业园区进行规划安置，但这些工业建筑也必须满足绿色建筑的规划设计要求。

3. 区县级卫星城市及建制镇的大幅裁减

我国的区县级卫星城市和建制镇的数量太庞大、太混乱，对农村土地的侵占和生态环境的破坏非常严重，还产生了一群数目庞大、管理效率低下的官僚阶层，成为政府和百姓的巨大经济负担和财政包袱。从现阶段的城市规划角度来看，这些卫星城市和建制镇对大城市的人口和住房能起到一定的分流作用。但在今后立体城市的城镇化建设中，由于大城市病已被克服和解决，除城市规划面积有一定限制以外，城市人口和规模无须过多限制。相反，城市越大，人口越多，城市居民的生活配套和商业服务设施就越完善，生活品质和质量也就越高。而卫星城市和建制镇设置的主要目的是为农村区域的居民提供居住环境及开展商业旅游特色服务。如果农村居民都城镇化，那么这些卫星城市和建制镇就基本失去存在的意义了。而且，卫星城市和建制镇的市政配套和商业、医疗等公共服务设施明显没有大中城市完善和合理。大城市的人口和规模也不会对今后的城市生活和交通构成威胁，相反，大城市更便于组团规划，其公共市政服务设施和城市交通组织也更为合理，生态环境建设也更为有利。

因此，届时大城市周边区域的大部分卫星城市和绝大部分建制镇应就地取消。在我国沿海和人口稠密的地区，距离大中城市30～50公里范围内的卫星城市和建制镇都应该就近并入立体城市的大规划之中。在一些交通不发达和人口稀少的偏远山区，可以考虑50～100公里的范围，但可适当保留一些旅游资源较好的特色城镇。

在未来的城市规划中，除我国西北部地广人稀的地区可适当保留卫星城市和部分建制镇以外，内地大部分卫星城市和建制镇都应该大幅裁减或相互合并，使城市与城市之间的规划更合理。而保留或合并的卫星城市和建制镇将成为该地区的中心，成为连接城市与城市的桥梁和枢纽。

同时应该注意，保留部分卫星城市和中心城镇的决定是根据三级城市建制的大规划要求做出的，同时也出于保留传统文化、风土人情、特色旅游和生态环保等方面的综合考虑。但在特大城市和大城市周边，则以优先保存有文化旅游特色的中心城镇为宜，对于缺乏特色的卫星城市则应就近合并到大城市之中。

4. 三级城市建制

三级城市建制主要适合中国、印度等人口基数大、城市相对密集的国家。对于大多数人口基数小、城市相对分散的国家，除首都以外，设置二级甚至一级城市建制可能就已经足够了。同时，这些国家的卫星城市和建制镇更应该大幅裁减和合并，其周边范围可以扩大到100～200公里。

5. 城镇化与城市化之争

事实上，立体城市的城镇化之路就是未来的城市化之路。目前，城镇化与城市化的叫法有所不同，可两者的意思还是基本相同的。但笔者偏向于城市化的叫法，因为在立体城市的三级建制中，大量的农村居民迁居、移居到城市生活，村镇一级的行政建制基本消失，卫星城市和中心城镇也大量减少，在这种情况下，用城市化代替城镇化可能更合适些。更进一步，还可以称作“立体城市化”，因为“立体城市化”的名称更适合未来城市可持续发展的本质。同时，也可以避免目前在城镇化过程中的许多概念性用词的误区，也便于理论层面的论述和说明。

6. 三级城市建制与四级城市建制之争

在本节开头的立体城市的建制设置中，笔者本来是考虑四级建制，这主要是从农村人口就近移居城市并保留目前城市发展的布局和数量的角度出发，但从长远保护和修复生态环境的角度及人类社会城市人口的群居生活的整体优势出发，经过反复考虑和斟酌后笔者认为三级城市建制可能更合理和更合适，虽然这牵涉到大量的跨区移民，但这更适合我国的基本国情和生态文明建设的需求。当然，各国也可以根据自己国家的国情来设置立体城市的建制。

三级城市建制可以使村镇一级的绝大部分行政人员得以裁减，而城市中社区居民委员会的行政队伍和人员力量得以增强，政府政策和政令更趋扁平化。这将大大提高政府的行政效率，同时又大大压缩政府的行政编制和庞大的行政队伍，对减少政府的行政和财政支出及政治体制改革的推进具有非常重要的现实意义。

7. 立体生态城市所需的规划面积

如果我国的城市和农村人口全部按照立体生态城市三级城市建制的模式规划建设，那么13亿中国人只要有1.5万平方公里的城市面积就可以基本解决所有农村居民和城市居民的居住及市政交通和公共配套服务等问题，约占国土面积的1/600，相当于北京市行政区域的面积。即使加上城市生活圈内配置土地的面积，也就相当于一个海南省的面积，约占国土面积的1/300。而城市物质循环圈的面积是立体城市的5～10倍，大约是中国一个中等省份的面积。如果再将粮食产区和畜牧业产区等全部包括在内，合计也不会超过100万平方公里。也就是说，只要有国土面积的1/10就足以解决全中国13亿人口消费所产生的污染问题并满足物质循环的要求，其余的土地则都可以用于生态环境建设和修复。

同理，如果全世界所有城市和乡村的人口都搬入立体生态城市之中，那么只要一个英国的国土面积就足以解决全世界所有人的居住问题了，只要有一个澳大利亚的国土面积就可以解决全世界人口的衣食住行及所需要的物质循环要求了，这又将是一个多么令人激动和欣慰的事情啊！

由此可见，立体生态城市就是世界各国城镇化的终极解决方案，它是专门为未来的城镇化量身打造的。从某种意义上讲，绿色建筑和立体生态城市可以基本消除目前地球人口和土地之间的基本矛盾，也与中央政府提出的生态文明建设中保护和修复绿水青山的目标完全吻合。

同时人类也必须清醒地认识到：地球的承载能力是有限度的，人类虽然可以通过立体城市和绿色建筑在三维空间的拓展中继续获得可持续发展，但这种可持续发展的机会仍会受到空间、地面和自然环境的制约，人口总量的控制仍然是非常有必要的。人类不能因为一己之私而损害地球其他生物自由生存的权利，更不能损害生态平衡的自然法则。因此，人类的计划生育政策仍将是世界各国政府最基本的长远国策，而地球生态文明建设更是今后几百年中人类头等重要的法定义务。

二、跃层式建筑模式对未来立体生态城市规划建设的影响

1. 平层户型与城市摊大饼的原因

在现代建筑中，平层户型占据了绝大多数，但这种建筑户型面积小，空间狭窄和呆板，所有房间都在一个平面中解决，因而能居住的人口相对较少，只适合小家庭居住，这使得传统大家庭很难找到适合集居的房子，不得不分散居住，造成现代家庭结构严重的破碎化问题。一个家庭被这种建筑户型拆分得四分五裂，人们不得不分散居住，一家分成两家、三家，甚至更多家，房子变成两套、三套甚至更多套。许多人手上持有多套住房，建筑不是作为居住的用途，而是异化成为投资保值的对象和理财工具。许多新城和老城由于长期无人居住的房子太多而成为死城和空城，由建筑空间造成的能源、资源和土地浪费现象在全国甚至全世界都非常普遍，城市建设规模被这种平面户型模式和人为的投资理财泡沫所干扰而盲目扩大。这种现象更进一步加剧了城市摊大饼式扩张，使城市更容易变成空城、死城，并加重城市荒漠化的程度，大城市病也日益严重。

因此，以平层户型为代表的现代建筑模式是造成目前家庭破碎化和家庭分散居住及建筑空间浪费

的主要原因，这也是导致城市摊大饼式扩张和城市空心化现象日益严重的主要原因。另外，城市规划建设平面化，没有充分利用城市上空的立体三维空间和建筑技术的局限性，也造成了城市普遍的摊大饼现象，在房地产和建筑市场内需及经济动力的推动下，城市规划建设除了摊大饼或建卫星城市以外就没有第三条道路可以选择。而卫星城市建设不过是在大饼旁边又摊了一个小饼而已，其摊大饼的本质仍然没有改变。

2. 跃层式户型与家庭关系

为了改变城市建设中的摊大饼式扩张模式，在未来立体生态城市规划建设中，除了充分利用和拓展城市空间立体规划建设以外，将平层户型转变成跃层户型同样也是重中之重，绿色建筑的跃层式户型将作为最主要的人居户型列入未来城市的规划建设之中。

绿色建筑的跃层式户型适合两代、三代，甚至四代或更多的家庭成员一起同堂居住，由于上下层空间分层，动静分区，南北有别，内部空间有楼梯相互连通，上下层都有跃层式生态庭院与厅堂相连，厨卫设施上下独立也可合用，因而生活和使用都非常方便和卫生。由于采用跃层空间并通过楼梯上下联通，使室内自然通风也能够通过楼梯或大厅到达跃层空间，使室内自然通风效果更好。而各家庭成员之间的居住空间相互连接又互不干扰，室外庭院与中庭连成一片，每个房间都与花园连接，每扇窗户都有美丽的绿色景观可以观赏。因此，在未来跃层式户型的绿色建筑中，小家庭可以合并成大家庭，大家庭的跃层居住模式将成为主流和主要的户型种类，平层式户型和小户型将渐渐减少，家庭成员的居住将更加集中，建筑空间利用率将大大提高，能源和资源的利用将更加合理和有效，建筑住房空间的浪费现象也会得到有力遏制，城市面积和规模也将进一步缩小，而城市的人气和活力将会大大增强，家庭和社会关系也会更加和谐和稳定（见图 4-3）。

图 4-3　人性化的跃层式居住模式和庭院环境

跃层式住宅能使父母与子女、长辈与晚辈之间的距离更近，亲情关系更加紧密，而跃层户型又能够保障家庭成员之间各自的独立空间。跃层式居住和庭院空间也能使得邻里之间的关系更加紧密，特别是相互连接部分的庭院虽然通过剪力墙的门洞、篱笆、栅栏等形式划分，但这种分界方式既能够保障各自庭院的私密性和独立性，又便于邻里之间相互沟通和交流。而大家庭居住模式对家庭和整个社会道德的提升和稳定能起到较大的作用，也对自然资源（包括能源的集约化利用）产生非常重要的影响。

3. 老百姓的购买力及对城市规划的影响

虽然很多人会说老百姓买一套平层住房都非常困难，怎么可能买得起面积加倍的跃层，这确实是一个问题，但我们也应该认识到时代和国家形势都在向前发展，现在买不起房并不表示10年、20年后买不起房。统计数据表明，目前多数家庭拥有不止一套住房，但这是家庭破碎化造成的，如果采用大家庭居住模式，两套、三套合并成一套，那么，未来的跃层式居住方案也是完全可行的。同时，国家也应该出台相应的政策鼓励人们购买跃层式住宅。当然，小户型和平层户型也不会因此失去或退出市场，有人喜欢大家庭居住模式，也有人喜欢小家庭居住模式；有人喜欢平层，也有人喜欢跃层。居住和办公模式可以是多种选择的，完全可以市场化运作，但政府可以在这个市场化运作中起到引导作用。

与此同时，跃层式办公空间也应该纳入未来绿色建筑的规划范畴之中。跃层式办公可以减少办公空间的浪费，使办公空间的布置更紧凑、合理和实用，空间变化更丰富、更有动感，使办公效率更高，更能聚集城市的资源和人气，拉近城市的社交距离，也更富人情味。因此，绿色建筑的跃层式户型和跃层式办公对控制未来立体生态城市的建设规模、减少人为的建筑空间浪费具有革命性的影响，决定着整个城市的建筑规模和规划面积，并影响未来整个城市经济可持续发展的进程。

三、绿色建筑与地方乡土建筑文化艺术的结合

每个民族、每个地域、每个历史时期都有不同的建筑文化艺术产生，这些建筑文化艺术代表了不同民族、不同文化的乡土气息和历史特色。它们在建筑中的表现也是千差万别、风格迥异，这些乡土建筑艺术是人类历史长河中的文化瑰宝，需要建筑师继承和发扬。如何在未来的绿色建筑中表现乡土建筑文化特色，就需要未来建筑师的共同努力。虽然人们经常批判现代建筑简陋、呆板、雷同等缺点，但传统建筑又何尝不是？现在很多人否定现代建筑而赞美传统建筑，是因为传统建筑被现代建筑清除和取代了，传统建筑成为很少能见到的稀罕之物，从而激发了人们的好奇心和复古思想，产生保护意识，而不是传统建筑技术或理论一定比现代建筑先进和进步。更何况传统的建筑规划明显不符合当前的人口规模，在这样的背景下继承和发扬地方乡土建筑文化艺术，不仅难度极大而且还很不现实。

在这里，我们应该强调绝大部分传统建筑和现代建筑是可以舍弃的，但传统和现代建筑艺术和技艺是不能抛弃的，如何在未来绿色建筑中继承和发扬传统建筑艺术和技艺并产生更多、更好的创意才是人们应该考虑的重点，下面就两者的结合做简单论述。

一是绿色建筑的垂直外表。绿色建筑的主体结构与现代建筑几乎没有什么区别，如果去掉绿色植物和生态庭院结构，就跟现代建筑并无二致。绿色建筑最大的特色是满世界生命的绿色，赋予建筑真正的生命色彩，让人心旷神怡、目不暇接。而生态庭院构造则可能被满眼的绿色所弱化，但庭院的构造及建筑门窗或墙面相互组合产生的韵律之美是不可忽视的。同时，墙面和门窗的建筑艺术表现能力可能被生态庭院和绿色植物遮挡而大大弱化，地面观赏的角度和视线受到很大限制，但这并不表示未来的绿色建筑就没有乡土建筑艺术的表现场所了，而透过庭院和植物遮挡后所表现出来的建筑艺术之美可能更加富有感染力，就像深山古刹中的寺庙建筑在古木参天的丛林中若隐若现一样引人入胜。比如在一些多层或低层建筑的屋顶、墙面等，适度结合一些民族建筑或仿古建筑的艺术处理也未尝不可，同

样也能营造出一种乡土建筑文化的氛围和场景，如图 4－4 所示。

图 4－4　绿色建筑与古建筑文化的结合

二是绿色建筑的内部。居民可以在居室内按照自己的意愿和想法布置各具地方民族特色和乡土气息的家具、饰物和装饰品等，以营造乡土文化和地方特色，让人眼前一亮。

三是建筑或小区的出入口。这些地方也是表现地方乡土建筑文化艺术的最佳场所，可以摆放门楣，石坊，石牌，人或动物的雕像或塑像等。在小区内部的地面或公共绿地、公共配套服务设施及屋顶等部位，也可以建造亭台楼阁、水榭莲池等地方园艺特色景观。一些人文历史和文物景观、景物等，在不破坏和损害其人文和历史价值的前提下也可以移景或进行复制造景，以丰富绿色建筑内部的社区景观和城市景观，如图 4－5 所示。

图 4－5　仿古的亭台楼阁——别具一格的中国传统文化元素

四是配置土地。主要是在立体城市外生活圈范围的景观用地上，可以建造一些具有地方文化特色的仿古建筑、人文建筑和公园建筑等，以丰富城市居民的文化生活，传承建筑文化艺术和技艺等，并与立体城市的建筑和公共市政配套规划相呼应。

四、智慧建筑与智慧城市

智慧城市首先是从智慧建筑开始的，只有建筑实现智慧，城市才能实现智慧；没有建筑的智慧，城市的智慧就无从谈起。

1. 智慧建筑

绿色建筑的智慧是从建筑智能化开始的，主要利用系统集成方式将计算机技术、通信技术、控制技术、生物识别技术、多媒体技术和绿色建筑技术有机结合，通过对建筑内部设备、环境及外部生态庭院和使用者信息的采集、监测、管理和控制，实现建筑环境的优化组合，从而满足使用者对建筑功能的需求和现代信息技术应用的需求，并且具有安全、经济、高效、舒适、便利的特点。未来的智能化绿色建筑通常包括计算机管理系统，楼宇和办公设备自控系统，智能家居、家电系统、智能生态庭院灌溉系统，小区智能安防及监控系统，智能消防安全监控和防盗报警系统，通信系统，卫星及共用电视系统，计算机网络系统及宽带接入增值服务，智能停车系统，智能计量收费系统，智能物流配送系统，智能医疗保障和服务系统等控制技术，实现整个建筑的智能化。

由于建筑绿化及智能微灌技术得到应用，绿色建筑就成为一个有生命、有知觉、有智慧的生命体。它有物质循环和呼吸循环系统，具有生命的新陈代谢作用和功能，能够实现自我循环。整个建筑外表全部由绿色覆盖，充满了生命的灵性和活力，是真正具备智慧和理性的有机建筑。

2. 智慧城市

未来各大中小立体生态城市是按照三级建制规划建设的，所有城市的基础设施和市政设施建设也都是一步到位，并通过公共市政管网和道路路网等将水、电、气、通信、信息服务及交通设施等结合在一起，形成庞大有序的城市网络。这个城市网络是一个现实的物质化的有形网络系统，与当今无形的虚拟化的城市互联网刚好相互配对合成一体，真正成为虚实相济、神形兼备的智慧城市。

同时，智慧城市是在智慧建筑的基础上实现所有数据的收集、整理、控制和运行的。它包括城市智能化立体三维交通网，智能化给水、电力、热力和燃气系统等，还包括无线电通信和互联网络、城市物流及配送网络、城市绿色建筑智能化营养及灌溉网络、污废水和垃圾处理网络及城市公共市政服务网和防灾救灾应急联动系统等，所有这些大数据网络组成了未来城市智能化控制的云集成系统，并决定着城市未来的云智慧水平。

随着互联网技术的迅猛发展，智慧城市概念的提出已有十多年了，但目前世界上还没有一座真正实现这个概念的智慧城市。因为这种城市规划层面的硬件仅凭虚拟的互联网技术是无法实现智慧城市的，摊大饼模式的现代城市要实现智慧城市是非常困难的。只有将城市公共市政服务设施和交通路网及市政管网等完全实现立体分层模式，并与城市绿色建筑的规划设计合成一体成为立体生态城市时，才能真正满足智慧城市的要求。智慧城市是要求绿色建筑和城市基础设施的硬件与城市互联网大数据的软件技术充分融合和整合形成的智慧网络。所以，智慧城市只有在立体城市中才能真正实现。因为只有立体城市才有立体的市政交通网和城市公共服务设施，摊大饼模式的城市不具备未来智慧城市的要素。

另外，智慧城市还应该在城市建制的更高层面上实现统一的规划建设，并分级管理和实施。

3. 绿色“互联网家”与“互联网城”

最近，“互联网＋”的概念突然盛行，主要是指传统行业与互联网的结合，它能够使传统行业化腐朽为神奇，产生突飞猛进的技术进步和产品营销效应，大大改变未来人类产品的生产、制造、销售模式和日常生活模式，特别是在智能家电、家居等方面，将使人类的工作和生活更加舒适和方便。

由此，笔者对绿色建筑也有了更进一步的期待。在目前的建筑行业中，建筑的工业化、智能化一直是一个难以真正落实和实现的目标，这不仅因为它是一个传统行业，更在于其工艺、技术和材料等复杂程度远胜其他行业，特别是建筑结构与门窗、内外墙和室内装修等混合一体时最为突出。而“互联网＋”的理念有可能彻底颠覆未来建筑工业化和智能化的进程，特别是在建筑装修行业和建筑智能化中带来革命性的变化，将“互联网＋”与建筑结合成一体，可能会产生真正智能化的绿色“互联网家”。

同时还可以推测“互联网城”的概念也可能会随之出现，以“互联网家”的服务内容为基础，以城市立体市政交通及公共市政服务设施为依托，为所有的城市居民提供贴心、全面、智能化的大数据服务。整个城市就像是一个智能的有机生命体，“互联网家”是细胞，立体城市是身体，城市内所有的建筑物和基础构筑物及由此产生的空间是骨架和肌肉，物质循环体系是城市的器官，起到新陈代谢的作用，污水和垃圾处理系统是城市的肾脏，而城市公共市政管网和交通设施等就像是动脉和静脉，而互联网城就像人的大脑一样具有智慧和思维。

第五章
城市地势规划与基础的地面设置

市政交通网的规划建设是立体生态城市的重中之重。如果没有合理规划建设好市政交通网络设施，那么整个立体生态城市的规划建设就都可能面临瘫痪的危险，城市自身的城镇化和生态文明建设也将难以推进。

第一节　城市地势规划

一、城市地势的营造及中央水系规划

1. 青岛老城区规划的启示

青岛老城区的排水系统一直是国内城市雨污水规划建设方面的一个经典之作，在百年之后的今天，部分市政设施仍在使用之中，特别是城市雨污水排放设施。纵观青岛老城区的雨污水排放系统可以发现：除了先进的雨污水管网规划和建设以外，因势利导地利用自然山地地势进行城市雨污水排放规划是一个非常重要的因素。青岛城区与周围地面、河流和海面形成几十米不等的地势高差，当时德国人根据城区的自然山丘地貌和地形特点规划建设城市的雨污水管网系统，城市沿海一侧雨污水依照地势顺着山坡或市政管网直接排入大海，其余的雨污水也通过市政管网系统直接排入当时城市周边的青岛河中，再经过青岛河排入大海。由此可见，城市地面与城市周围地面形成的高差规划是一个非常重要的因素。它关系到城市自身防灾救灾的能力，更关系到城市百姓的生命和财产安全。

然而，纵观当今欧美发达国家的大多数城市，它们并不像青岛老城区那样在城市周边区域有明显的地势高差和毗邻大海的优势，但这些城市大多数都有设施完善的庞大的地下市政管网系统来应对雨洪的发生。比如巴黎、伦敦、纽约和柏林等城市，其地下市政设施的规模、资金和时间的投入都是非常巨大的，东京更是耗费巨资建造了巨大的水窖来防止洪涝。这对于发展中国家来讲是一个难以实现的财政包袱，同时，对未来立体城市的生态环境和可持续发展建设也未必是最好的选择，这些发达城市即

便有如此先进的市政排水设施，仍然不能一劳永逸地避免洪水的意外侵袭。

2. 城市雨洪与地势规划

在自然界，四周低中间高的土地被我们称为高地，是生物躲避自然灾害的安全庇护所。在高地上，无论是滂沱大雨还是洪涝灾害，一般都不会对生物构成直接威胁，汪洋大海中的一块高地无异于是受灾群体心中的诺亚方舟。但完全满足立体城市规划要求的一高一低的地理优势在自然界是很少的，特别是平原地带更是罕见。因此，在未来立体生态城市的雨洪规划中，通过人工方式营造类似的四周低中间高的城市地形就是最好的选择，通过一高一低的地势规划自然解决立体生态城市的排水难题。

这种通过人工方式营造的高出周边地面和水面的城市地面，可称为城市高地，这种能够容纳城市雨洪的低地可称为中央水系。但城市高地的营造并不是通过简单的填土堆土就可以实现的，而是需要采用特殊的方式实现，具体将在本章第二节单独叙述和展开。

中央水系的低地营造方法就是在立体生态城市规划配置的土地上，通过低地适度的机械开挖和就近堆土造景的方式规划建设一个大型的低于城市高地的中央水系。中央水系水面以下的地面适度凹陷，周围地面适度抬升以形成湿地和低地地形，外围采用围堰的方式填土和堆土，形成四周高中间低的围合式湖泊地形，与立体城市的高地相互对应和配合，在抬升立体城市地面高度的同时降低中央水系的水面高度，使这个中央水系的水面海拔高度明显低于立体生态城市的地面高度，并在中央水系中规划中心湖泊、水池、河流、低地和湿地等景观，中心湖泊的水系与立体生态城市地面之间直线距离不应超过 1 千米，落差可为 0～1 米。

在发生强降雨时，立体生态城市高地上的雨水无需市政排水管网就可以通过地势及地表径流、溪流和河流的落差规划直接就近汇入中央水系之中。此外，城市高地中通过河道砌筑和营造也可以将中央水系与立体城市中的景观水系实现无落差的直接对接，使船只能够通过河道顺利进入立体城市的景观水系之中通航和游览。

中央水系的湖水容量按照百年或千年一遇的标准设计。平时湖水面积约为立体生态城市面积的 1/3～1/2，水系平均水深 1～1.5 米，有水源取水和蓄水要求的水面深度可以在 2 米以上的范围，湿地和低地的规划面积是中央水系的 0.5～1.0 倍。在发生洪涝灾害时，湖区面积可通过低地、湿地的扩大和水深的自主调节实现蓄洪能力。另外，其他配置土地上的地面积水在发生雨洪时一般不考虑纳入中央水系，而是通过低地和湿地的合理规划就近消纳，超量部分的洪水才允许排入中央水系。这种通过城市高地和中央水系的营造就近就地解决城市雨洪的地势规划方法，对于大多数平原地区没有地理优势的城市来讲就是一个最佳的城市雨洪解决方案（见图 5 - 1）。

图 5－1　水城模式、商业街区与高层住宅区的结合

此外，在整个城市规划建设中，城市雨洪和中央水系规划是城市规划范围内的独立封闭的水循环系统，与外界水系不直接连通。因而，区域内的所有与外界连通的河流或水系都应该阻断或采用水闸加以控制，以确保内部水系处于相对封闭的状态。中央水系及周围地势原则上都应高出城市规划以外的周边地面和水系，或至少相互持平，以确保在发生特大强降雨时上游意外的洪涝灾害及意外洪峰对下游立体城市不构成直接威胁。同时，还应该考虑在立体城市规划区域的外围根据城市规模和形状大小设置一个堤坝状的闭合环线，堤坝宽度 100～1000 米不等，与外界周边地形保持 3 米以上高差，在与外界沿江水系衔接的合适部位可以设置船闸或水闸等水利设施以便于城市内部中央水系的调节和通航。在沿江沿海地区及入海口附近的城市，还应考虑洪峰和海平面上升及特大海啸冲击所产生的不利影响和危害。因此，这些城市的整个地面应该利用填土再往上提升 3 米以上的海拔高度，或将基础底层往上架空设置等。也就是说，在沿江或沿海城市的堤坝高度应达到 6 米以上。

城市周围堤坝的土石方主要由经过筛选及无害化处理的建筑垃圾等固体垃圾组成，统一机械堆积压实形成堤坝设施。这样既解决了当前城市固体垃圾围城的困境，又为立体城市设置了一道最安全环保的保险带，使立体生态城市真正达到固若金汤的效果。

因此，一高一低一环线将可能成为未来立体生态城市规划建设的基本配置，将大大增强未来立体城市整体抵抗洪涝灾害的能力。即使发生百年甚至千年一遇的洪涝灾害，也不会对立体生态城市内的建筑、市政交通设施及居民生活、出行等产生太大影响。

二、大型水库扇形冲积区规划与立体城市防洪

目前，城市洪涝灾害频频发生，如何在立体生态城市的规划建设之初就消除这种威胁是一项非常重要的工作。因此，上述城市地势营造、环线建设及蓄水规划等措施还可以运用到消除上游大型水库

的超级洪水灾害上，通过国家层面的顶层设计，以确保水库下游所有城市免受洪涝灾害的威胁，永久消除潜在的安全隐患。

1. 阶梯式海子的启示

三峡水库建设一直饱受世人诟病，因为水库建成后对长江下游七省一市几亿百姓的生命安全构成巨大威胁，许多专家将其形容为“头顶一盆水”。如果大坝一旦突然垮塌，几百亿立方米水库储水会在几小时内从大坝的缺口倾泻而下，就会在瞬间产生几十米高、几十公里甚至上百公里长的超级巨大洪水，其冲击力和破坏力之大无与伦比，长江中下游沿江几十座大中城市和广大乡村将一片汪洋，几亿百姓的生命和财产安全无法保障，全国经济总量的近半部分将受到严重威胁，整个国家将遭受无法承受的巨大损失，堪称国家的顶级安全隐患。

因此，为了避免悲剧的发生，国家应当将三峡水库下游几百公里范围，上万平方公里的面积划作扇形冲积区域及生态湿地保护区，内部根据地形地势层层就地筑坝，再利用区域内纵横交叉的道路、公路甚至铁路交通路网干线等进行适度的宏观防洪规划和建设。特别是横向的路基和路面等都应根据地形地貌特征适当整理加固并统一增加水平高度，形成一道道区域性的梯田状的阶梯式可临时储水积水并容留洪水的堤坝和环线，就像神奇的喀斯特地貌中经千万年流水沉淀并冲刷后形成的一个个阶梯式海子形状的地形结构。如图 5 - 2 所示，阶梯状的海子地形并不影响水的流动，溪水可以直接漫溢出海子的堤坝，但海子本身却可以储留大量溪水。利用类似的这种海子构造的人工湖泊可以在瞬间完全消除大型水库垮塌后对下游城市所构成的洪峰威胁，通过这种类似阶梯式海子形状所形成的人工湖泊来瞬间容留三峡水库的超级洪水，确保长江中下游所有城市的绝对安全。

图 5 - 2　阶梯状的海子地形并不影响水的流动

2. 扇形冲积区规划与超级洪水的防治

三峡水库的超级洪水一旦发生，必然是沿着长江河道的峡谷向下游奔腾而来。由于洪水水量极大，在进入平原地带时原河道就无法容纳如此巨量的洪水，因而会直接越过原河道两侧的堤坝造成溃堤，在进入扇形冲积区最初的这些阶梯式人工海子后再次越过人工堤坝，但越过堤坝的洪水也会有大量的后续洪水保留在这些人工湖泊之中，通过无数个阶梯式堤坝和人工湖泊的层层储留，最后可将水库中的所有洪水全部安全地容纳在扇形冲积区域内，达到在几小时内全面容留三峡水库意外洪水的目的，彻底消除三峡水库在发生意外或突然垮塌情况下的超级洪水隐患，而对扇形冲积区以外的城市和乡村则不构成任何威胁。

扇形冲积区的规划建设可以极大地降低长江中下游堤坝的建设标准，减少长江沿岸水利工程长期的政府财政投入和包袱，并可将节约下来的这部分资金转用到扇形冲积区内的堤坝和人工湖泊的规划建设之中而不必另行开支。

由于规划中的这些人工湖泊的深度普遍较浅，湖水本身对堤坝产生的压力也就很小。如果发生超级洪峰迫使湖泊中的水量瞬间超出原堤坝高度，洪水就会自然越过这些堤坝而流入下一个阶梯式人工湖泊之中，因而基本不用担心堤坝本身的安全。即使有个别堤坝决堤的情况发生，也会有下一道人工湖泊和堤坝的阻挡，仍可从容不迫地保证洪水和洪峰控制在安全水位，事后再对决堤堤坝维修加固即可。当然，在同一个人工湖泊中周围的堤坝可以统一其水平高度，也可以在特定区段设置一定的高低差，使洪水在低位区段的堤坝中顺利地自然溢出。如果在这些溢出区段设栈桥，则仍可在堤坝上正常通车和交通。

反过来讲，在未来几十年或几百年中发生这种意外的超级洪峰的机会是非常小的，除非是人为对三峡大坝的破坏或发生特别严重的地震引起坝体垮塌等意外情况，通常扇形冲积区内的阶梯式堤坝是不会有机会发挥抵御超级洪峰的功能的。

扇形冲积区的建成或许还对清除三峡水库内长期淤结的河沙带来一定的帮助，因为水库清淤时可能需要降低水位，利用洪水来冲刷河床以延长水库寿命和储水效率，因而水库中的水就无法保留，从而影响水库库容和对长江中下游水量的调蓄作用。而扇形冲积区内无数个人工湖泊正好能够在这种情况下直接接收水库清淤时含有大量泥沙的浑浊洪水，并兼顾对长江中下游洪水的这种调节功能。当然，要达到这种调节功能和效果，扇形冲积区的规划面积及人工湖泊要有足够的数量和容量才能实现。

在我国古代，三峡水库下游的江汉平原地势低洼，河汉纵横，湖泊星罗棋布。在洪水季节，长江洪水流到这里呈漫流状态，江湖不分，水位根据季节和降雨自然消长，是长江和汉江洪水最重要的自然调蓄场所。从湖北荆州一直到武汉，其水面烟波浩渺，横无际涯，总面积约两万多平方公里，有云梦泽之称。因此，当时的长江洪水过程并不明显，很少有水患发生。但随着江水中泥沙的淤积和人口的不断增加及垦殖开发，云梦泽才逐渐萎缩和消失，长江水患也就随之泛滥成灾。历史上的长江曾经有无数次决堤泛滥的悲剧发生，给两岸百姓造成巨大的财产损失和人员伤亡。1998年也曾发生过严重的洪涝灾害，军民动员抗洪抢险的惊险一幕仍时常出现的新闻报端。在每年的多雨季节，长江沿岸的所有城市和乡村的各地群众也都会被紧急动员起来投入抵抗可能发生的洪涝灾害工作，长江两岸的堤坝每年都需要投入大量的人力和物力进行检查和加固，这些必要的防洪措施对各地方政府的财政支出和国家经济都是一个巨大的负担,也严重影响并制约了长江两岸大片区域的社会经济发展,特别是城市规划和建设。如果能够在三峡水库的下游设立一个扇形冲积区以彻底消除三峡水库和长江洪峰的威胁,那么这对推动长江中下游平原的地区经济发展和城市建设都将起到巨大的促进作用,对未来国家经济、政治、文化的稳定和长久发展也同样意义重大。

事实上,扇形冲积区适合在背靠山区的有相对坡地的平原和洼地进行规划建设。它与水库和水库堤坝的规划建设是完全不同的,而是要根据当地的实际地形地貌和地势状况因地制宜地规划建设。如三峡水库的下游 80 公里直线距离都属于峡谷型地貌,不太适合扇形冲积区的规划建设,因而它的扇形冲积区应规划在三峡水库的下游直线距离 100 多公里以外的湖北省荆州市和湖南省常德市之间,这一地区本就是古代江汉平原中的云梦泽所在地,通过对荆州和常德部分地区的湖泊、水网和道路交通的总体规划建设,形成以荆州和常德地区为核心的扇形冲积区,从而永久性地消除三峡水库超级洪水对长江中下游地区的严重威胁。

扇形冲积区的规划也可以有两种方案:一种是在扇形冲积区的起始点位置设置导流坝,利用河道中的导流坝直接将洪水导流到长江两岸的阶梯式人工湖泊之中即可,但仍可保留原来的长江水道,人工湖泊与长江水道分别设置和隔开。另一种是不用导流坝,而用原长江河道周边的低洼地形和地势就地层层筑坝,直接将原长江河道设置在阶梯式人工湖泊之中,使之成为明河或地下暗河。在这两个方案中,本人倾向于第二种方案,因为第一种方案适合地势高差较大的区域,工程亦相对较为复杂,导流坝和导流的沟渠本身也需要花费很多钱,堤坝长度也较长,工程量明显要大一些;后一种方案适合地势相对平缓的地区,堤坝长度也少一些,荆州西南地区和部分常德东北地区的长江段都可以淹没在人工湖泊之中,形成明河或暗河,只要在最后一个人工湖泊的堤坝与原长江交叉口区域建设一个或多个出水口和通航的大坝,即可与下游的长江水系连接一起,整个工程建设成本也相对要节约得多。

当然,在原长江航道中的所有人工湖泊都必须设船闸用于通航,淹没在人工湖泊中所有弯曲的长江航道也可以就地取直以缩短航道和航程,以进一步提高长江航运效率。

在上述两个方案中,最初长江上游的洪水是通过原河道直接进入扇形冲积区阶梯式人工湖泊之中,因而扇形冲积区起始点的位置大约在三峡水库下游直线距离 80 公里以外的荆州和常德一带,也就是现在隶属荆州市管辖的枝江市、松滋市的范围。但由于上游水库清淤时的泥沙顺流而下的冲积,每年在这些人工湖泊中将会沉淀数亿吨的河沙,政府需要投入大量人力和物力长年清淤以消除河沙的堆积并保障长江航道的通航功能。由于长江上游的河沙质量非常好,如果进行合理采沙,就能够为中下游城市建设提供大量优质的建筑材料,在促进地方经济和城市建设的同时也能给地方政府提供长期稳定的财源。长江上游的河沙在经过上述人工湖泊阶梯式的沉淀和清淤后,荆州市西南和常德东北地区的长江水质中的泥沙含量将大大减少,人工湖泊中的水质也会变得清澈透明,这会使长江中下游整个河道的含泥量和洞庭湖、鄱阳湖泥沙淤积等情况得到彻底改善。

根据三峡水库约 400 亿立方米的库容量推算,整个扇形冲积区的规划面积应在 1 万～2 万平方公里为佳。在枯水季节,扇形冲积区内的所有人工湖泊的平均水深应控制在 1～2 米,最低平均水位不应低于 0.5 米;在丰水季节,人工湖泊的平均水深应控制在 4 米左右;为防备三峡水库超级洪峰发生,人工湖泊的平均水深在短时间内也可以上升到 6 米左右。整个扇形冲积区在平常的丰水季节其人工湖泊的湖水储量就可以达到一个三峡水库的库容量，而在发生水库坍塌的情况下则至少可以达到两个三峡水库的库容量。因此，如此巨大的湖水储量将会极大地提高对长江中下游地区水量的宏观调蓄作用，其经济和生态效益将非常显著。

由于还需要防备长江上游超级洪峰的发生，所有人工湖泊的堤坝高度应根据地形和地势状况而定，但堤坝高度和宽度应留足余量，以彻底阻止上游洪水对中下游地区所构成的威胁。同时，为防止超级洪水进入人工湖泊中引起湖水的顶托现象及湖水因自然作用引起的大范围异动，在人工湖泊中还可以根据地形和地势状况就地设置田字格式的纵横方向多道防洪堤坝和湿地环境，通过阶梯式的人工湖泊及内部多重堤坝和湿地环境的阻挡，超级洪峰巨大的冲击力在进入上百公里长和宽的湖面及湖中防洪堤坝的层层消解和减弱后，就不会再在长江出水口产生巨大的波浪和冲击力，因而完全能够保障最外围人工湖泊的堤坝安全。

3. 对未来立体城市规划和周边区域环境的影响

水是城市的命脉，世界上许多城市都是因水而兴的，但也有少数城市因水而亡，可见洪水和干旱都是未来城市可持续发展的巨大障碍，均可以对城市产生很大的威胁。因而三峡水库下游扇形冲积区的规划建设将对未来长江中下游地区的所有城市规划，特别是对立体城市的规划建设具有非常重要的意义。因为它在立体城市的规划建设之初就可以解决长江上游的超级水患，使长江两岸的立体城市都不惧洪涝和干旱的威胁，使未来城市规划建设更加科学合理，也更适合人类居住。

扇形冲积区的规划建设将对海绵城市建设也具有非常重要的意义，由于有上游人工湖泊的调蓄，使洪水对下游城市的威胁被解除，下游城市周边主要河道中的洪水就不会高于警戒水位，这将有利于城市洪水的迅速排除，为消除城市内涝打下良好的基础。

扇形冲积区的规划建设对改善长江流域和周边气候的干旱环境也产生巨大影响。目前长江流域的大部分降水都通过长江河道快速地排入大海之中，只有少量的降水被保留利用和蒸发并重新变成降雨，因而造成长江流域和中西部地区的降水量逐年的减少，干旱地区又不断增加的局面，并使生态环境也渐渐恶化。如果能够在三峡水库的下游规划建设一个巨大的扇形冲积区来宏观调蓄长江洪水，使大部分降水滞留在整个长江流域中合理利用使其慢慢地自然蒸发并重新形成湿润的水汽。由于受印度洋和太平洋季风的影响，在春夏季节，长江中下游地区所蒸发的大量水汽就会被东南季风吹向更远的西部内陆和华北某些干旱的地区并形成降雨。那么，这将改善中西部及黄河中下游地区干燥的气候环境，并对解决这些地区的城市生产生活用水和农业生产用水都具有非常重要的意义。

由此可见，未来的立体城市规划在宏观层面上都应该与该地区的江河水系紧密地联系在一起，通过必要的扇形冲积区的规划建设以永久性地消除可能发生的洪涝和干旱灾难，满足未来城市可持续发展需求。

扇形冲积区的规划建设还可以根据长江流域年降水量和长江下游按月、按季的用水需求进行总量平衡的疏水和供水，这就要求扇形冲积区域中的人工湖面面积和堤坝高度要留有余量，必要时可能还要再加大人工湖泊面积或加高堤坝。这就需要算经济和生态环保的总账，哪个更划算就选择哪个。

在目前的干旱季节，长江中下游的洞庭湖、鄱阳湖、巢湖及湘江、赣江、汉江等流域的河流、湖泊经常发生干涸和断流现象。如果有上游的三峡水库和这些扇形冲积区域水源的共同调节，那么下游这些河流、湖泊的干涸、断流现象就可以大大缓解甚至消除，长江黄金水道的航行阻力将大大减小，而航运能力却可以得到极大提升，两岸的工业和农业旱情得以缓解，生态环境和生态景观都得以大范围地修复，对下游沿江城市的生产和生活也有极大的提高。

扇形冲积区规划还可以提升三峡水库的库容量、水面高度，使水库发电时间、发电量也能得到整体提高和更合理的统筹安排，而且不惧干旱和暴雨的威胁，并能根据上下游水量大小和需要合理调节，使水库发电的经济效益最大化，对水库周边各省市的电力供应也更有可靠保障。

另外还需注意：三峡水库建设对河流中的各种鱼类资源影响很大，并切断了许多鱼类洄游繁殖的路线。因此，必须采取合理的措施帮助这些鱼类建立新的栖息地。同时，在扇形冲积区上游的某些人工湖泊周围可以营造出一些自然河道和模拟的生态环境，可能对洄游繁殖的鱼类会有所帮助，同样也可能为幼鱼提供新的栖息地。

与此同时，三峡水库下游整个扇形冲积区在前期总体规划时就可以将其定位成全国面积最大的内陆湖泊，并按照风景旅游区和水上度假胜地的方案进行规划建设。在人工湖泊中，可以通过就近堆土取土的方式营造各种岛屿、湿地、堤坝、湖沼和雨林等生态景观，既能够清除人工湖泊中大量的余土和淤泥，又能够提高湖水水质和储量，并在一定程度上恢复古代云梦泽的生态原貌，从而最大限度地发挥其生态景观和旅游价值。此外，在汉江流域与长江流域的交叉口附近区域也可以再规划一个面积相对较小的扇形冲积区，通过内部的人工湖泊自然调蓄汉江的洪水。由于两个扇形冲积区的距离挨得较近，因而也可以相互连接在一起共同调蓄长江中游的洪水。武汉市周围也有众多的湖泊和湿地环境，这些区域的大部分水系仍应该进行宏观的防洪规划和保护，以作为扇形冲积区域外洪水的自然调蓄和季节性补充。

三峡水库下游这些扇形冲积区及周边的湿地环境原先就是江汉平原的一部分，主要以种植水稻为主，是一个鱼米之乡，有“湖广熟，天下足”之称。因此，每年可以充分利用长江上游季节性洪水退洪后产生的空档时间，在阶梯式人工湖泊及周边合适的湿地中大面积种植水稻等粮食作物，并利用各人工湖泊堤坝的水闸设施科学合理地精细化控制水面高度，也会有大片的人工湖泊和周围的湿地环境可以重新开辟成粮食生产基地以保障国家粮食安全红线。同时，扇形冲积区周边的湿地和稻田还可以作为预防三峡水库超级洪峰发生时的留储区域，与扇形冲积区共同构成双保险。另外，所有扇形冲积区内的人工湖泊中，还可以进行大规模的水产养殖及水生植物的种植等，以作为周边城市居民的公共“菜篮子”基地。

受此启发，三峡水库扇形冲积区的规划建设方案也同样适合一些地方性的大型水库，这些大型水库可能也同样面临对下游城市构成超级洪峰的意外威胁，因而也有必要规划建设类似的扇形冲积区域，并划出生态湿地保护区，通过扇形冲积区内阶梯式的防洪堤坝来规避突然爆发的超级洪峰的灾难。这些扇形冲积区产生的低地和湿地环境在平时可以作为水库调节的辅助手段，一方面可以适度留储部分水库水量，再根据下游的用水需要缓释慢放；另一方面也可以同时消减或消除洪峰的压力，错时分时地分流洪峰。

在我国境内有一百多条河流每年都可能发生洪水，如果在一些经常发生洪水灾害的某些地势相对较低的河道周围规划建设扇形冲积区并形成湿地环境来自然调蓄洪水，使留下来的大量洪水在该生态环境中多次循环利用并用于农业生产等，那么这种生态循环模式可形成多次的局部降雨，从而改善周边的气候环境，同时也能大大改善下游立体城市的生态环境。

第二节　基础的地面设置

建筑基础的作用是承受房屋重量并防止房屋由于地震等原因引起位移和沉降。因此，目前几乎所有的建筑基础都设置在地面以下。而在立体城市中，所有城市建筑基础却直接设置在地面上，这又是为什么呢？

一、基础设置方式的改变

绿色建筑是通过在建筑周围拓展生态空间的方式使植物有了扎根和容身之地，从而使建筑表面能够实现完全绿化。而在立体城市中，同样也需要通过城市市政交通空间规划才能实现立体市政交通模式。

1. 立体生态城市的整体规划与周边环境

如图 5－3 所示是一个正方形布局的立体生态城市规划的模拟方案。该方案规划面积约 1 平方公

图 5－3　立体生态城市整体规划图解说明

里，城市容积率4.5，建筑平均高度约180米，最高建筑约280米，基础层以上的建筑面积450万平方米，基础为三层，其面积约150万平方米，总建筑面积（含三层基础空间内的面积）约600万平方米，居住人口约10万人，人均居住面积约35平方米，建设资金180亿～200亿元（不包括土地和资金成本），其中居住面积约350万平方米，公共办公和酒店面积约50万平方米，医疗、教育等设施和其他约50万平方米，通过建筑营造的空中绿地约100万平方米。

基础空间通常为三层（设置在地面上），分为城市公共服务层和交通层两种功能，全框架结构，是一个地面上的万能空间。城市公共服务层为一层，其空间高度约10米，内部还可自由分隔组合空间，主要设置商业、休闲等功能并为居民提供公共服务，这些公共服务能够保证城市功能的正常运转，使立体城市居民的生产和生活有最基本的保障。人们只要通过垂直电梯下到基础层的公共服务层中，就可以直接购物消费和休闲娱乐，非常方便快捷。另外两层为城市市政交通和停车空间，每层空间高度约10米，所有市政管网均可设置在这两层空间的任意一层或两层同时设置。

城市公共服务层与交通层通常是分层并隔离的，因而它们之间的位置可以根据需要上下设置。城市公共服务层可以设置在交通层的上面，也可以设置在交通层的下面。但两个交通层之间通常是不能分开的，否则上下层的交通坡道就非常长，对立体交通路网的组织也很不利。

因此，将城市基础板块中的两个交通层和一个公共服务层两者空间高度相加以后，其基础空间整体高度离开地面可能就超过30米了。

在这两个交通层中，停车场和立体停车空间所占据的面积最大，约60%～70%；其次是立体交通路网和基础内部的主体建筑结构，它们的面积各占15%～20%；城市公共市政管网也布置在两个交通层中，但它们所占据的空间最少，可能不到1%，而且是最上部空间，因而不会影响道路交通和立体停车。在未来的立体城市中，几乎所有的市政管网都可以通过城市交通层和公共服务层的空间解决，它们只占空间不占地面面积，对城市公共交通和公共设施等都不会产生任何不利影响，是一种非常理想的管网敷设方案。

城市内部和周围有河道环绕，城市外围设置中央水系和水环境，并与城市内部河道相通，可通航游览。城市周边为人工山丘和土丘堆积而成，并实现绿化。

从空中俯瞰立体城市，城市地面上没有任何车辆在行驶或停放，也看不到一条公路交通，所有的交通路网和机动车辆全部在基础空间内部的交通层中解决。

2. 建筑基础地面设置的设想

在现代城市中，公共交通和市政设施是城市的大动脉，它能保障城市各项功能的正常运行，保障居民生活和日常出行。因此，这些公共设施都规划在地面上，不必考虑自然通风采光。但随着城市人口的高度聚集，在一个二维的地面上已不能解决所有的公共交通和市政设施。因而，将这些公共交通和市政设施立体化，用立体的方式解决城市的公共设施就摆在立体城市的面前。那么，城市建筑基础中的框架结构就成为公共交通和市政工程设施的首选。

但目前建筑的基础空间通常埋置在地下，成为地下空间，但如果作为城市的公共道路交通来使用就显得非常不方便，而且基础空间中没有自然的通风采光，车辆排放的污浊空气就无法及时排出，其建设成本也会大幅度上升。所以,在一个完全新建的城市中,将所有城市建筑基础空间规划在地面上就成为一种必然的选择,通过城市建筑的基础大框架结构形成的空间并相互连接成为一体来全面解决城市公共交通和市政设施的难题。

因此在立体生态城市中,所有市政交通路网和公共服务设施均安排在地面基础板块空间中解决。它们均采用大框架结构,层间可以跃层甚至跃三层,基础层的空间都非常高大,上下均可以行车通行和立体停车。这可以极大地提高城市的交通效率,且停车面积和停车数量也可成倍增加。这个方案特别适合解决当前城市最突出和棘手的交通和停车问题,与目前城市商业服务和交通停车均在地面中解决的模式有着根本的不同。

必须强调,只有在完全新建的立体城市中才能实施所有基础的地面设置并实现整个交通和市政等公共设施的立体规划方案。如果在一个老城中,周围有许多老建筑,那么这个设想是难以实现的。

3. 建筑基础的地面设置

在传统的观念中,建筑基础总是埋在地下,不见阳光,即便是地下基础空间也是一年四季没有自然通风采光的。而在未来立体城市中,这样的观点就可能被彻底颠覆和改变。

未来立体城市是将城市建筑中所有地下基础空间整体上移至地面,使建筑地下室基础空间直接转换成地面上的基础空间。

具体方案是:以地面地平线为界,将原本埋置在地平线以下的基础空间全部或大部分挪到地平线上面,相邻建筑的地面基础空间可以根据要求相互连接成一体,这些基础空间呈一个个几何板块状,在城市规划的区域内按要求分布。基础板块下面设桩基础支撑和部分主体建筑电梯井及地下室基础作定位,其他所有地面上的基础板块空间必须相互连通并连接在一起,各基础底板之间也应该相互连接成一体,各层基础空间之间应处在相同的水平高度,尽量避免出现高差,以便于城市公共市政管网及道路交通的合理规划。

虽然城市建筑的基础埋置方式发生改变,但基础的功能不发生改变,基础中的各层空间可以通过连廊、通道和天桥等相互连接成一体,以便于各基础板块内部机动交通路网的组织规划和公共市政服务空间的合理布置。

由于所有基础空间均设置在地平线以上,与现代高层建筑中的裙房构造和所处的地面环境基本相同,因此,基础板块的外立面与地面上的阳光和空气直接接触,再也没有类似地下室外由土体产生的侧压力。所以,每个基础板块四周的外围均可以去掉周围的围护结构,不需要再设置外墙来抵抗基础外部土体的水平侧压力,四周完全可以开敞式地自然通风采光,除主楼以外的所有基础空间内部均可采用大跨度框架结构,除支撑用的立柱以外基本都可不设内墙和外墙。地平线以下部分除了桩基础、部分主楼的电梯井基础和用于定位用途的地下室基础空间及必要的人防工程以外,其余地下工程和地下空间可以全部取消(见图 5-4)。

因此,在立体城市中改变的是建筑基础的设置方式,基础的作用和功能并没有改变,即所有立体城市内的建筑基础空间全部设置在地面上,并相互连接成一体,形成完全敞开式的城市市政交通和公共服务空间。

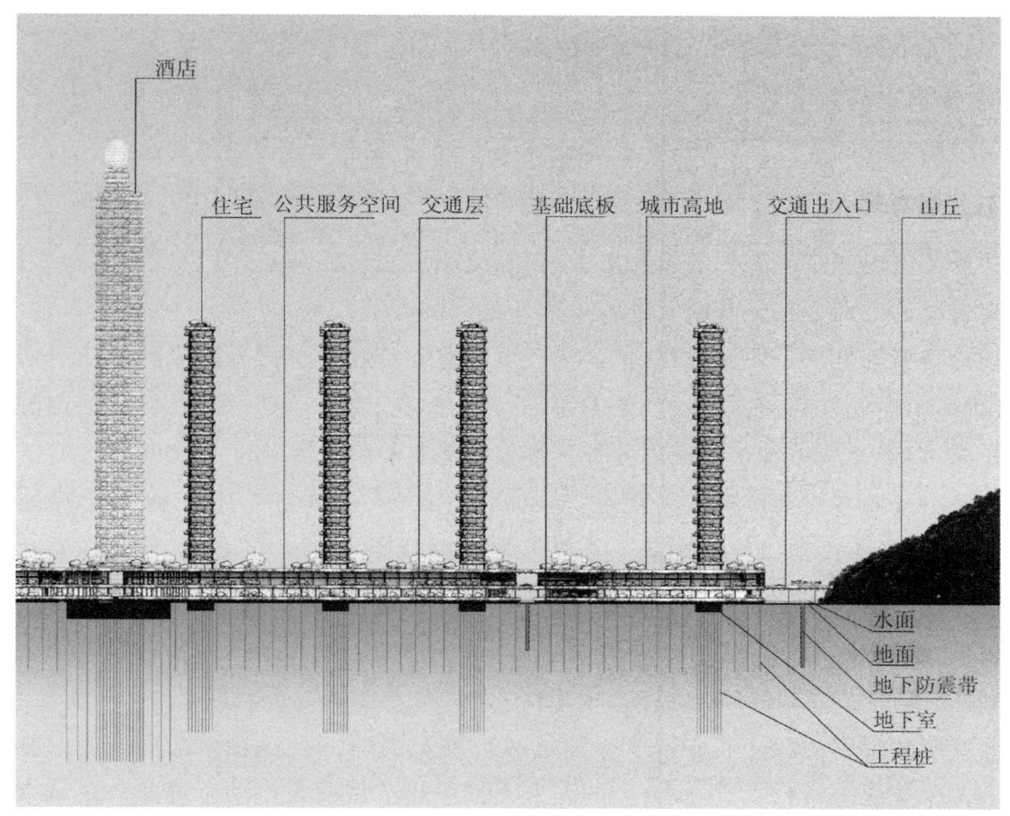

图 5-4　立体生态城市剖视局部

4. 交通层和夹层的设置

城市交通层主要用于城市立体交通路网和立体停车，它们的空间高度大致有 10 米。因为在这个交通层中还可能需要设夹层，否则就无法在这一层中形成立体交通及停车模式。当然，也可以将其直接设计成双层立体交通模式，一步到位，上下两层，并通过上下坡道相互连通组成城市立体交通路网系统。

如果在两个交通层中只设一个夹层，那么可组成三层立体交通网；如果在两个交通层中同时都设夹层，那么就可组成四层立体交通网。当然，在城市入住人口不足及城市容积率低于 3.0 的情况下，设一个交通层也是可以的，但这个交通层的层高可以适当提高到 12～16 米。夹层位置设置在中下部区域，尽量不影响上下坡道长度的设置，使上层的高度和空间均可高大宽敞一些，同时在有需要的情况下还可以再留出一个夹层的余量。

在一些商业繁华区域，交通和停车可能都比较繁忙，还可以考虑在交通层中直接夹两层的设计方案。如此一来，交通层的层高至少要达到 15 米以上，以留出进一步调整城市交通和停车空间的余地。

基础中的夹层可以是钢筋混凝土结构，在基础施工时一次性同时完成；也可以是钢结构，随钢筋混凝土结构一起施工完成，或在后期根据立体城市居民实际交通和停车泊位的需要而增减或调节，但必须预留好钢结构的安装位置，以避免日后安装时损伤和影响基础层的结构及使用寿命。另外，所有夹层可以一次性全部施工完工，也可以根据城市日后的使用情况，分时分区地实施和调整，在停车泊位多余的情况下还可以拆除部分夹层，但不能损坏基础框架结构。因此在立体城市中，夹层面积和高度可以灵活调节，但上下层均受交通层本身的高度限制。

另外，所有交通层的夹层层高也应尽量统一在一个平面之中，避免水平高差的产生，特别是相邻基础板块的夹层层高更应如此。

5. 城市公共服务层

城市公共服务层也在基础层的各板块之中，但与交通层完全隔离，它可以设置在交通层的下面，也可以设置在交通层的上面。它是基础层中的一个开放式的万能空间，层高约 10 米。在这个空间中，再根据城市规划的需要划分出一块块区块，在这些区块和空间高度中可再分隔成两层或三层呈跃层式的独立单元，设置城市商业零售、餐饮旅游、休闲娱乐、养生健身、商务活动、大型会议、影剧院和会所等各种公共服务设施，以满足立体城市居民的各种日常生活需要和消费需求。

这些区块的公共服务设施可根据需要进行空间围合封闭，也可完全开放，跃层之间如有需要则可在空中架设天桥、廊桥等设施以相互连通。在公共服务层这个万能空间中，所有围合的空间和区块都是可以根据需要随时灵活调整和改变的。整个立体城市的公共服务层基本上统一在一个水平高度，并形成整体的规划。各板块之间也相互连通形成商业、娱乐、休闲、健身等具有公共服务功能的专业板块和区域性规划。

在城市公共服务层中内部交通原则上是通过步行来解决的，不设机动类交通，任何非公共机动车辆均不得在公共服务层中行驶，一些服务类的人力手推车或小型四轮电动车等除外。城市居民可以在公共服务层中购物和消费，也可以开展休闲、娱乐、健身、商务等各种活动。居民如需购买日常消费品，主要是通过随身携带的购物车或城市物流配送解决。

在未来社会中，居民的购物消费模式可能面临重大改变，实体店将逐渐减少，而网上购物消费将成为居民消费的新模式。但网上购物仍然缺乏真实的体验，线上线下还缺少一个商品体验的真实平台。因而，立体城市公共服务层中的大型购物中心、商场和商店等将成为城市居民购物线上和线下消费体验的总平台，并可负责所有商品的配送服务。

6. 基础各层的自然通风采光

基础中各层的层高是根据其实际用途和需要确定的，10 米层高（净空高度，不包括结构部分）是最基本的高度配置，主要是考虑到基础板块内部的自然通风和采光的要求。特别是在交通层中，10 米层高的中间可能还需要再设一个夹层。当然，如果将层高再拔高一些也是可以的，这样使基础板块内部的通风采光也更有利些，也更高大宽敞和舒适，但在交通层中层高与机动车辆上下坡道的长短有关，层高越高，上下的坡道就越长，不利于立体交通路网的组织，因而层高也不宜太高。但最上层的空间不存在这个问题，基础层高高度可以适当放宽一些。

在地面上的基础各层中，由于基础板块四周是完全敞开的，除了支撑重量用的立柱以外，基本不设内外墙围护，因而自然通风是没有问题的。但由于一些基础板块的面积和进深均较大，白昼的自然采光仍会受到层高的限制和影响。在层高不足的情况下，基础层中心区域的自然采光效果就可能不佳。

因此，基础中各层层高设置就非常重要，层高越高，基础各层内部的自然采光就会越好。但基础层高是有一定限制的，因而基础中的各层特别是中心区域白天仍然需要设置人工光源补光或通过采光井等设施补光。

在城市公共服务层中，由于有许多商店、商场、会所、影剧院等各种围合式封闭跃层空间，内部几乎没有自然采光，因而即使是在白天，这些围合空间的内部也必须采用灯光照明，但外部走廊或走道等区域则可根据自然采光情况酌情处理。虽然许多内部空间是能够通过基础板块之间几十米的间隔距离实现自然通风采光，但中心区域在白天仍然需要人工补光照明，夜晚需要整体的灯光照明，以满足城市公共服务的功能和消费需要。

在立体城市交通层的所有交通路网中，必须统一安装必要的路灯照明设施。即使在白天光照条件较好的情况下，在交通层的中心位置仍可能有局部区域采光不足，因而应该有路灯及时进行自动补光。在夜晚，立体城市中的所有交通路网都应该有统一的路灯照明。同时，在所有停车场区域内也应该统一安装灯光照明，以便于居民随时停车和泊车。此外，在公共服务层中的所有人行道、步行道、走廊、走道等也均须统一安装路灯照明，以保障公共服务设施的服务功能和良好的使用效果。

另外，为便于基础各层的采光，地面、顶面和分隔用的墙面等部位应尽量采用白色或明亮的颜色，减少对光线的直接吸收，从而间接改善基础各层的自然采光环境。

7. 立体城市地面的整体加维方案

现代城市拥堵的主要原因是所有的城市商业服务、公共市政服务与城市交通及停车设施等全部挤在一个二维的地面上解决，人声鼎沸，人车混杂，像一锅大杂烩，城市地面就显得拥挤不堪，交通拥堵就在所难免。造成这一现象的主要原因是它们都只有通过唯一的地面解决不同的城市功能，这在有限的城市地面中必然会造成相互间的拥挤和堵塞。

而在立体城市中，它的基础空间有两三层，相当于将原来大杂烩式的城市地面变成两三层立体地面，使城市地面面积在垂直方向上增加两三倍。这就使得城市各种功能均可以专业分层分区，大杂烩现象可以消除，城市商业服务、公共市政服务与城市交通道路和停车泊位等可以分层分区解决，互不干扰和影响，形成立体三维的城市地面和空中地面。

因此，未来的立体城市是以原城市地面的两三倍的面积整体加维，并通过分层的方式进一步合理规划和解决城市商业服务与交通、停车之间的矛盾。特别是城市交通和停车泊位的设置，它们所占据的面积和空间最大，也是现代城市规划中的老大难问题。如果这个问题通过城市地面的整体加维方式得到解决了，那么还有什么不能解决的城市规划难题呢！

立体城市地面的整体加维方案将彻底解决未来城市公共交通拥堵和私家车停车泊位严重不足的难题。虽然城市商业和公共市政服务设施与交通路网及停车泊位实行彻底分层隔离，但从宏观规划层面看却是利用基础空间在垂直方向上真正实现了立体三维的彻底融合，为解决立体城市人口的高度聚居和高容积率问题创造了条件，对未来城市的可持续发展和生态文明建设目标的实现具有非常重大的意义。

8. 基础施工方式的改变与万能空间

需要说明，传统高层建筑的基础几乎都是深埋地下，地下室空间和四周基本上是全封闭式，需要机械和电力设施通风照明。而城市地面的整体加维方案就是将地下室基础空间整体搬到地面上，因此，这些基础空间的四周外墙就可以取消，与地面建筑的空间形式基本相同，可以自然通风采光，只是仍保留了基础的功能而已。

不挖基坑，就将高层建筑的地下室基础空间直接搬到地面上，这样的基础设置及施工方案可能是比较罕见的，也是对目前高层建筑基础设置及施工方案最大的改变。但如果基础设置方案和地基状况均可以满足设置条件，那又有什么不可以的呢？既然建筑都将面临彻底的革命，那么从立体城市规划的角度和层面考虑，基础设置和施工方案的改变就更不足为奇了，一切皆有可能！

与传统高层建筑的基础施工方案相比，立体生态城市的基础施工方案可能更简单方便。除大楼及裙楼持力的工程桩和部分电梯井的地下工程以外，其他基础工程基本可以取消，如地下室围护、支撑、加固、爆破、拆除及大面积的降水工程、挖土和弃土工程等，这些地下工程不仅施工风险和难度大，工程成本高，还大大延长施工周期，大量的余土处理还污染了周边环境。更由于各地下室基础空间几乎完全独立和封闭，内部自然通风采光又几乎为零，因而其地下室空间的利用价值很低，除安装消防通风设施以后能够停放一定数量的车辆以外，其他功能都不理想，是既不环保又缺乏实际使用价值的地下空间。

显然，在未来立体城市基础施工方案中，大部分地下工程将被取消，由于是在地面上施工，其地下施工产生的风险和不安全因素都将得到有效管控，且施工周期大大缩短，工程成本也大幅降低。更为重要的是这些地面上的基础空间除能满足基础的基本功能和要求以外，还能够获得全方位敞开式自然通风采光，与地面建筑的自然环境完全一致，是一个真正具有城市规划层面和高度的万能空间。

这个万能空间内部可以自由地分隔或分层，它与地面裙楼建筑空间的功能几乎无异甚至有更高价值，而且能够永久性地免除地下渗水和潮湿环境的干扰。除住宅和办公用途以外，其他所有的用途几乎都可以具备，比如市政交通、停车、商业、公共市政服务甚至工业厂房、仓储等。

9. 城市高地设置及雨洪的排除

前面已经讲过，立体城市高地和立体市政交通网需要通过建筑的方式实现，即利用建筑基础空间来设计市政交通系统并营造城市高地。

由于整个城市建筑抬升 30 米左右，因而所有基础板块的顶部区域均高出原地面环境 30 米以上，这些基础顶部相当于现代高层建筑裙房的屋面，更相当于现代城市的地面环境。它是所有城市居民户外休闲活动的主要场所，也是城市地面道路、步行街、景观小品和种植绿化布置的主要场所，但它与原地面的地平线有 30 米以上的高差，因而可称作城市高地。

基础空间板块上的城市高地的地面也是通过空间结构相互连接成一体的，以便于城市地面道路及景观的合理规划和布局。城市高地地面不设机动交通路网，与基础空间中机动类立体交通路网等完全隔离，形成人车分层的布局。各基础板块之间通常间隔几十米的距离，以便于每个基础板块空间四个立面能够自然通风采光。基础板块之间产生的地面可以是河道，也可以是地面交通干线，并组成城市的地面交通路网。

在一些面积较大的基础板块的某些区域还可以采用透光井或下沉式绿化休闲广场等设施，以解决某些基础空间内部通风采光不良及高层建筑消防登高困难的问题。还可以通过这类设施或下沉式广场在基础底板上直接栽种一些植物，以改善基础空间内部的生态景观等。规划区域内城市高地的地面和地形就像烘焙后出炉的面包一样明显高出规划外的原地面和水面，形成能够快速排除城市雨洪的地势。

在未来立体城市中，一般情况下城市内的降雨可以通过城市建筑屋顶及城市高地地面土壤和植物被直接吸收。但在发生洪涝灾害时，光靠屋顶和城市高地地面土壤和植被是不可能快速容纳大量雨水的，因而就需要通过城市高地四周透水挡土墙的自溢或地漏管网设施直接排入城市河道之中。这与青岛老城中利用城市高地就近排入大海的道理是一样的。因此，在这种情况下就完全不必再设置城市市政雨污水排水设施了。

在这里还需要特别说明，城市高地在基础板块的顶部，是基础结构中最上面的部分，距原地面有 30 米以上的高差。因此，除非发生天崩地陷的巨大灾难，否则，最大的洪涝灾害也不可能到达城市高地的高度，更不会影响到比城市高地还要高的人居空间。这也是人类通过改变立体城市基础设置方式实现一次性永久解除城市洪涝灾害的理想方案。

二、城市周边环境的营造

1. 山地环境设置和营造

在现代建筑中，基础埋深一直是最基本的地基处理方式，更是现代高层建筑地基处理的一贯做法。对于将高层建筑基础直接放置在地面上不埋深的做法，许多人认为桩基如果无法到达持力岩层，建筑基础就可能会发生长期的沉降，对建筑的安全构成巨大隐患，基础埋深的目的就是利用基坑周围土体产生的侧压力和基坑底部向上的浮力来保证高层建筑的荷载和稳定。其实，立体生态城市的地基处理与现代高层建筑地基处理的原理仍然是一致的，在立体城市的基础周围堆土填土营造山地环境的目的就是利用这些堆积土体的巨大质量所产生的重力来改变立体城市地基的整体持力状况，并在立体城市的地基周围产生巨大侧压力和挤压力，同时也使立体城市中央的地基产生一定的向上浮力，起到与现代高层建筑基坑相同的持力效果。

立体城市周围山地的土体堆积厚度在 30 米以上，这与立体城市地面高地的高度基本相同，也便于城市周围空气下沉直接进入基础板块之中实现自然对流。在不影响邻近立体城市的情况下，土体堆积宽度、面积和体量可以不限，但须按照山地景观规划要求进行。为营造山体的地势和地形及满足城市景观的需要，山体的地形可以高低起伏，形成丘陵地形，出于城市山体景观和观光需要，局部也可以适度再堆高一些，并产生巨大的质量和重力。与城市外部交通路网的连接部位应尽量与城市内部交通层的高度持平或留出坡道和坡度以便于栈桥衔接和车辆的出入。

同时，为防止建筑出现倾斜、倾覆、滑移和不均匀沉降等状况，特别是为避免在强烈地震时城市基础地面发生错动及位移的情况，所有的城市基础板块均通过结构相互连接成一个整体，再通过周围绕城山体所产生的巨大重力和侧压力的均匀挤压，起到防止城市基础板块整体滑移的效果。整个立体城市的基础板块四平八稳地嵌入周围的山地环境中，仿佛镶嵌在自然山谷中的一块块璀璨的宝石。周边山丘和土丘均通过绿化与城市高地生态景观相互衔接和呼应，使城市生态景观与城市周围的山地生态景观相互衔接成一体。

由此可知，立体城市周围营造的山地环境是与城市基础板块的高地地面设置方式密切相关的，是为立体城市基础专门设置的。而规划配置的土地大部分或全部是城市生活圈中的土地，它们有山地、丘陵，也有峡谷、湿地等景观。因此，对于组团的立体城市来讲，城市周围生活圈范围内的山地环境犹如江南的丘陵地貌，高低起伏，群山环绕，生态环境非常良好。所有立体城市像一颗颗光彩夺目的明珠镶嵌在丘陵地貌之中，在夜色和城市灯光的衬托下，显得格外耀眼和美丽。而物质循环圈和自然环境圈处在城市组团的外围区域，其地形地貌根据当地自然的地理环境而定，不刻意营造。

立体城市周围山地环境的营造还与气候和日照条件有关。在北半球地区，冬季的冷空气是自北向南而来。因而，在城市的北侧区域可规划一定高度的山体屏障以阻挡冷空气的侵袭，而城市东南侧的山地地形则应与城市地面持平或略低一些，形成坐北朝南、南低北高的山地地形，有利于城市整体的日照和升温，在夏季时也便于东南季风贯穿整个基础板块内部的空间，起到消暑纳凉的有益效果。而南半球则相反，在南北回归线的赤道地带可考虑将城市东西两侧的山地地形适度提升以减少西晒或东晒。

另外，在山区或丘陵地带，立体城市可以就近利用自然的山体来营造这种地势和地形；在太平洋、印度洋或大西洋沿岸及岛屿的各个立体城市，应该根据海洋中热带风暴和气旋的大致走向和风向的路线，来规划立体城市周边的山地环境，并可利用人工营造的山地环境作为固体屏障，在一定程度上可消减热带风暴对立体城市的不良影响。当然，在热带气旋和风暴活动频繁的地区，立体城市中的建筑体量要小一些，建筑平均高度控制在100米上下可能更合适些。

2. 基础周围固体垃圾的填埋处理

城市基础板块周围山地的土体来源是固体废弃垃圾和余土，它们由旧城拆迁及乡村建筑拆迁的建筑垃圾、市政道路垃圾、工业固体垃圾等组成，经过破碎、粉碎、筛选、整理、分类及无害化处理等工艺流程后，按照规划要求集中堆放到城市基础的周围，通过土方机械的层层堆积、层层碾压等措施，达到设计规定的填埋高度。

对于固体垃圾的填埋，由于固体垃圾堆放填埋在城市周边，并作为永久性的堆积之物，这些固体垃圾必须经过专业机构和现场人员的严格检查和检验，在确定达到无害化标准的前提下才可以堆积和填埋，以防造成二次永久性污染。其堆积剖面呈梯形，堆积高度约30米（具体堆积高度主要根据城市周边固体废弃物实际需要及处理的量来确定和调整），与城市高地地形相衔接，堆积和碾压必须密实，达到规定的要求。顶部必须用2米以上的自然土覆盖，四周边坡呈梯田状阶梯式堆积和填埋，并用自然土护坡覆盖。所有堆积的固体垃圾都必须按要求设置监测点，并进行长期观察和监测，以防止发生污染事件。对于不符合无害化标准但符合填埋要求的固体垃圾，应另择异地并远离城市填埋解决。对不符合填埋要求的固体垃圾，必须按国家规范的规定进行严格处理或回收利用。

固体垃圾的回收和填埋处理是永久性解决当前城市及乡村被垃圾围困问题的最佳方案之一，但这个方案本身也存在二次污染的风险。因此，政府部门应该尽快制定相关的固体垃圾回收和填埋的严格标准，专业检验机构应该以高度的责任心和严谨的工作态度把好检验关，并做好后续的观察、监测和评估工作。

3. 城市水系

首先是中央水系。它们紧贴在立体城市的周围。如果是由多个立体城市组团而成，那么可以将中央水系设置在这些城市的中心位置，形成中心湖泊，周围由多个立体城市环绕一体，并在组团城市的周围再形成一个连接中心湖泊的水系网；如果是由多个组团组成的大城市，则可以设置多个中心湖泊和水系并相互连接成一体，或在各组团城市之间设置更大面积的中心湖泊等湖面景观，所有立体城市则犹如意大利的威尼斯水城一样置身在碧波荡漾的水面上（见图 5－2 和图 5－3）。

其次是立体城市周围的河流、溪流等。它们的水系最终都汇入中心湖泊之中，与中心湖泊水系紧密地联系在一起成为一个整体。如果湿地环境的水平面比中心湖泊水面高，则可以储留部分的水量，盈余的水同样也会流入中心湖泊之中。湿地环境是中央水系的有机补充，在干旱或雨洪季节能起到蓄洪和调节的巨大作用，同时也是立体城市水循环之中最重要的组成部分。

水系统是所有立体城市都必须规划的内容，如果立体城市规划在雨水丰沛的地区或大江大河边，那么这些城市水系和水环境规划是很容易实现的。但如果在一些干旱或沙漠地区，要实现上述城市水系和水环境规划就有一定的难度了。因而在做好节约用水和合理用水并实现水循环利用的同时，可以考虑通过异地远距离调水或海水淡化等辅助措施解决好城市水源和城市水系规划。

第六章
立体城市的防震

现代高层建筑的防震技术已经基本成熟，这些技术都可以应用在未来的高层绿色建筑中，在此不再进行叙述。但由于立体城市高度聚集并将城市建筑与城市公共市政交通合成一体，因而立体城市建筑防震与目前的城市建筑防震有很大的区别。

第一节　防震带设置

一、地下防震带及阻尼器

地下防震带及阻尼器的用途主要是在立体城市四周的人工河道及基础板块之间呈方格或“井”字形布置在河道内设置一道或多道封闭式地下防震带，通过防震带中的阻尼器来阻断和削减地震波特别是面波的传播途径和传播能量。具体方案是：在河道中采用成槽机挖掘的方式，产生类似地下连续墙式沟槽，沟槽宽度、大小和深浅根据当地地质状况和防震设计要求而定，然后在沟槽中放置与之大小匹配的桁架，桁架通常采用高强度耐腐蚀的金属材质制作，在每个金属桁架方框中安装防震阻尼器。防震阻尼器要求坚固耐用，寿命要长于立体城市的设计寿命，其外形特征通常制作成独立单位的封闭式正方体或长方体，为便于对非正面方向的水平地震波也有较好的防震接收效果，阻尼器端面正对防震方向，防震面应该呈外凸的面包形，也可与话筒端面的形状接近，表面还可做凹凸处理以增加接收效果。所有的阻尼器端面应当犹如计算机键盘一块块按键整齐排列，水平镶嵌在金属桁架方框中分别安装固定。整个桁架以机械吊装的方式垂直矗立在沟槽之中，埋置并两侧固定，使每个阻尼器的防震受力面与地震波的传播方向相对。相邻金属桁架之间通过企口或铰链等装置相互连接成一体，排列成行的防震阻尼器构成类似地下连续墙式的结构。

在保障所有阻尼器的寿命足够长的前提下，所有金属桁架还可采用混凝土浇筑一体，其固化后的强度也足以符合设计的抗震等级要求。

城市外围河道中的地下防震带主要用于防止外部单向地震波的传入，而城市内部河道中的地下防震带主要用于防止已进入城市内部的双向地震波的传播。这种地震波在任意方向都可能发生，因此必须具有双向阻尼的作用。城市外部河道中的地下防震带要求单向单面对外防震阻尼，城市内部河道中“井”字形分布的地下防震带要求双向双面防震阻尼。内外河道中的地下防震带可以根据当地地质状况和实际防震要求调整埋置深浅和沟槽大小，所有的地下防震带可相互连接成网状，将城市地面以下所有需要保护部分的各地下地基基础等设施全部封闭围合在地下防震带的网状结构内，防震带顶部用可灵活安装的格栅式金属或复合材料的顶盖封闭。地震发生时，无论是纵波、横波和面波，城市地下防震带都可以直接削减和吸收四周任意方向的地震能量，大大降低对立体城市和建筑的危害及破坏。

地下防震带的设置对现代城市和建筑的防震意义不大，因为现代城市容积率太低，城市面积太大，需防护的面积太大，距离过长，超出其防护能力，因而其防护效果和作用也将大打折扣甚至失效，大部分情况是得不偿失的。而立体生态城市则完全不同，由于城市容积率成数量级提高，城市建筑高度集中和浓缩，加上立体城市规划通常经过科学选址，地质状况良好，面积通常也大致按照 1 平方公里的范围来规划建设，因而规划建设地下防震带的效果和经济性都能实现最大化。这对未来立体城市和高层建筑的抗震防震都具有革命性意义，它能大大削减地震波对城市和建筑的损害。特别是对延长建筑的使用寿命和基础空间及内部公共市政交通设施的使用寿命，保障建筑结构的安全及全面提升城市的抗灾防灾能力都具有重大意义。

地下防震带可安装在立体城市周边绕城水域的河道中央，也可放坡挖深渠环绕城市一周，在深渠中再安装防震带或防震填充物，形成水下绕城防震带。具体深度可根据土质和抗震要求确定。防震带中的阻尼器单向对外安装即可，这在一定程度上能够阻断或减弱地震面波对立体城市的侵袭，减少地震的危害。但水下防震带设置不能影响河道中船只的正常通行和人员的安全，因而埋置深度必须在水面 3 米以下，再铺上沙石与河道底层高度衔接即可。

原则上，立体城市周边可设一两道防震带，一道紧贴在立体城市外围的河道中，另一道设置在立体城市周边绕城水域的河道中。各地可根据地质情况和抗震要求灵活设置。

二、地下防震孔

除通过机械成槽机成槽组成地下连续墙式的防震带以外，还可以采用钻孔桩钻孔的方式组成地下防震带。所有的钻孔整齐、紧密地排列在一起，在钻孔中安放高强度金属支架，并可通过铰链与邻近支架相互连接，通过这些金属支架填装防震阻尼器，直到符合规定的要求为止。钻孔桩成孔时还可以通过大型钻机多钻一起成孔，以加快成孔速度。

通过钻孔桩打孔的方式成孔深度较深，防震效果也相对较好，但成孔时孔壁容易发生坍塌，护壁难度较大。

除此之外，在防震抗震要求相对较低的地区，也可以在城市内外河道中采用机械钻井成孔或人工挖井成孔的方式排列布置防震阻尼器，成孔孔径大小和深度根据当地地质状况和抗震要求而定，成孔通常间隔 1～2 孔的距离，以避免成孔的塌陷影响施工安全，成孔后放入金属骨架和防震阻尼器即可。也可以采用柔性或弹性发泡材料或插入橡胶、塑料等管材填孔，在保护成孔的同时达到地震时及时吸收和阻尼地震波传播能量的目的，前后道防震带的成孔应交叉错位布置和排列，以阻断地震波通过成孔间隔传播的途径，填孔后顶部再安装格刷式井盖封闭即可。

第二节　基础防震

一、基础侧立面防震墙及防震底板

这种防震措施是将上述立方体形地下防震阻尼器直接固定和贴敷在地面以下基础外墙的四个外立面上组成防震墙，或与基础底板浇筑一体的金属骨架上组成防震底板。在实际施工时，防震阻尼器像计算器机器键盘一样紧密、整齐地排列固定在金属骨架上，并直接作为地下基础外墙的外模或基础底板的底模。金属骨架的其余部分直接进入基础外墙或基础底板的钢筋焊接固定并一起浇筑成一体，防震阻尼器背面对着基础外墙或底板，正面对着地震波的传播方向。在地震发生时，地震波的传播能量直接作用在地下基础外墙及底板的防震阻尼器上，通过防震阻尼器直接阻止和消解地震波对地下基础的地震危害，切实保障建筑结构的安全。

在所述立体城市和建筑基础的三种防震阻尼方案中，前两种方案在防震阻尼器失效的情况下均可以打开地面上的封盖，取出损坏部分的阻尼器及时更换即可。而建筑基础侧立面的阻尼器在基础上部区域预留孔槽的情况下也可以更换，而基础底板的地下部分的阻尼器由于完全被封闭在建筑和城市基础底板的下面而无法更换，如果阻尼器的寿命能够保证与建筑和城市基础相同或更长，这种防震阻尼方案的效果可能更佳。

上述三种防震阻尼方案可以根据各地区的地质状况和防震要求选择其中的一种，也可以选择两种或两种以上的防震阻尼方案组合使用。除此之外，最要紧的是立体城市的选址应避开地质断层带和地震活跃区域，否则再先进的防震措施也无法阻止自然灾害的侵袭。

同时，立体城市的建筑和基础设施的抗震设防烈度应按照两百年以上甚至更高的标准设置，以保障城市和建筑的安全。

另外，还可以采用将地基与建筑基础板块完全隔离的措施，在地基与基础底板之间增加隔离层和隔离材料，隔离材料也可以选用上述阻尼器直接安装在基础底板下面浇筑一体固定。在地震发生时，地基产生水平移动而建筑基础板块由于惯性作用而不发生移动；在地基产生上下震动时，基础底板下的隔离材料或阻尼器能起到缓冲和吸收的作用。当然，采用这种防震方案对立体城市中的各基础板块的整体性要求比较高，否则会对城市市政管网和交通路网系统产生不良影响。

二、防震地梁和地渠

为了增强城市基础底板的强度及阻止各基础底板之间由于地震产生位移引起的错动，并保障整个立体城市基础底板的整体性，通常可在基础底板下采用以下增强方案。

1. 防震地梁

防震地梁设置在城市基础板块的下面，与基础板块结合并浇筑一体。地梁是根据城市基础板块的防震要求和总体规划的布局设置的，地梁按照一定截面和间隔距离呈“田”字形或“井”字形纵横布置，将所有的城市基础板块连接成一个坚固的整体。其主要作用是提高城市基础底板之间整体的防震性，防止城市基础板块在地震发生时产生滑移、碰撞和错位等，特别是防止基础板块之间的起拱和分离现象，使整个城市基础板块连接成为一个牢固的整体并从规划层面提高基础板块的整体强度和抗震性能。

虽然地梁能极大地提高城市基础板块的强度和整体性，但每根地梁的左右两个侧面始终还要面对水平方向的地震波的袭击，因而基础板块的地梁还必须采取措施消除或减少水平地震波的损害，以保障城市基础和建筑的安全。

具体措施如下：

(1) 在地梁左右两个侧面设置水平方向的蜂窝结构，在蜂窝孔洞中安装固定防震阻尼器，阻尼器的形状与孔洞一致，或方或圆，左右防震端面也呈面包形状，阻尼器的长度超出基础地梁截面宽度1～2倍，两端均穿出蜂窝孔洞，所有阻尼器的长度一致，端面安装排列整齐，形成防震面即可。还可以通过金属板将所有阻尼器的端面相互固定连接组成左右两侧整体的防震面，四面封闭，内部形成可压缩和回弹的空腔，通过机械装置或液压阻尼的方式消除两侧水平方向的地震波的能量。

(2) 在地梁的两个侧面设置水平方向的蜂窝孔洞，尽量减少地梁两个侧面水平方向的表面积，使大部分水平方向的地震波能顺利通过地梁的孔洞并吸收能量，从而减少水平地震波对地梁的冲击。

(3) 地梁截面尽量采用方形或倒梯形，以便于抵抗水平方向地震波的能量冲击。地梁底面也可采用蜂窝结构以减少地震的损害。

由于防震地梁的设置与前面叙述的立体城市内部基础板块之间“井”字形的地下防震带的设置类同，所述效果也基本相同，只是设置位置和深度有所不同，因而立体城市内部的地下防震带可以酌情取消。

2. 防震地渠

虽然防震地梁能够在一定程度上减少地震对基础的损害和影响，但在基础板块之间的薄弱区域其防震地梁强度不足的毛病就会暴露出来，其地梁强度可能不足以应付一些地震强度较大和地震较频繁的地区所引起的基础板块的位移和错动。因此设置防震地渠，通过增加其地下横截面的方式增强其防震能力是一个更合理的选择。

防震地渠的横截面是一个四边形的中空构造，与地下沟渠的横截面构造基本类似，与基础底板结合一体，能极大地增强基础底板的强度，特别是在防止基础底板之间的错动上有较好的效果。

防震地渠的两个侧立面仍可安装键盘式单向防震阻尼器。

城市基础板块下的防震地梁和防震地渠可以单独设置，也可以同时设置。

在立体城市的规划层面，主体建筑地下室本身也可以作为防震地渠而相互连接为一体(见图7-2)。

三、设防等级的整体提高

立体城市和建筑防震相对于同地区现代建筑，应提高抗震设防烈度。比如，某地区的房屋抗震设防烈度等级为6度，那么在绿色建筑中就提高到7度；某些地区房屋抗震设防烈度为7度，那么在绿色建筑中就提高到8度，城市基础设施的抗震烈度设防也以此类推。

但必须注意，立体城市的建筑和城市基础的设防标准和要求可能还需要重新制定和修改，不能按照原来的建筑设防标准和要求执行，要做到“小震无恙，中震不坏，大震可修”的程度。所谓的“大震可修”是指地震时，强度大到接近或达到建筑和城市基础的实际设防烈度，所有建筑和城市基础设施均可以整体修复，立体城市的基础设施和城市内的建筑都不允许发生倒塌的情况。这与目前大震不倒时实际地震烈度超出建筑设防烈度1～1.5度的要求完全不同，绿色建筑和立体城市的地震设防烈度必须按照当地有记录以来的最高地震级别为依据，并再相应提高1～1.5度的设防烈度。另外，立体城市的选址要合理谨慎，必须避开地震断层和地震频发的区域，特别是对于曾经发生6级以上大地震的地区，其居住的居民原则上都应采取移民措施，永久性地避开这些地震频发区域，新建立体城市的抗震设防标准应高于该地区有史以来记录的最高地震烈度。

因此，立体城市的基础和建筑设防烈度要比目前城市和建筑设防烈度要求高得多。设防烈度的提高不仅能够大大增强立体城市基础和建筑的抗震性能，也能够大大延长它们的整体使用寿命，更符合立体城市长远规划及可持续发展的战略要求。

第三节　双保险设防

现代城市建筑主要是通过建筑的防震设防来抵御地震，但并没有城市规划层面的防震带设防。这主要是由于城市摊大饼式扩张模式使城市面积扩大，城市交通和市政管网的距离变长，使城市规划层面的地震设防变得非常困难，建设成本也非常高昂，因而即使设置城市防震带也会形同虚设，不会产生城市规划层面的防震效果。

而在未来的立体城市中，由于人口和建筑的高度集中，且交通市政设施设置在城市建筑的基础空间之中并合为一体，因而建筑层面的地震设防就等于城市交通和市政设施的地震设防，城市交通和市政设施的地震设防成本就完全由建筑承担；而城市防震带是城市规划层面的防震设防，可以将整个立体城市保护起来，在城市内部还可以通过网格模式设置防震带，以进一步增强城市整体的防震能力。

因此，建筑的地震设防与立体城市规划层面的地下防震带设防是两个相互独立的部分，并且各自按照地震设防要求和标准分开设置。因而，它们就像两道双保险一样共同守护着未来立体生态城市和建筑的安全。

第七章
立体城市内部市政交通规划

公共市政设施与立体交通网是立体城市规划的核心，也是实现立体城市功能的关键。特别是立体三维交通网，更是整个立体城市规划的重中之重。

第一节　城市功能分析

立体城市的主要功能是解决城市居民的生产和生活问题，以居住功能为主，兼顾商业、公共服务和其他产业的可持续发展。因此，住宅面积所占的份额最大，一般达到五至六成，其余空间用于商业配套和公共医疗、教育及服务性行业等，如图 7－1 所示。其中，基础空间中的城市公共服务层，可以设置公共市政设施、商业配套服务设施和城市综合类大型公共休闲活动空间（如广场、健身房、影剧院等），部分也可用于产业发展所需的厂房、仓储、物流等。

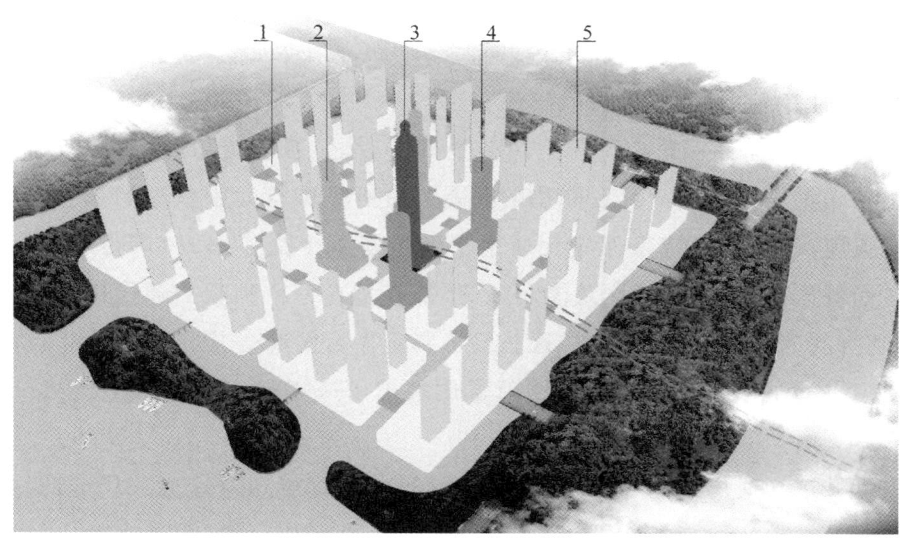

1—基础板块及空间；2—医疗和教育机构；3—酒店；4—写字楼；5—住宅楼

图 7－1　立体生态城市与建筑的功能分析

在立体城市各基础板块中的所有主体建筑的内部空间，由于与上部建筑户型和结构相关联，因而内部空间的自然通风采光会差一些，但却是私人储物的最佳部位，这些空间均可以作为上层居民的储物空间分配给各层用户使用。

在立体生态城市的所有功能中，最为显著的是建筑外立面上的空中土地和庭院功能。它使整个城市及建筑都被绿色植物覆盖，不仅美化了整个城市的景观面貌，改善了城市生态环境，也极大地提升了人们的生活和居住品质。同时，城市立体交通网和完善的公共市政设施也提供了最快捷方便的服务和功能。

第二节　城市内部市政交通分析

一、城市内部立体交通组织

交通市政设施是城市的大动脉，是维持城市良性运行的关键，但也是困扰现代城市的最大难题。由于经济的发展和人们生活水平的提高，汽车逐渐普及并进入居民家庭生活，城市车辆的拥堵问题逐渐显现，大城市的交通堵塞现象已非常普遍，空气污染也越来越严重。

因此，未来立体城市的市政交通模式就显得十分关键，特别是立体城市的城市容积率远比现代城市平均容积率高，单位平方公里的人口密度也高出 10 倍以上，远远超出目前世界上密度最高的城市。若以传统的平面二维交通网进行规划建设已经完全不能满足要求，必须采用立体三维的交通网进行规划建设。所以，在立体城市中，城市市政交通是通过城市基础空间的整体规划建设来解决的。特别是城市交通路网规划，城市基础空间中必须按照双层立体交通来设置。

双层立体交通是一个基本配置，在双层立体交通和停车无法满足的情况下，城市管理部门还可以根据实际情况在交通层的剩余空间高度中再开辟出夹层，从而转变成上中下三层或四层立体交通模式，所有上中下交通路网均通过坡道连接成一体。

整个城市内部交通路网基本上呈方格子井字形布局，除交通干线和环线以外，路网两侧以大型停车场为主，主要用来满足城市居民停车或购物的需要。所有基础空间中步行的垂直交通主要是通过内部电梯、楼梯或坡道连接来解决，城市外界交通主要通过若干个交通出入口衔接解决。所有的城市内部机动交通路网，如城市交通干线、环线及停车场等，都安排在一个独立交通层中。机动交通干线原则上可以选择在基础空间的任意一层中解决，这一层主要是作为机动交通层和停车层来规划设置。

另外，交通层中机动车辆的上下交通问题除了用坡道解决以外，还可以通过垂直电梯的升降途径来解决。

当然，也可以将城市交通层中的夹层一次性建设到位，直接规划设计成三层或四层，每层高度5～6米，上下交通路网通过坡道相互连接成一体，一次性规划建设到位。因此，未来的立体城市交通网可以将原地面一层的交通路网变成二层、三层、四层甚至更多层的立体交通路网。如图 7－2 所示，立体城市基础由上下两个交通层和一个公共服务层组成，上一个交通层的中间有一个空中走廊，可供行人和自行车通行，下一个交通层的中间有一个高架交通路网，上下交通层通过高架路网和上下坡道相互连接形成立体交通路网，两个交通层内均开辟了大量立体停车库，可停放大量的私人汽车，最底层为公共服务层，有商业服务或其他公共市政服务设施等。

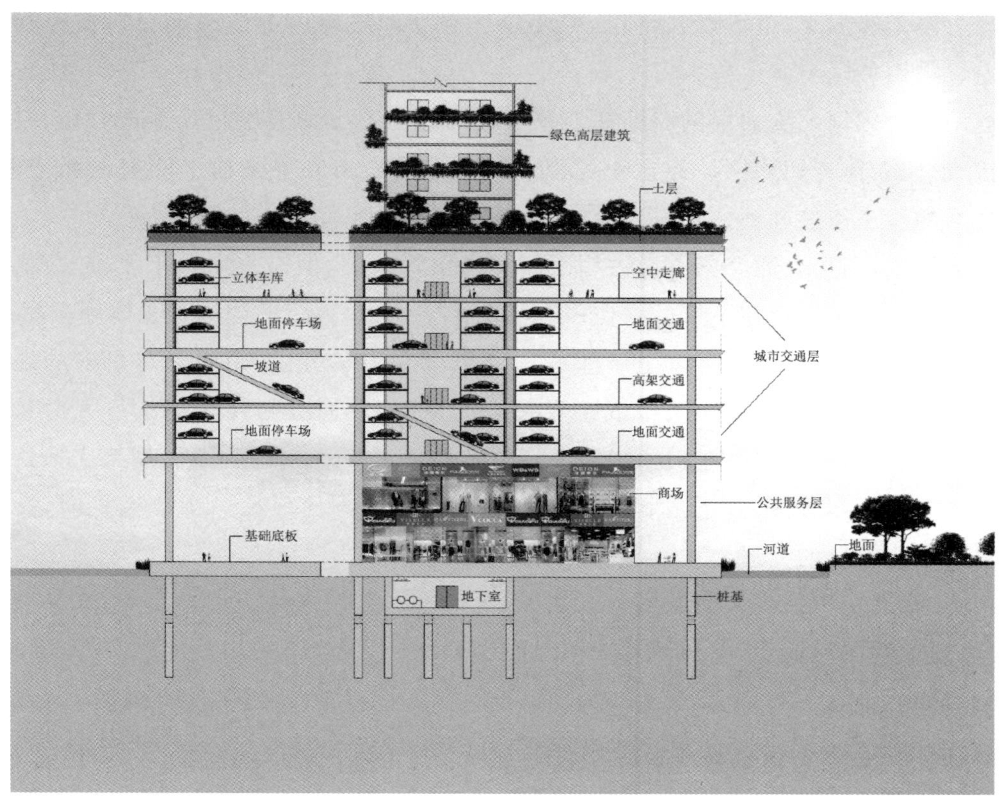

图 7－2　立体城市基础

未来城市交通大致可以分为步行交通和机动交通两部分。步行交通分室内和室外，在基础顶层地面（指城市高地地面），主要是作为城市居民户外步行锻炼和休闲及城市内部短途步行的场所。最下面一层是公共市政服务层，内设步行街，是室内交通，作为步行通道（包括城市高地上的地面步行交通在雨天的情况下也可以转移到下层步行街中）。上面两层是双层立体机动交通层和立体停车层，城市所有机动交通主要设置在双层立体交通层中。同时，在机动交通层中，通过机动交通干线上的人行道及人行天桥或过道等设置，也可以形成室内步行交通路网和通道。

在交通层中，还可以设高架交通路网，通过交通层的高架交通路网以提高城市内部车辆的行驶速度和交通效率。

未来城市机动交通与城市地面步行交通之间的分界是通过分层方式实现的，同时，机动交通本身也可以通过夹层或高架交通的方式解决十字交叉路口所带来的交通堵塞问题。双层立体交通是普通立体城市的最基本交通模式，如果在城市中央商务区或繁华商业区域，在双层立体交通及夹层仍不能满足的情况下，可以再通过设夹层和增加交通路网的方式分担城市繁华区域的机动交通压力。

二、高架交通网与人行道和自行车道

1. 高架交通路网

如图 7－2 所示，高架交通通常设置在交通层的下层夹层位置，但只设机动交通路网和上下坡道，不能在高架交通上停车和泊车，也不设人行道，主要是作为立体城市内部的机动交通快速到达各基础板块的上下交通层之用。

高架交通的交通规划与交通层的路网规划基本相同并与上下交通层相互连成一体，它们通过上下坡道实现连接，形成立体交通路网。通过交通出入口与立体城市外界交通干线直接相连通，能够实现与外界机动交通的快速连接和到达，并提高城市内部的交通效率。

在下层交通层中，高架交通路网不必占用下层交通层的地面，但需占用其上半部空间。因此，高架交通的道路干线可以说是穿行在下层的立体停车场的半空之中，道路两侧均为立体停车库。

在各上下交通层中，由于人员需要上下车并需要停车和泊车就位，因而它与目前的地下停车场的功能和用途基本一致，人与车在交通层中混杂在一起的情况是必然的，停车场的行人过马路时需走斑马线。但在高架交通的路网规划中，由于没有人行道和停车、泊车的功能，因而高架交通路网与上下交通层之间就可以实现人车分离，并形成相对快速的交通路网。即使只有一个交通层时，高架交通网也能够极大地提高该交通层的交通效率。

通常情况下，交通层中设高架交通就不设夹层，设夹层就不设高架交通。当然，如果交通层的空间高度足够，也可以二者同时设置，但要视具体情况而定。

2. 人行道和自行车道

在交通层空间中，除了可以设置高架交通路网以外，还可以在交通层的上部空间中设置室内人行道和自行车专用通道，使人车分层更加合理和方便。所述人行道及自行车专用通道与城市高地连通，除设有上下坡道和楼梯以外，也与住宅楼中的垂直电梯相连接，因而自行车与人也可以通过电梯直接上下到达需要的位置。在人流相对集中的商业中心区域，人行道中还可以设置长距离运输的水平扶梯，以缩短行人的水平交通距离。人行道和自行车专用通道最好设置在上层的交通层中，不与下层交通层中的高架交通路网争夺空间。

在交通层空间充裕的情况下，人行道和自行车专用通道还可以再分层，使行人与行驶的自行车完全分开，自行车道在十字交叉路口可以设置转盘路面，使得任何方向的自行车均能顺利实现正常行驶。

3. 基础中的垂直交通设施

高架交通的坡道是连接上下交通层中交通路网的专用通道。除这些上下坡道以外，机动车辆还可以通过在局部合适位置设置大电梯的方式解决机动车辆的垂直上下及与交通层或高架交通的所有连接问题。因此，无论是人行道、自行车道还是机动车道，规划中的立体交通网均包括垂直上下的电梯设施。

原则上，高架交通路网均处在交通层的交通路网正上方。所有交通层、夹层和高架交通路网均处在同一个垂直立面之中，这主要是为了便于立体交通路网规划的实施和交通效率的提高。

三、交通层内部的城市机动交通路网规划和停车规划

立体城市内部交通层主要有两个规划。一是道路交通规则，即城市机动交通的路网规划，是立体城市内部的立体交通规划；二是立体停车规划，即停车和泊车规划，与目前城市商业中心的大型地下停车场或大型立体车库的情况基本类似。如图 7－3 所示为交通层的交通路网及停车规划图，图中所有的基础板块是通过交通路网连接在一起的，所有停车场也都设置在基础板块之中。

1. 道路交通规划

道路交通必须贯穿各基础板块并形成整体规划层面的城市路网，通常呈“田”字形，如图 7－3 所示。立体交通路网由内环线和外环线构成，内环线主要在城市商业中心区域，外环线主要在城市的居住区域，内环线与外环线之间通过纵横方向路网的延伸相互连接成一个整体，并通过出入口与城市外部交通直接连接，组成城市内部交通层的交通路网。路网规划应尽量避开主体建筑，避免在主体建筑中穿行，当然在无法避免的情况下也只能对主体建筑结构进行适当调整和处理。在各基础板块的交通层中，除交通路网和主体建筑的结构以外，其余部位均为停车场面积和立体停车空间。上下交通层的交通路网是通过上下坡道相互连接组成立体交通路网的。

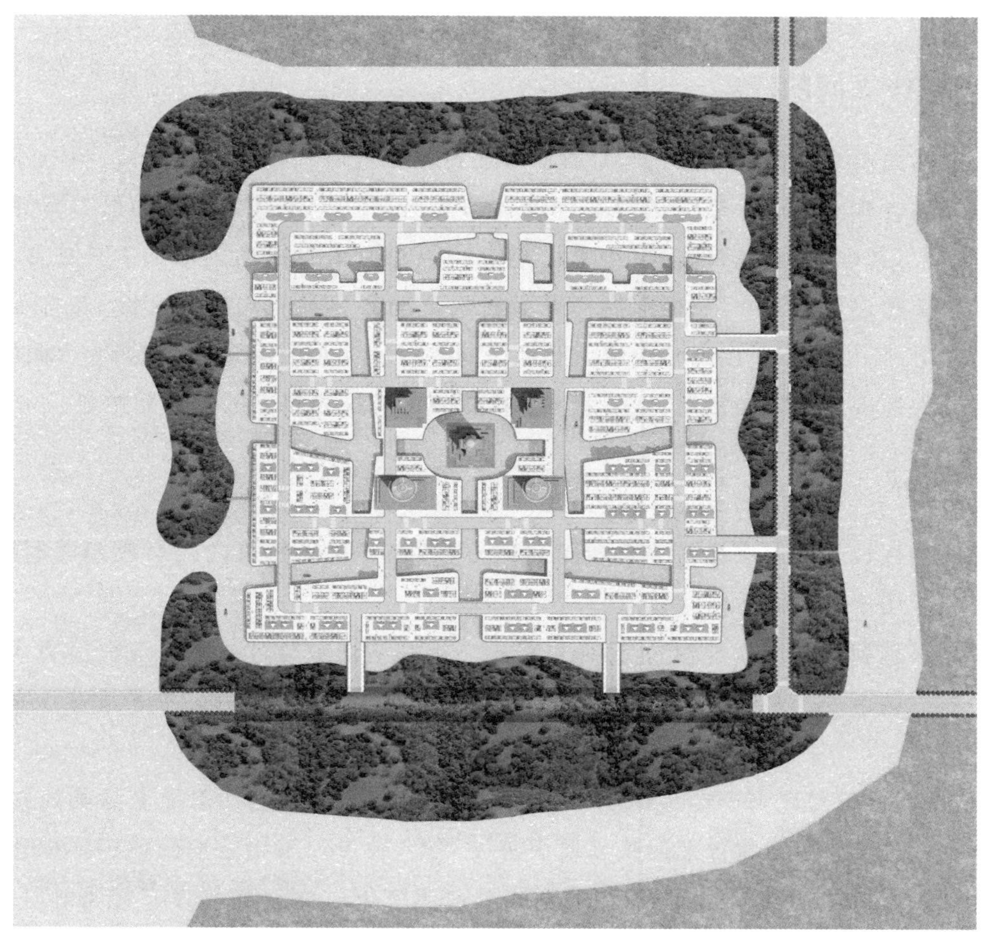

图 7－3　交通层的交通路网及停车规划

2. 立体停车规划

立体停车规划主要是在规划的停车区域内设置立体停车库，立体停车库的排列必须整齐有序，这有利于基础板块内部的自然通风采光，并留出足够的空间方便车辆通行及作为停车、泊车的通道和出入口。立体停车库可分为多层，层数是根据交通层的层高而定的，高度越高，层数越多，可停车数量就越多。

此外，在主体建筑旁边或停车场死角等部位，在不影响交通层的通风采光及停车、泊车的情况下，还可以设置一些公共储物间、私人储物柜及自行车和电动车的停车库等，以方便居民的生活，也便于交通层空间的合理组织和利用。同时，在基础部分的主体建筑内部各单元的楼层空间最好相互连通，方便人员出入。

在整个交通层中，由于人员需要上下车及停车和泊车，与目前的地下停车场的功能和用途基本一致，人与车在交通层中混杂在一起的情况也是必然的。因而在交通层中车辆的行驶速度必须控制在每小时 20 公里以下的低速范围，在斑马线区域还可铺设限速橡胶垫以限制车辆的行驶速度。

在所有基础板块的交通层外围设置一圈宽 2～3 米的绿化带，以作围护和环境美化之用。

所有夹层的交通路网和停车规划也与交通层基本相同，同时所有的城市交通层和夹层均可以通过出入口与城市外的交通路网直接连接。

四、基础板块之间的连廊

立体城市交通路网规划使所有独立的基础板块通过空中连廊结构相互连接成一体，所有机动车辆和人员均可以通过连廊的车道及通道进行各种形式的交通。由于各基础板块的材料有热胀冷缩的效应，因而连廊结构与基础板块的结构应相互脱开，连廊结构的荷载最好由下面的立柱独立支撑，与交通路网之间宜采用柔性连接的方式，使得连廊与基础板块之间各自具有相对独立性，并有一定的伸缩性和调节余量。同时，也可以防止连廊结构由于意外垮塌等原因而损害基础板块结构。即使基础板块之间由于地震或其他原因产生轻微错动，连廊结构也能保持立体交通路网的连接和畅通。

五、水城模式

所有基础空间板块外均形成相互垂直或退台式立面，在各基础板块之间形成四面通道，通道的地面高度大致可以采用三种不同的方式设置。

一是与中央水系湖底平均高度相同，因而可将中央水系的湖水通过人工河道直接引入立体生态城市的通道之中形成城市河道水系，犹如威尼斯水城的模式，城市河道与中央水系连成一体，如图 7－4 所示。

因而，水城模式可以与规划中的组团城市的水系相连接，同时也包括水上交通的连接。城市河道两岸的地面基础板块可直接设置停船码头以便于游船靠岸，并可以采用坡地或梯田式绿化与城市高地上的地面绿化连接成一体，基础空间外墙做垂直或退台式绿化。整个城市的水城规划形成之后，城市高地地面可行走观光，基础空间可用于市政交通和商业休闲，河道水面可用作水上交通进行行舟游览，这一功能布局别具水城风味。水城内的湖水深度通常控制在1～1.3米，以保障市民的人身安全。雨水季节在城市与中央水系之间可设水闸和船闸等隔离设施以控制水城内部的水位，超出1.3米水深的区域应有明显标识并设置安全救护设施，城市各水域应明确标识水深情况及舟船行驶路线等。

图7-4　水上交通与基础板块之间的交通局部

二是各基础板块之间的通道地面高于中央水系的水面高度，通道地面可直接按照城市地面交通干线设置，可以通行各种机动车辆等，基础空间的第一、二层可作为交通层，上面的公共服务层功能不变。

三是将前面两种通道设置方案结合在一起，下面设水面交通层，水面上再设机动高架道路与基础空间中的城市交通网相连接，交通层设在中上部。

水城模式不仅适合普通立体生态城市，也适合商业中心城市的规划。在未来的立体生态城市中，城市地面已不再是传统意义上的地面概念了。

六、立体城市的交通效率和慢节奏的生活

在当前的城市交通模式中，城市交通基本上是一种平面交通模式，按照平面十字形布置，相互交叉的交通干线必须在路口设置红绿灯，人与车混杂在一起，人的步行速度每小时只有几公里，车辆的行驶速度可达每小时几十甚至上百公里，这种交通模式是无法融合在一起的。它只适合在汽车还没有普及和车辆被迫降低车速的情况下运行，不适合汽车全面进入家庭的时代和车辆高速行驶的情况，否则极容易产生车辆拥堵和人车碰撞等交通事故的发生。虽然我们常常采用拓宽马路、增加停车位及加强交通管制等措施，甚至投入巨资建造城市立交、高架、环线和地铁来局部增加城市空间维度，以此缓解交通压力，就像是对一个得了心脑血管疾病的病人采用心脏搭桥手术一样，但这种措施只能缓解某一部位的交通拥堵，并不能彻底解决整个城市的交通问题。因为，毕竟不是真正全方位的立体三维交通模式，与高容积率的立体城市交通模式脱节，更由于城市摊大饼式扩大效应及城市

功能和结构不合理等综合因素而效果不佳，使现代城市交通形成快速不快、慢速更慢、快慢紊乱的局面。

未来高层绿色建筑的出现，使城市规划建设向立体三维拓展，每平方公里人口居住更加密集，交通流量更大，因而传统的平面二维交通网并不适合未来城市发展的需要，立体三维智能交通模式便应运而生。在未来的立体生态城市中，城市内部交通主要是通过步行或骑自行车解决，交通半径在500～700米之间，交通距离通常不超过1公里，时间在10分钟以内；城市外部交通出行主要通过立体轨道交通、城市快速公交或自驾出行解决，时间在1小时以内；长途则通过城市高铁、城际列车、快速长途公交、飞机等解决；城市物流通过地面快速交通、环线、绕城交通及错峰限行等方式解决。

必须注意，相对于现代城市来讲，未来立体城市内部的交通基本上是一种慢节奏交通模式，机动车辆的平均车速在城市交通层中应该与自行车的速度相当，这大大低于现代城市机动交通的平均速度，但不要凭此就以为立体生态城市的交通效率低下、车辆拥堵，其实情况恰恰相反。由于立体城市的容积率是现代城市的10倍，相对于现代城市而言其城市面积和距离也同样可以大大缩减。比如，在立体城市中行驶1公里相当于在现代城市中行驶3公里以上的路程，这对降低车辆的油耗和全社会碳排放量有非常重大的意义。同时，由于城市交通层中的车辆行驶速度处于低速状态，车辆发生交通事故的频率和可能性大大降低，次要部位的十字路口基本可以取消红绿灯管制，这对城市车辆行驶的安全和交通管理都大有好处，也能够极大地提高城市基础板块中交通层结构的安全性。另外，由于有双层或三层的立体交通及人车分层隔离的措施，所以每一层的交通状况和交通速度也是可以相应调节的。例如，交通层车速限制在每小时20公里以内，而在高架交通或环线中可适当提高到每小时30～50公里。

立体城市的步行交通效率也与上述机动交通相同，在立体城市中步行1公里相当于在现代城市中步行3公里以上的距离，其步行交通效率大大提高。因此，城市内部的交通通常可以通过步行完成，这种交通出行方式将大大抑制人们使用机动车辆出行的欲望和冲动，使得城市交通拥堵现象大大减缓，也减少了交通能源的消耗，对缓解未来城市交通压力和实现国家能源安全战略具有非常重要的意义。

此外，在立体生态城市高地的地面人行道或基础公共服务层的步行街中，还可以设置小型观光游览服务车，在城市内部道路及绕城环线低速运行，招手即停，上下方便，既能保障居民的出行方便和城市治安，又可满足城市内部短途交通需要并及时提供无障碍便民服务。

第三节　停车泊位与未来新能源汽车规划

一、汽车的未来

近一百年前，汽车逐渐进入家庭，它给人们带来方便快捷的同时，也带来了巨大的城市污染和交通拥堵以及停车难的问题。其中，汽车尾气是造成城市雾霾的重要原因，而城市噪声，以及大量的交通事故等也像噩梦一般缠绕着人们的神经。另外，汽车的能源消耗更是不容忽视，能源危机像一把高悬在人类头顶上的利剑，随时都有可能对以石化能源为动力的机动类交通工具造成巨大的伤害。因此，在未来的交通工具中，私家车是去还是留，就成为城市规划建设中的一件头等大事。因为这关系到未来城市的立体交通组织、交通路网及车辆停车场的规划建设，更关系到整个城市未来的可持续发展。

汽车进入家庭这一时代风潮带来的是一种什么样的生活呢？这种生活的影响有多大，持续时间有多长？这是城市规划者必须深谋远虑的大事。从欧美等国和我国的大部分居民的家庭用车情况可以发现，汽车带来的不仅仅只是生活上的方便快捷。从人类的生活需要出发，住宅是一个固定不动的私密空间，而汽车则是一个流动的私密空间，它带给人们的是一种有别于家庭空间的第二个生活空间。这个空间可以随着人的需要而随时移动，非常方便快捷，它改变了人类的生活习惯，更代表着一种高效的生活方式，流动的汽车空间与固定不动的住宅空间形成了一种互补关系。从某种意义上来讲，人类与汽车是难以分离的，特别是已经拥有汽车的家庭，他们习惯了汽车带来的生活上的便利，更是难以割舍，一旦没有汽车作为交通工具，整个工作和生活节奏就会被完全打乱。同时，未来汽车很可能实现完全智能化，能够使人类与汽车合成一体，成为一个人机一体化的智能化控制平台，就像目前人类与智能手机一样不可分离。这些都足以说明，汽车可能将长期伴随人类的生活，这个时期可能不只历经一两代人，而是更加漫长。

虽然未来汽车能源能否得到最终解决还是一个悬而未决的问题，但我们应该相信科技的力量，随着全电动汽车和新能源汽车的改进，以及各种石化能源替代产品的出现，汽车能源问题最终会得到最好的解决，更何况汽车能源效率还远没有真正利用起来，其大部分石化燃料的能源是被机器内部复杂的动力机械白白损耗和浪费掉的，汽车能源还有巨大的潜力没有释放出来，使用汽车仍将是今后人类生活中最基本的组成部分。因此，在住宅中配置私家车停车泊位仍是最基本的需求，它是人类品质生活的一部分，也是目前世界各国城市交通规划的大趋势。同时我们也应该看到，虽然未来城市公共交通非常发达，居民出行的选择十分多样，可以乘坐各种交通工具，包括城市立体轨道交通等，但私家车出行仍将是人们最重要的选择之一。

二、停车、泊位规划

如前所述，给每一辆私家车提供一个固定的停车泊位是必要的，也是未来立体城市规划应该事先考虑到的。截至 2016 年年底，我国汽车保有量约 1.94 亿辆，平均每 7 人才拥有一辆汽车，这是明显偏少的。如果按照三口之家最低配置一辆私家车的标准，在未来的一二十年内，私家车的拥有量就有可能翻一番，达到 4 亿辆甚至更多。

如果我们将私家车确定为住宅的基本配置，那么在立体城市规划中，立体停车场就必不可少。目前，许多城市住宅与停车位按 1∶1 配置，更有些高档的住宅小区按 1∶1.5 或 1∶2 配置。因此，在未来的绿色建筑和立体城市的停车规划中，三口之家的平层住宅与私家车的配置确定为 1∶1.5 比较合适，也就是三人两车位的标准。对于跃层式住宅来讲，私家车配置车位以 3～5 个为宜，并应有相应的调节余量或舒缓渠道。因此，未来城市停车规划必须按照立体停车模式进行。否则，整个交通路网系统就将面临彻底瘫痪的危险。未来一个 10 万人口规模的立体城市，其规划的立体停车车位不应少于 5 万个，合理的停车泊位应该为6万～7万个。

一个城市交通层面积约为50万平方米，内部包括城市路网和城市停车场，可实际停车1.5万辆；两个城市交通层面积为100万平方米，可停车3万辆。如在每个10米高的交通层内部再设夹层，则城市交通路网和城市停车场面积可增加至200万平方米，停车数量也可增加到6万辆左右。如果停车数量仍然不能满足，还可以利用各层间的空间高度在每个停车位上再设立体停车库，停车数量即可按实际需要再增加一倍，最多时可增加到12万辆以上，并形成四层立体交通和停车模式（见图7-5）。

图7-5　立体城市中立体停车场和立体车库的布置

在每个10米高的交通层中，通过夹层分层的模式也可以有两个选择，即单独的交通分层和交通与停车一起分层。交通分层是仅在交通路网的上空再分层，形成双层立体交通模式；交通与停车一起分层是将停车场与交通路网一起分层。这两种模式可根据城市交通和停车情况自行选择。

因此，在立体城市中，停车泊位完全可以根据居民的实际需要来规划，即使是一人一车位的目标也不是问题。另外，即便在交通层立体停车车位全部爆满的情况下，还可以在公共服务层中适当腾挪出一部分空余空间设置立体停车位以解决停车问题，这还不包括城市外围和周边可设置的停车泊位。所以在立体城市中，停车泊位是一个很容易解决的问题，还可以根据实际需要灵活调整。

另外，在基础交通层内部的立体停车泊位模式可以减少车辆在室外露天环境的日晒雨淋，使车容和车貌都能够保持长期干净整洁，同时也大大减少洗车的麻烦，并延长车辆的使用寿命。

在立体城市中，除私家车以外，所有大中型车辆、货车及超过额定重量的车辆均不得进入立体城市内，但这些车辆可以在立体城市外部的交通道路上行驶或停泊。小型客运车和小货车等，必须经过城市管理部门同意并办理特殊通行证才可进入立体城市之中。

三、新能源汽车的发展规划

自 20 世纪 70 年代爆发石油危机以来，世界能源危机一直困扰并阻碍着各国的发展。进入 21 世纪以后，以新能源为代表的混合动力和全电动小汽车正在迅速全面地普及和发展，各国也在政策层面进行大力支持和扶持，特别是这些车辆的充电站和充电桩的建设被列入城市规划之中。目前，欧美国家新能源汽车的研发和使用均走在世界前列，特别是美国的新能源汽车由于国家政策的倾斜和扶持，产量大幅度提高，充电站和充电桩建设的覆盖面也非常大。但这些投入巨资的充电站和充电桩设施的利用效率却不甚理想，设备闲置和浪费现象也很普遍。我国的新能源汽车才刚刚起步，虽然前景很好，但同样面临着充电站和充电桩的投资建设难题。由于目前城市的摊大饼式扩张效应，将来投资巨大的充电站和充电桩设施同样也将面临利用效率不佳、设备闲置和浪费现象严重等问题，严重阻碍新能源汽车的普及和发展。

而在未来立体城市的交通层中，充电站可以按城市规划要求直接分布在交通层的各个出入口附近，充电桩可以与每个私家车停车泊位上的立体停车设备一起一步安装到位，只需将供电电线直接拉到车位上做一个充电接口即可，做到一车一个充电接口，用户只要停车入库，就能够实现自动充电。而所有大中型汽车或各种货运汽车的充电站或充电桩设施建设则可集中设置在外围停车场之中。

在未来立体城市规划中，由于城市人口的高度集中聚居，所有与新能源汽车有关的充电设施建设适合集中规划、统一建设。同时，充电站和充电桩设施的安装完全可以与交通层中的立体交通路网和停车泊位绑定在一体，不需要再另外重复投资和建设。这必将大大降低这些充电设施的投资和建设成本，并为未来新能源汽车的普及和发展打下良好的基础。因此在立体城市中，新能源汽车必将会有更大的发展空间和更广阔的应用前景。

第八章
城市外部宏观交通规划

城市与郊区及城市与城市之间的外部交通非常重要，是城市居民出入交通及各种生产和生活物资流通的重要渠道。

第一节　城市外部机动交通规划

立体城市的规划建设不仅对城市内部交通产生革命性改变，同时还对城市与城市之间、城市与郊区之间的外部交通产生重大影响。由于城市化建设的推进及未来立体城市的高度浓缩和集聚效应，大批农村和乡镇地区的居民人口通过城市化建设向城市集中和转移，大量土地将从农村和城镇建筑中解放出来用于退房还地、退地还林等，使这些区域的生态环境得以全面修复。农村居住人口将大幅减少，甚至全部转移到立体生态城市之中，农村居民渐渐消失。在广大农村区域，除必要的生态环境建设和户外生态旅游开发以外，农村交通的需求会大幅降低，所有的乡村和村镇交通干线将逐渐消失，地面除良好的生态环境以外非常空旷和简单，人行道和红绿灯路口等交通设施将大大减少甚至消失。因而，城市与城市之间、城市与乡村之间的道路交通大部分消失，小部分都转变成封闭式的快速或高速交通，使机动车辆的交通速度和交通效率都大大提高。同时，由于立体城市人口的大量和高度集中，城市与城市之间的停车站台设置就会成数量级减少，公共交通速度也会因站台数量的大量减少而明显加快，公共交通效率也会变得更加快捷和方便。而随着农村人口向城市转移，以及普通村镇的消失，大多数农村和城镇的公交车站台也将废除和取消。这些改变，将使城市之外及城市之间的交通状况得到极大改善，变得更加畅通和快捷。

在未来，立体生态城市的机动交通模式将从速度出发向两个方向变化：一是立体城市内部的慢速交通模式，即交通速度控制在每小时 20～30 公里，交通距离在 1 公里范围之内；二是立体城市外部的快速交通模式，即交通速度平均可达每小时 60～110 公里，甚至更高，交通距离几十到上百公里不等，整个机动交通模式快慢结合、高效有序。

另外，立体城市区域以外的机动车道路规划应尽量采用高架模式，不侵占和切割地面，以减少由于交通线路的原因而对地面的生态环境产生的干扰和破坏。

第二节　立体轨道交通

一、城市地铁与立体城市轨道交通

1. 目前城市地铁现状

目前的城市轨道交通主要是由地铁构成的，但由于地铁大部分属于地下工程，其设置方式与目前现代高层建筑基础埋置在地下的道理相同，它同样面临无通风采光，容易产生地下渗漏、透水、冒水等工程事故，造成投资成本高，施工难度大，风险高，周期长，投资回报慢等弊端。而且这种地下埋置方式大大增加了施工难度，并产生大量余土污染和施工安全隐患，使工程投资成本大幅度提高，与城市地铁投入运行后的实际收入无法形成收支平衡，更难产生盈余，因而造成世界各地城市地铁普遍面临亏损的局面，每年都需要政府的财政补贴才能维持正常的地铁交通运营，成为各地方政府公共财政的巨大包袱。

目前，每个城市地铁站台的水平覆盖半径在1～2公里范围内，这个距离明显是偏长的，步行需要很长时间，而乘坐的地铁又通常在地下20～50米之间，虽然有自动扶梯或电梯可供乘客上下，但垂直交通的高差也明显过大，人性化程度不足，给人们的出行特别是老年人和行动困难的人的出行带来很大不便。由于深埋在地下的地铁自身无法实现自然通风和采光功能，需要人工照明和机械通风，电能消耗很大，一旦发生火灾或其他意外事故，人员疏散也很困难，火灾产生的烟雾无法通过自然通风排除，需要机械强制排出，这对消防要求非常高。同时还存在地下水渗漏、透水、冒水和大水漫灌等风险，所有的机械设备和地下基础设施的长期维护保养成本也是一笔沉重的财政负担。

此外，由于城市摊大饼式扩张引起的规划和交通混乱，城市地面下的轨道交通线路也是纵横交错，十字交叉点非常多，导致城市地铁越挖越深。又由于在地下施工，许多地下障碍物和不良的地质状况无法及时探测和了解，使地铁工程的施工成本和难度也越来越高，施工周期也越来越长。因而在未来的立体城市中，目前的城市地铁工程由于诸多缺点和高额投资成本将不再成为未来城市理想的公共客运交通工具。

2. 立体城市的轨道交通

未来立体城市的轨道交通是通过桩基、立柱和大梁等组合构成的高架形式在立体城市地面和空中解决，这与目前城市地铁工程埋置在地下的方式完全不同。因而立体城市的轨道交通施工简单方便，施工周期大大缩短，没有地下水的干扰和威胁，也没有余土污染，使投资成本大幅度减少。由于立体城市的轨道交通线路均设置在城市地面上，所有的轨道交通工具完全是在露天环境中行驶，即使是立体城市轨道交通站台内部也可以通过各基础板块之间的间隔从侧面自然通风采光，除夜间照明外白天只需局部补光即可，机械通风设施则基本可以取消。在站台，轨道交通设施的消防及人员疏散等都能够做到安全、方便和及时，乘客可以在城市地面或基础交通层内部直接水平疏散。即使发生火灾，产生的烟雾也可以通过开敞的各基础板块间的间隔自然地扩散和排除。这些都使得立体城市轨道交通的设备损耗和电能消耗大大降低，设备维护成本也大大减少，更由于立体城市的居住人口高度集中，其规划的站台数量明显减少，客运效率大幅度提高，能够真正促进未来城市公共交通的高效安全出行。

每个立体城市规划的面积通常在 1～1.5 平方公里之间，城市中心设一个轨道交通站台，其水平覆盖半径通常为 0.5 公里，在立体城市中居住的居民下电梯后步行几分钟即可到达轨道交通站台；即使将站台设置在立体城市的周边部位，其水平距离最长也不会超过 1 公里，步行 10 分钟即可达到。而站台与地面之间的高差通常也不超过 10 米，乘客上下交通通过自动扶梯、电梯或楼梯实现，非常方便和快捷。

立体城市的轨道交通是指使用机动车辆在固定的导轨上运行，通常以电能为动力，采用轮轨运输方式的快速大运量的公共客运交通。一般设双向车道，通常在地面上设高架行驶，并直接从立体城市高地上空或基础层空间中穿城而过，将一个个组团规划中的立体城市像珍珠项链一样串在一起，每个立体城市的站台通常设在城市中央商务区的合适位置。在城市上空穿越的轨道交通及站台均应设置封闭式玻璃罩，在不影响乘客观光的同时又可避免行驶过程时的噪声扰民，还可以增加立体城市的动态景观。

立体城市的轨道交通工具主要采用轻轨列车、现代有轨电车、悬挂式轨道列车、磁悬浮列车等，轻轨列车、现代有轨电车和悬挂式轨道列车的投资成本比城市地铁工程的投资成本要减少一半以上。目前磁悬浮列车的轨道交通成本相对还是比较高的，将来磁悬浮列车如果能够完全实现国产化，其建设成本可能会降低并与城市轻轨接近，同时随着城市轨道交通产业的成熟度及新交通系统技术的提高和应用，其建设成本还会有进一步的降低空间，因而中低速磁悬浮列车也可能会成为城市轨道交通工具的选择之一。

二、立体轨道交通

在未来组团的立体城市交通中，城市之间的轨道交通是人们除公交车和私家车自驾出行以外最主要的客运交通工具，并能够替代大部分公交车和私家车客运，成为城市居民出行的首选。但仅通过一条双向通行的城市轨道交通线路是不能满足立体城市居民全部的出行需求，因此建设立体轨道交通也将是各立体城市之间外部交通规划的重要内容。

从城市组团规划的角度分析，由于立体城市的人口高度聚集，一条轨道交通难以满足组团城市中所有居民的出行，因而需要多条轨道交通。但在一个高度聚集的立体城市中，轨道交通的站台和线路通常设一个比较合适。但一个轨道交通站台和线路中乘客集中上下过多，可能不能满足人们在站台等候及上下交通出行的需求。虽然轨道交通的站台设置可以稍长一些，车厢也可以多增加一些，但轨道交通线路的设置是相对困难的。因而，增加的轨道交通线路和站台就都需要立体解决。

立体轨道交通的总线路通常仍按一条来规划，但在这一条总线路中可以按双层或三层的立体轨道线路设置，车站也可以设双层或三层，成为立体站台，它们共同组成城市地面的立体轨道交通，并按照新交通系统的技术和要求进行自动化和智能化整合优化，使立体轨道交通更加成熟、舒适和便捷，同时成倍增加客运量并提高客运效率。因此立体轨道交通就是将两条或两条以上的城市轨道交通合并在一条轨道交通中，同时还可以将城市与城市之间的自行车道、人行道等结合在一起立体分层设置，共同使用同一条地面上的高架线路。

地面上的立体轨道交通需要多种轨道交通工具相互组合，如将城市轻轨列车、现代有轨电车、悬挂式有轨电车、磁悬浮列车等组合在一起。另外还可以将高速自行车道、空中悬浮自行车道、户外健身用途的高架自行车道及人行道等有机地结合在一起，组成多种交通工具和交通方式共存的可自由选择的立体轨道交通线路。

如图8－1所示的上中下三层立体轨道交通，最上层可选择城市轻轨列车或中低速磁悬浮列车等；中间层的上部可利用上层的横梁结构设置悬挂式有轨电车，中间层的下部也有横梁挑出，可以设单轨或双轨有轨电车等；下层为混凝土大平板结构形成的高架交通线路，上部空间可利用轨道交通中间层外挑的横梁底设置轨道，可选择悬挂封闭式电动车、脚踏自行车等，高架地面可铺设由两道双向通行的高速自行车管道(为半圆形单向全封闭全景式玻璃管道，管道宽度3～5米，高度约3米，内部通过单向流动的气流助力，可形成单向高速的顺风推力推动人和自行车的快速行驶，目前欧美有些发达国家已有案例)，外侧为露天自行车道和露天人行道等组成。在立体轨道交通的规划线路中，所有的轨道交通、高速自行车管道、自行车道、人行道等均可按照双向双道通行的方案规划设置。列车运行的数量和发车频率可以根据当地时间和客流量的需要相应增减调节。

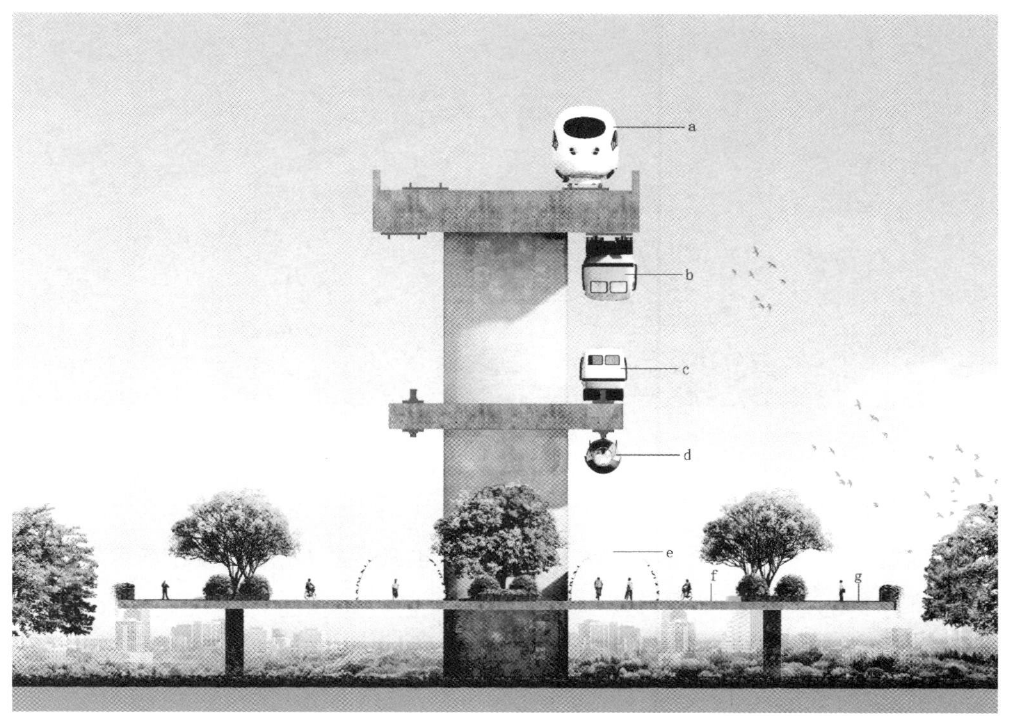

a—城市轻轨列车或中低速磁悬浮列车；b—悬挂式有轨电车；c—单轨或双轨有轨电车；d—悬挂封闭式电动车或脚踏自行车；e—高速自行车管道；f—露天自行车道；g—露天人行道

图8－1　立体轨道交通

另外，半圆形全封闭全景式玻璃管道也可以采用双向四道的形式，单向两道，中间可相通，一道用于高速自行车通行，另一道用作城市居民环城健身的步行通道，为城市居民开辟了新的户外健身、养生、休闲和观景的好去处，并给居民和游客带来更多的城市生活情趣及旅行兜风的快乐。

立体轨道交通的实施主要得益于立体城市基础在地面上的整体加维方案，这使得城市内部的立体交通路网和公共服务设施都能够通过建筑基础层中的空间或地面上的空间解决，因而立体轨道交通也就必须与城市基础板块内部的立体交通规划及公共服务设施结合成一体。

由于基础层结构的层间高度通常在10米以上，穿越基础层的非高速立体轨道交通线路和站台就可以设置在基础的顶层、交通层或公共服务层的上半部空间中，这个空间高度基本上不会影响城市内部立体交通组织的总体规划。立体轨道交通的所有客运车辆都可以从这些基础层的上半部空间中穿层而过，下半部空间仍作为城市立体交通路网或公共服务空间而不影响使用。当然，穿层而过的该基础层的层间高度如果适度增高一些可能还会更加有利，如图8－2所示。

图8－2　立体轨道交通穿越立体城市示意

由于立体城市的组团规划优势，规划中的大部分立体轨道交通线路均可以避免在立体城市的空中发生十字交叉和穿越。即便有需要十字交叉穿越的情况，也只要将底层的自行车道和人行道等交通线路分流出去，腾出可穿越的空间或将交叉点部分的立体轨道交通线路在空中做局部扁平化处理即可。此外，在组团城市规划中，对交通量不大的短途线路及需要横向穿越的线路，可以从规划层面选择单轨列车、缆车等交通工具，以减少十字穿越节点的高度。

在各立体城市之间的外部区域，所有的立体轨道交通线路通常都在地面上设置高架行驶。穿越立体城市时，立体站台和线路必须与立体城市中的交通层或公共服务层衔接，但不能切断和干扰城市内部的立体交通路网和公共服务层中的路面交通。

在未来立体城市中，立体轨道交通将成为组团城市最主要的交通方式。它不仅工程成本低，乘行方便，还具备游览观光的功能，既安全快捷又舒适美观，可形成快慢结合、高效有序的城市轨道交通网络。大城市的立体轨道交通是根据组团规划要求确定的，城市相交的地方可设置换乘车站，并可与高速铁路网规划和航空、海运等交通规划结合形成一体化的交通模式。立体轨道交通使城市居民出行时有了更多的选择，能大大提高城市交通出行效率，减少交通拥堵情况的发生。

立体轨道交通可以根据交通时间和交通需要随时调整车辆班次和车厢数量，且由于还有多种不同的交通工具和列车可以自由选择，无论是交通高峰还是交通低谷都可以科学合理地综合安排交通工具和车次，调节余地非常大，交通效率也非常高。

显然，设置在地面上的立体轨道交通的优势是非常明显的，不仅是交通线路和客运量可以成倍增加，出行交通工具选择也更加多样化。这将大大提升城市之间轨道交通的综合运行效率，因而满足立体城市居民及外地游客的出行以及观光旅行的多样性选择要求。

立体轨道交通是未来组团城市外部交通规划不可或缺的组成部分，与立体城市内部的立体交通路网和停车规划一样重要，是立体城市居民最重要的交通工具和快捷出行的不二选择。立体轨道交通最大的优势是占空间但不占地面，其交通效率非常高，也不干扰立体城市内部的立体交通网和外部的地面交通网，并能够最大限度地发挥节能环保的优势和效率。同时对城市周边的生态环境也非常友好，更是城市一道亮丽的流动风景线，完全满足未来城市可持续发展的长远规划和要求。

此外，立体城市之间外部所有的市政管网如供水、排水、通信、电力、燃气等线路均可以利用立体轨道交通线路的自行车道底板下的部位一起敷设。

三、立体轨道交通需注意的四个问题

这四个问题主要是从轨道交通运行的安全性角度出发的。

一是在立体城市的规划层面，所有立体轨道交通都属于低速交通，只针对组团立体城市之间的内部交通需求，不针对组团城市以外的外部高速交通需求。

二是所有立体轨道交通与城市高速铁路和动车之间只能通过城市外部车站换乘，不能在立体城市内部直接连接和接通。因此，高速行驶的高铁和城市动车组都不可以在立体轨道交通线路上运行，也不宜直接在立体城市内部停靠或穿越立体城市。高铁或动车只允许在立体城市一侧停靠或通过。

三是所有穿城而过的立体轨道交通的列车速度都必须受限制，主要是从安全的角度保证立体轨道交通整体的有效运行和效率，同时也保证立体城市拥有一个相对安静无噪声的环境。

四是穿城而过的立体轨道交通线路的结构和立体站台的结构与立体城市的基础层结构必须完全分离，中间应设变形缝，在变形缝中可设置隔离垫以防止结构传声和震动。在城市基础板块中，所有变形缝垂直位置的上下及与基础板块相连的所有结构层都应设置变形缝，使所有穿城而过的立体轨道交通线路和站台的整个结构与立体城市基础结构完全隔离。而在站台结构层与基础结构层之间，只要在变形缝上面压一块带活动的隔离垫即可将分离后的所有结构层连接成一体。这样，一方面可以防止立体轨道交通在行驶过程中产生的噪声和震动通过基础结构层传递到高层建筑的住宅区；另一方面是从结构安全性的角度出发，可以防止立体轨道交通线路或站台的结构发生垮塌、损伤等意外时出现连带风险。虽然这种意外垮塌或损伤可能会突然将整个立体城市内部的立体交通网一分为二，但在结构层面上不会对立体城市的基础层结构造成连带破坏。分成两半的立体城市内部的基础板块仍然可以迅速重组成两个相对独立封闭的立体交通网（每一个基础板块内部的机动交通线路本身就可以上下连通，形成相对独立的立体交通网单元,而所有的基础板块又可以在更大范围里组成更大的立体交通网)。设置变形缝的方式可以使立体城市的基础结构与立体轨道交通的结构既能够形成统一的整体,又能保持相互间的独立性。即使在立体轨道中发生突发事故甚至遭遇恐怖袭击时也能保持立体城市内部其他交通路网的正常运行,同时还能保障立体城市其他部分的结构免受损害,这对提升和增强立体城市整体的抗灾防灾能力有非常重要的作用。

第三节　立体城市外部宏观交通与国际高速铁路网规划的衔接

一、立体城市外部的宏观交通

立体城市(或组团的立体城市)外部的宏观交通主要包括公路、铁路、水路、立体轨道交通和航空线路等,它们以点、线、面的形式呈现在规划蓝图中。所有的立体城市都可以看作一个点,立体城市之间相互连接的路网交通可以看作一条线,而以立体城市为中心的周边区域可以看作一个面。这个面的规划主要是指物质循环圈内的工业、农业、畜牧业的产业布局,以及针对城市与城市、城市与中心城镇之间的交通布局,然后将这些点、线、面通过路网交通规划相互连接成一体。

因此,立体城市外部的所有交通路网和立体轨道交通线路规划应该与区域性的宏观交通规划相结合,尤其应该与高速铁路网合理衔接。

在未来,由于农村居民的全面城镇化,绝大部分农村居民从农村搬到立体城市中居住,这些村落就会被自然废弃和拆除。因此,目前连接各个村落的乡村公路或其他交通路网将被废弃或拆除,以便于农村和村镇的生态环境修复。虽然城市与城市之间的路网交通是点线模式,但城市周边乡镇区域的面的交通路网可能会被大幅度裁减。当然,在物质循环圈内的农牧业区域还会保留相当一部分地面交通路网,以便于农业、牧业、林业和工矿企业从业人员的机动交通,同时也可以通过城市轨道交通和水上交通等方式解决。

在未来国家层面的城市规划中,由于全国按照三级城市建制进行城市规划,城市的数量将大大减少,而城市人口将大大增加,城市规模也将扩大。目前大部分区县级卫星城市和乡镇都将被裁减并合并到大城市,大多数人口都被集中在城市之中,少量人口集中在中心城镇之中,农村基本无人居住。因此,在宏观交通层面,这对于所有的立体城市之间的宏观交通规划是非常有利的,大多数被合并后的区县级卫星城市的公路、铁路和其他交通设施可以全部或局部取消。除中心城镇以外,农村乡镇级交通设施也可以全部或局部取消。这能够大大减少国家宏观交通设施的资金投入,使城市与城市之间的宏观交通更合理,交通效率也更高。

在宏观交通规划中,所有的自然保护区几乎都是无人区域,因而尽量不要设置交通路网。废弃后的交通干线要确定期限加以拆除和清理,并覆盖土壤、种上植被,以免留下环境隐患。城市与城市之间的主干交通线路如果无法绕行必须经过自然保护区的话,也应该尽量采用高架或隧道模式通行,避免直接在地面上设置交通路网，以免干扰动植物的迁徙路线和生存环境，以期达到最大限度地保护自然环境的目的。

前面所述的中心城镇主要是指偏远地区大中城市周边区域辐射面中的点。它们的区域位置也非常重要，是城市周边区域路网交通中的交通枢纽，最好选在两个立体城市的路网交通线上，这样可以大大减少城市与城市之间路网交通设施的重复投入，居民出行也更方便和快捷，大中城市与中心城镇的出行时间通常控制在1小时之内。中心城镇也非常适合大公司、大企业及大型农林牧副渔等生产基地的规划，虽然远离大中城市，但工作和生活都非常方便，即便从邻近城市过来工作也是很便捷的。

二、国际高速铁路网规划的衔接

值得注意的是，宏观交通还包括高速铁路网的规划建设。高速铁路网是国家层面的铁路交通规划，是未来城市与城市之间最快捷方便的客运和货运途径，是各个国家交通运输的大动脉，目前，我国高速铁路网络也已基本建成，各主要城市之间的铁路交通基本实现畅通。随着“一带一路”倡议实施不断深入，亚洲及欧洲各国的高速铁路路网将相互连接在一起，在不远的将来一个横跨欧亚大陆的高速铁路网也将形成。

所以，在未来立体城市的宏观交通规划中，城市立体轨道交通与高速铁路网之间必须有一个大陆层面和国家层面的宏观规划预案，以更好地与未来的城市建制充分地结合成一体，更可与世界各大陆之间的高速铁路交通网直接连接成一体，使全世界各国人民都能够通过高速铁路网安全、方便地出行。

另外，美国、中国和瑞士的科学家正在研发时速接近或超越飞机飞行速度，能耗却只有飞机1/10的真空管道磁悬浮超高速列车。因而也不排除未来有更安全可靠、更节能环保、更价廉物美的超高速交通工具替代飞机的可能性，这将给全球跨境、跨国和跨大陆之间中长途距离的交通带来颠覆性革命。

第九章
立体城市开发

未来立体城市的开发与目前的城市开发是两个不同的概念，立体城市开发是在规划范围内整体层面的全面开发，是在一块没有任何城市建筑干扰或全新的土地上规划建设，且城市公共市政、交通设施与城市建筑的规划建设是一次性同步完成的。

第一节　立体城市开发概述

一、政府的拆迁安置与新型城市化建设

以往，旧城的拆迁改造和安置是政府最为头疼的大事，城市中心人口密集，交通拥堵，极大地影响了城市功能的正常发挥。由于城市规划理念的落后和城市现状的制约，拆迁改造后的建筑容积率常常不能满足居民回迁安置的诉求，通常需要将一部分人口转移到城郊或其他空余的地方。但出台一个令各方满意的拆迁安置和补偿方案却异常困难，因为土地资源的日趋紧张推高了房产价格，居民购房成本水涨船高，政府、开发商和住户之间的利益博弈和拆迁矛盾也日益突出和激化，并引发大量的群体性事件及钉子户，对整个社会的和谐稳定产生极大的负面影响。同时，各地方政府的财政压力则更是常常令拆迁安置计划搁置，城市建设举步维艰，而城市规模却在不断地扩张，城市环境和交通状况也在不断恶化，并形成恶性循环。

而未来立体生态城市的规划建设由于容积率呈数量级提高，使城市占地面积不断缩小，城市环境和交通状况也得到极大改善。这不仅能使得当地居民的拆迁安置变得非常容易，不需要异地安置就可以就地解决所有居民的居住和安置问题，并能够根据居民自己的意愿选择合适的地点居住，同时还可以安置外地居民入住。平时需要 10 块土地安置居住的居民，现在只要 1 块土地就可以解决。这就使得居民拆迁安置后城市面积会越拆越小，土地越拆越多，拆迁安置成本也会越来越低，城市在三维空间中扩张，城市土地紧张的局面得以扭转。同时，政府可以从立体生态城市的项目招标和工程建设中获得巨大和持续的财政收益，并彻底摆脱对土地财政的依赖，使政府财政产生良性循环，这才是立体生态城

市应有的作用，也才是未来新型城镇化建设能够顺利推进的根本保证。

由于立体城市建设用地范围的大大缩小，政府在立体城市的规划建设中就有足够的场地和区域保存有文物保护价值的古建筑和地下文物或其他需要保护的建筑物和构筑物。

二、立体城市的开发周期和模式

1. 开发周期

在地质勘探和设计方案全部完成的情况下，立体城市桩基础施工期通常为3～6个月，主体建筑、基础板块及城市污废水处理设施等工程施工期通常为1年，绿化工程、市政交通及各种管网设施的安装一般要3～6个月，这同时也包括高层门窗、外墙等及立体城市周边山地环境的营造等。在整个工程施工进展顺利的情况下，通常两年可基本完工(不包括室内装修或个别超高层建筑施工)。

立体城市施工基本上可以按照基础板块划分区块，由多个施工队在同一时间段分区分块同步开工建设。在施工时，主体结构部分可以优先施工，基础板块部分可以待主体部分达到标准层或结构完成后再组织施工。这样的施工安排可以大大缩短施工周期和时间，主体建筑的沉降及与基础板块的结合也更稳定，对整个工程的如期完工有极大的帮助，也便于施工工艺、工序的合理编制和施工队伍及人员的合理安排。

立体城市的建筑面积和规模都非常庞大，但基础和建筑主体部分主要采用钢筋混凝土或钢结构，它们的材料相对单一，施工简单和方便，施工工艺、技术、质量及管理也更容易控制和把握。与相同面积和规模的现代建筑相比，其施工工期可缩短许多倍，这对于建设工程中成本的节省，以及投资风险的合理规避和管控都十分重要，对政府行政职能的转变也至关重要。

2. 开发模式的转变

目前，房地产开发模式均是拿地建房，很少有大规模的建城项目。而在未来立体城市的开发模式中，拿地建房的小规模建设的时代将成为过去式，拿地建城的大规模建设的时代即将到来。

未来立体城市通常是以城市的形式组团开发建设。即便是中心城镇，开发面积至少也有1平方公里，建筑面积400万～600万平方米，居住人口5万～10万人。大中城市组团开发的土地面积在几十至上百平方公里，城市建筑面积在几千至几亿平方米，居住人口在几十万至几百万人甚至上千万人。

因此，在这样一种城市建设规模面前，整个房地产开发模式就必须彻底转变。按地块、区块或分期、分批的小打小闹、见缝插针、四处开花模式必须淘汰出局。未来立体城市建设是一次性规划建设到位，包括立体城市的市政交通及公共市政商业服务设施等。政府充分发挥政策引导、公众监督、集团开发、市场运作的作用，在立体城市开发模式中，按照城市建制确定立体城市的规划设计方案，做好前期的“三通一平”工作，然后按立体城市的建设规模和地理区位公开招标，各房地产企业按照招标内容参与竞标即可。

房地产开发模式也不仅仅是开发地面建筑、建房、卖房那么简单，还要开发空中的立体土地。施工单位不仅要建造空中的房屋，还要建造空中的土地；不仅要绿化地面，还要绿化空中的立体土地。同时，建设内容还包括立体城市内部的市政交通路网和公共市政、商业服务设施等。

三、城市公共市政交通设施的开发建设

城市公共市政交通设施的开发成本与城市容积率密切相关，通常，城市容积率越高，市政交通设施的运行效率就越高，建设开发的资金投入就越小，建设成本也就越低。目前，我国城市的平均容积率为0.3，与现阶段新规划城市的容积率指标差距很大，与未来立体生态城市3.0～5.0的容积率差距就更大。显然，城市容积率越小，所需交通路网和公共市政管网的线路就越长，其投入的公共市政建设资金就越大，日后的维护成本也越高。

与现代城市相比，立体生态城市的容积率超出现有城市容积率10倍以上，因而在相同人口规模的情况下，立体生态城市的规划面积就只有现在的1/10左右，其城市市政管网和交通路网距离将大大缩短，市政交通建设资金的投入也必将大幅缩减。同时，随着未来立体生态城市地下生活污废水和雨污水管网的废除（见第十章），立体生态城市的公共市政管网就剩下给水、燃气、电力、热力和通信管网，而相对于现有城市生活污废水和雨污水管网系统来讲，这些公共市政管网和管径占用的空间更小，运行相对更稳定可靠，安装和维护也更方便。

由于城市市政污废水和雨污水设施被完全废除，整个立体城市内就不需要这些管道的窨井盖和窨井设施，这不仅降低和消除了窨井设施产生的车辆及人身安全的隐患，更消除了城市道路中窨井设施容易破坏道路结构的质量隐患，大大延长了城市道路交通设施的使用寿命和安全寿命。

道路交通设施由基础楼板构成，采用钢筋混凝土材料，按照200年甚至更久的使用寿命设计，异常牢固和稳定，同时城市内的机动交通又属于慢速交通模式，对基础结构安全性的威胁非常小。这些优点和益处集中起来，使得立体生态城市的公共市政交通设施的使用寿命大大延长，基本上是一次性投入即可长久受益，极大地减少了立体城市日后的维护成本，更减轻了政府日后公共财政的负担。

因此，我们更应该注意到，绿色建筑与立体城市的规划建设是合二为一的，只有两者紧密结合才能发挥更好的实用价值和更大的环保效应，才能更彻底地消除政府长期背负的财政包袱，减轻老百姓的纳税负担，切实发挥回馈社会、为民服务的政府职能。

第二节　立体城市建设与市政交通规划建设

我国现代城镇化发展大约经历了30多年的历程，从20世纪80年代开始，城镇规模逐渐扩大，到21世纪初开始大规模扩张，给我国经济和城镇人口结构带来了巨大变化。但是，这种城镇化扩张和建设多是平面二维的摊大饼式扩张模式。虽然对缓解当时的各种压力有一定的积极作用，但对城市长远发展却没有贡献。相反，还导致了各种城市病。城市的交通距离明显延长，交通时间和交通成本明显加大，城市污染特别是大气污染非常严重。当前，政府为了规范城镇化建设及拉动经济内需，正在加大、加快城镇化建设步伐，这对未来城镇化建设来说是一件好事。但城镇化规划和建设不能延用老的思路和模式，随着绿色建筑的推进，以拓展城市立体空间为主的新型生态城镇化规划建设将成为今后政府

工作的重点。

立体生态城市的规划建设完全不同于以前的城市规划建设模式，目前还没有现成的经验和版本可以参照，可以说这是一种全新的城市规划建设模式。虽然如此，但目前仍有一些思想前卫的先驱者在做这一有意义的事业。例如，万通集团的冯仑先生在2009年就成立了立体城市研发中心，做了大量的市场前期调研分析和推广工作，并通过集团公司的运作如期找到许多愿意共同开发的合作伙伴和具体实施的项目，他们的理念和想法或许能给未来立体城市的发展起到一定的推进作用。

一、立体城市建设与市政交通规划建设的同步开发

未来立体城市建设必须贯彻"规划建设同步"的原则。因为立体城市不光有城市建筑及空中土地的立体规划，还有城市市政交通及外部轨道交通的立体规划，更有其配置土地上的排水和蓄水规划，这三项大规划有机结合形成未来城市的立体规划。如果我们仍然按照摊大饼式扩张模式规划建设，那么不仅立体市政交通网和立体轨道交通网无法建立起来，城市排水和蓄水规划也无法实现，更会造成城市土地资源的严重浪费。绿色建筑只解决了建筑自身小范围的物质循环，仅发挥部分作用和价值，只有与立体生态城市的市政交通规划合成一体，才能实现人、建筑、环境的和谐相处及社会经济的可持续发展。

二、城市市政交通网的使用寿命

市政交通网是在立体生态城市规划的基础空间中建成的，与绿色建筑的基础空间相互结合成一体，在建设基础空间的同时建设城市市政交通设施。因此，立体市政交通网应该与绿色建筑及基础空间同步规划、同步建设。如果脱离了绿色建筑及其基础空间的规划，那么立体市政交通规划是建立不起来的。绿色建筑基础规划应与立体市政交通路网规划合二为一，一起规划一起建设，相辅相成。另外，立体城市市政交通设施的使用寿命原则上与建筑相同或略长。

三、城市抗灾防灾

除了建筑自身必须满足的一些基本条件及消防避难和防震要求以外，城市的抗灾防灾任务主要针对洪涝和干旱灾害，可以通过地势营造和蓄水规划等措施实现，特别是城市的绕城环线建设专门针对沿江两岸经常发生洪水并产生巨大洪峰的情况，即使发生百年甚至千年一遇的超级洪峰，也能确保城市安然无恙。因此，立体城市的地势营造及环线建设能够基本解决各种洪涝灾害问题并保障城市的安全。

同时还需要说明，绿色建筑和立体城市建设也能够给沿海城市和一些离海平面非常近的太平洋、印度洋岛国居民带来巨大的惊喜。因为通过立体城市地形地势和基础设施的建设，可以使沿海及岛国城市中的建筑和居民基本免除由于气候变化引起的全球变暖及海平面上升所带来的洪水及飓风的威胁，并保护家园，免受人身伤害和财产损失。

此外，立体城市周围的山地环境也能形成相当体量和高度的地形屏障，在一定程度上保护立体城市基础板块内部人员的人身安全。因此，立体生态城市周围山地环境的营造也是防灾工程中不可

分割的重要组成部分。

四、大型露天体育场馆的同步规划

对于人口百万以上的组团城市，必须合理规划文化、体育和旅游等大型公共设施，特别是露天体育场馆的规划建设。

由于参观人数众多，体育赛事等通常需要在露天举行。从古罗马时期的斗兽场到现代奥林匹克场馆，大型体育场馆的规划设计也几乎成为一个既定模式，同时围绕体育场馆周围的交通道路、宾馆、饭店、商场和各种市政公共设施的建设也是一个不小的难题。

在未来超百万人口的组团城市的规划建设中，应该有一个城市规划层面的大型露天主体育场馆，这个露天体育场馆的建设必须契合立体城市本身的规划。所有立体城市以露天体育场馆为中心，按照圆形或椭圆形的组团规划进行合理布局，并通过地形和地势营造产生一定的高差，因地制宜地在组团城市区域的中心位置规划建设露天体育场馆，并利用各组团立体城市内部的公共市政交通设施合理疏导大型体育赛事在举办过程中的所有机动交通和来往行人。

在这个专门为大型露天体育场馆组团的城市中，其城市基础空间和建筑空间的功能大部分应以文化、体育、旅游和娱乐为主，包括酒店、商场、休闲健身和商务办公等，以便于各种文艺活动和大型体育赛事的举办及人流的快速疏散，同时也能兼顾城市观光和旅游住宿等功能，并在短时间内利用周围组团立体城市的公共市政交通设施特别是立体轨道交通迅速疏散密集的人流而不会发生交通混乱，而各分会场馆可根据实际功能需要分别安排在各组团城市的内部或外部。

另外，在设计立体轨道、列车、站台、候车厅等部位时，都必须留有足够的交通调整余量，以应对交通客流量在短时间内成倍增加的情况，从而彻底解决在举办大型活动或体育赛事时突然增加的人流和客流问题。

应该说，通过充分利用组团立体城市的规划，这种露天的大型体育场馆的建设费用是相对节约的，而产生的规模却可以非常庞大。露天体育场馆的建设和使用完全能够满足节能、环保、绿色、低碳的可持续发展理念，现场能容纳几十万甚至上百万流动人群的狂欢活动，可以轻松举办各种世界级文化活动和体育赛事。露天场馆周边的大片绿地还可以建设成湿地和森林公园，以供游人休憩和观赏。

第三节　立体城市开发过程中政府的定位

一、政府的职责及角色定位

绿色建筑与城市规划是密切相关的，绿色建筑只能解决建筑自身小范围的生态环境，不能解决整个城市的生态环境及城市市政交通网等大问题，只有将绿色建筑纳入立体城市规划之中才能真正实现建筑和城市整体的可持续发展目标。因此，当绿色建筑在社会上真正全面推广和实施的时候，政府应该极力避免只重视绿色建筑的推广而忽视立体生态城市规划的情况发生，防止绿色建筑在全国各地无规划地乱建滥建。

政府首要的职责是尽快制定国家政策法规和各种地方性政策法规，根据地方文化特色和地理环境特点确定立体城市规划和城市建制，杜绝乱建滥建破坏城市规划及城市建制的行为。其次是绿色建筑标准的修改，这是关乎未来建筑设计的大事，建筑实现“绿色”的关键在于标准的修改，目前的绿色建筑标准不是不能用，而是必须增加人均空中绿地指标的内容，同时增加物质循环的内容，将这两项内容加进去，其他内容只要稍加修改和整理即可。再次是土地的修复，这种修复是指生态环境的全面修复，是一种广义的原生态的深度修复。当然，要真正实现原生态修复不是我们一两代人能够做到的，也不是浅层次的土壤修复，而是在充分考虑今后长远的可持续发展基础上的深度修复。因此在不影响立体城市规划建设的情况下，某些未能满足深度修复条件和要求的区域可以划定范围隔离封闭和保护，以待后人更科学和精细化地解决和修复。最后是物质循环模式，这关乎未来循环经济的建立，是家庭经济、地方经济和国家经济的支柱，没有物质循环模式的建立，未来的经济是没有前途的，人类社会也将是不可持续的。

二、政府财政的长期可持续发展

在未来立体城市的开发建设过程中，政府可以通过立体生态城市开发权的竞标及后续的工程建设获得财政和税收资金，用于政府运作和立体城市外围区域的公共市政交通设施的建设及生态环境的修复。立体城市建设能够给各行各业提供大量的产业发展和人员就业机会，并拉动整个国民经济稳定运行和政府财政收入持续增长，也使得整个社会和生态环境都获得良性发展的机会。

政府通过宏观规划的控制将立体城市内部的市政交通设施合理转嫁给建筑商和开发商。在立体城市内部的开发建设过程中，政府在公共市政交通建设方面的负担将会减轻，这对政府财政的长期可持续发展将起到不可估量的作用。在整个立体城市的工程建设中，政府财政主要承担立体城市外部的各类交通路网、市政设施的建设及日后的维护等支出。

第十章
水处理与水环境大规划

雨水、污废水处理及水环境大规划是城市生态文明建设的根本，对城市居民的生产、生活影响很大，对城市环境、气候及生态景观也有非常重要的影响。城市水环境大规划的任务是在不损害生态环境的情况下合理用水，并改善城市周边的气候和水环境。

第一节　建筑和城市雨污水及生活污废水处理

一、建筑和城市雨污水处理及其管网的废除

雨水是自然的恩赐，但在现代建筑和城市中却成为"雨污水"，需要通过建造各种市政设施予以排除。而在未来绿色建筑和城市规划中，雨水将作为一项最重要的城市水资源加以利用，建筑和城市市政排水的概念也将被摈弃。

1. 屋顶雨水处理

在传统和现代建筑中，斜屋顶是非常普遍的，屋顶上通常盖有瓦片，这种屋顶的作用主要是及时排除雨水，在年降雨量 1000 毫升以上的区域用得最多。其次是平屋顶，这种屋顶通常是用混凝土浇筑而成，虽然说是平屋顶，但实际上还是有一定的坡度，以便于及时排除雨水。

斜屋顶由于有一个很大的斜坡，难以保持水土和种植花木，因而难以进行屋顶绿化。在未来建筑中，斜屋顶主要是作为一种传统的乡土建筑文化符号来利用，与屋顶绿化没有直接关联。因此，斜屋顶要与周围环境的绿色植物相互组合，互为衬托，以表现一种地方性的乡土文化气息，但斜屋顶排出的雨水从四周收集起来仍然能够直接作为绿色植物的灌溉用水加以利用。

平屋顶是最理想的种植屋顶，适合植物的种植和生长，因而未来绿色建筑的平屋顶通常都是需要种植绿化的。植物生长都需要水，而屋顶部位的自然降水本身就是一个非常好的天然水源。但在许多情况下，长时间大量的降雨常常会导致植物根部呼吸困难并影响生长，而长时间干旱又可能导

致植物干旱枯死。因此，平屋顶的土壤一方面必须具备透气透水的功能，周围的挡土墙也需要具备排除过量雨水的渗透功能。另外，在干旱季节又必须有稳定的灌溉以及时补充土壤中的水分，从而保证植物生长所需。同理，这些屋顶种植技术和雨水利用及排除措施也同样适用于城市高地的雨水处理及周围挡土墙的设置。

因此在绿色建筑中，屋顶雨水是一项重要的水资源，首先是考虑屋顶植物和土壤的直接利用，在雨水过量的情况下才允许对外自然排放。而这些多余的雨水也不考虑通过市政设施排放，而是将这些雨水储存到下层屋顶或城市高地的土壤或水池中。当这些地方都饱和的情况下，再通过土壤和四周挡土墙自然溢出流入城市溪流或河道的水系之中。

2. 城市雨污水管网的废除

对于城市高地地面少量雨污水，首先考虑让土壤直接吸收，包括道路上的积水等，通过路面两侧的斜坡自然地渗透到道路周围的土体之中；建筑屋顶溢出的多余雨水也会直接落到城市高地的土壤和植被丛中；城市高地中的许多人行道路也可以采用露天防腐木铺设，使道路积水通过木板缝隙直接透入土体之中。所有城市高地上的绿地都可以通过人工堆土的方式营造地势，与城市周围地势形成一定高差，并在城市高地中适当规划一些低地、湿地和景观水池等。遇到大雨或强降雨时大量多余的雨水就可以通过低地和湿地中敷设的地漏管道溢出直接排入河道之中，即使这些地漏管道失效堵塞，这些雨水也可以通过地表的地势差和土体的渗透溢出到周边的低地之中。其他大部分区域的地面主要通过城市高地周围挡土墙上的透水小孔自然溢出到下层庭院的绿地之中，下层庭院绿地也满溢的情况下可以再通过外侧的挡土墙小孔溢出到再下层，直到流向原始地面或河道为止。

由于城市基础呈板块状分布，其城市高地的露天面积也不大，除部分低洼区域设地漏直管排除雨水以外，不需要专设排除雨污水的管网和排水口，只要控制好周边挡土墙的透水高度即可控制整个城市高地地面的积水状况，因而城市高地上的雨污水主要是从基础板块的周围通过自然溢出的方式排除的，如图 10－1 所示。

图 10－1　城市高地地面雨水的自然储留

显然，在立体城市中，大部分雨污水都是通过植物和土壤吸收再通过从基础板块向四周自然溢出的方式排除的，因而城市内部所有雨污水管网就可以完全废除，这将对未来立体城市的市政设施规划产生非常重大的影响。

二、生活污废水处理与中央水系的水质处理

1. 城市污废水处理

在立体城市的水处理中，最关键的是城市居民的生活污废水处理。如果居民排出的生活污废水没有彻底地处理和消化，那么中央水系的水质就有被污染的风险。

因此未来立体生态城市的生活污废水解决方案是：在建筑及立体城市中设两路管线，一路是生活污废水，另一路是生活洗涤废水，将生活污水和洗涤废水分开排放和处理。生活污废水通过管网输送到城外密闭式沼气罐集中处理后转化为植物的营养物质，再直接用于规划区域内外绿色植物的智能化灌溉。生活洗涤废水也必须通过专门的排水管道统一排放到城外密闭的水池中进行生化处理，或者直接接入城外专门配置的封闭式生态湿地之中，利用湿地植被封闭式净化除磷处理，处理达标后的洗涤水可以与处理后的生活污废水直接勾兑成植物的营养液用于农业灌溉，也可以作为工业再生水，但不得再排放到任何自然水体之中。

所有生活污废水均通过管道直接送至立体生态城市外集中处理，所有的密闭式沼气罐和收集储存沼气的气柜必须设置在一个安全的区域之中，远离居民聚集区域。沼气可以为城市居民提供燃料，也可以直接发电、照明或作其他用途，沼气罐中的污泥处理后可以作为肥料，沼液经稀释后可直接用于附近农田或山林植物的灌溉。此外，立体生态城市的沼气设施还可以与城市周边的农林畜牧渔业结为一体，以发挥更佳的经济效益和生态效益。

2. 中央水系的生化处理与水质的长期保持

在立体城市中，所有的降水和积水首先考虑通过建筑屋顶和城市高地上的土壤及植被的自然吸收、净化和过滤，再溢出排放到城市河道和中央水系之中。而这仅仅是第一步，在城市河道和中央水系中也种植大量水生植物以净化河道水质，并在中央水系的周边低地和湿地中广泛种植各种陆生和水生植物以进一步降解和净化水质，并形成高低起伏的地势和水陆交叉共生的生态湖面景观，湖中还可以放养各种鱼虾等水生动物用于养殖和观赏，整个中央水系的水生动植物和周围陆地上的陆生动植物之间形成立体生态群落关系并达到生态平衡的效果。中央水系不仅起到一个城市景观湖泊和备用水库的作用，实际上还是一个通过生物循环自然净化城市雨污水及改善湖水水质的最佳场所。

在立体城市的生活污废水处理模式中，城市居民的所有生活污废水必须全部通过市政管道接出城外处理，它们都直接用于农业和林业灌溉或其他用途，不会排放到自然水体中，因此彻底切断了生活污废水排放到中央水系的渠道，以保障中央水系不因生活污废水的排放而发生污染。

由于污染源被完全切断，因而与立体城市配套的中央湖泊的湖水水质几乎不会被污染，可始终保持优良水质。

另外，虽然城市地面的落叶主要可以通过人工扫除或机械车辆清除的方法进行处理，但也有大量

落叶或树枝等被风吹落至城市河道之中，因而也需要清洁人员在河道中定期用水上交通工具机械清除或从水底捞除水中落叶，以保持城市河道的清洁和美丽。

三、城市公共市政管网的明管敷设与地下市政管网的废除

由于立体城市的交通路网是通过独立交通层解决的，因而城市公共市政管网可以借用城市交通层空间而与之共处一室。在约 10 米高的巨大空间中，所有市政管网都可以采用明管敷设，包括市政管网的检查和检修，因而路面上就不需要再设窨井等设施。虽然交通路网与市政管网处在同层空间内，但所处上下位置刚好互不影响，日后市政管网的维护和保养就非常方便，同时也不影响城市市政管网的日后改造。

所有水平方向的城市公共市政管线主要敷设在两个交通层之间的空间，可以任选一层。当然，为避免公共市政管网在安装时出现十字交叉或管线之间相互冲撞，也可以按不同方向分层敷设和布置。所有公共市政管网通常敷设在交通层最上部空间垂吊安装，而所有城市交通路网和车辆行驶均设置在中下部，二者所占据的空间位置分布恰好形成一上一下的格局，如图 10－2 所示。

图 10－2　城市基础空间中的立体交通和停车库及市政管网

也可以说，城市公共市政管线与城市交通路网之间是通过基础结构层进行分隔的，交通路网在结构层的上面，公共市政管网在结构层的下面，这与目前城市地面上设置交通道路及路面下埋设公共市政管网的原理是相似的。但在立体城市中，城市公共市政管网的敷设更加简单和便捷，因为这些市政管网所占据的交通层空间不足 1%，又敷设在交通层的结构层下面，与路面上的城市交通道路没有交叉和干扰，且安装空间又非常宽敞，完全可以明管敷设，只需在安装公共市政管线的位置上留出一定间隔

距离以安置预埋件和垂吊钢架即可。

此外，城市污废水管网还可以设置在基础底板下的防震地渠之中，通过纵横交错的防震地渠空间中明管敷设并接至城市外进行集中处理。在所有市政管网中，除被废除的雨污水管网以外，污废水管网的直径是最大的，也最容易出现管网堵塞和环境污染等事故。如果能将城市污废水管网设置在相对封闭的地下防震地渠之中，那么不仅后期检修和维护非常方便，还可以杜绝环境污染的风险。同时，也使得交通层底板下的其他市政管网的敷设和布置更加合理。

在未来的市政管网设施中，城市垃圾管道的敷设也是一个潜在的需求，但只有上部建筑内部先进行垃圾分类和处理后才可以进入下一步实施计划，否则会导致垃圾管道破坏和管道污染等隐患。

在未来的立体城市中，除城市雨污水和污废水管网以外其他各类管网均可在立体城市的交通层上部空间明管敷设。立体城市内市政管网的敷设十分简单，城市市政建设和投入的成本将大大减少，市政设施的管理也更简单和容易。同时，也使得城市市政设施建设的施工周期大大缩短和加快，施工质量大大提高，并对延长城市道路交通设施的使用寿命有重大意义。而原城市地下部分的污废水和雨污水等市政管网系统将被统统废除，居住区内和城市道路上所有地下市政窨井及管网均被取消，窨井盖失窃和窨井伤人的事件将不会再发生。

由此可见，城市雨污水管网的废除及城市生活污废水的输送和集中处理方式将彻底颠覆传统的陈旧观念，对未来立体城市市政管网的规划设计均有重要的影响。

不仅如此，立体城市的雨污水解决方案也为未来城市之间的道路交通建设提供了很好的思路，所有城市外部的交通公路也都可以利用路面坡度自然排除雨污水，尽量不设雨污水管和窨井等设施，以达到大大延长道路交通设施使用寿命的目的。

未来的城市市政管网还可能会随着人们生活需要的变化而变化，比如目前的新能源汽车就是顺应人们生活需要的产物。一旦这些需要及时充电的汽车大量普及，充电站和充电桩的需求量就会大幅增加，充电用的供电电缆也需要重新布置。而立体城市交通层的上部空间中就有足够的空间安装和敷设供电电缆。在不影响交通和停车的情况下，交通层停车泊位的空间中也有足够的位置布置安装充电桩和充电站等设施。

第二节　城市水源解决方案与水环境规划

一、水源解决方案与城市防灾

地球上的生命起源于水，没有水就不会有生命。世界上所有的生命都离不开水，离开了水，这些生命就无法生存。水是生命的源泉和活力，也是人类赖以生存最宝贵的资源。如果我们的城市不能有效地利用水资源、循环利用水资源，那么这些城市都将是不可持续的。

立体生态城市的水源主要有两个：一是生产和生活用水水源，二是绿色植物灌溉水源。这两个水源都缺一不可，其中绿色植物的灌溉水源完全可以通过人居生活污废水的生化处理解决。因此，只要解决了人居生产和生活用水水源，那么立体生态城市的灌溉水源就有了基本保障。

1. 堵与疏

大多数中国人都知道大禹治水的故事，也知道大禹父亲治水失败的故事。在这两个故事中，大禹的父亲采用“堵”的办法，结果越堵洪水越大，最后连堵缺口的堤坝也被冲垮了，洪水肆虐，最终治水失败。而大禹考察和总结了父亲治水失败的原因，采用“疏”的办法治水，经过努力终于成功地治理了洪水，从此百姓生活稳定、安居乐业。大禹治水的故事流传了几千年，人类“疏”水的经验也应用了几千年。但在全世界大部分地区都面临干旱威胁的情况下，“疏”水的方式是不是唯一的治水方法？是否还有其他治水模式？

2. 蓄水规划与水循环利用

在山地，城市生产和生活用水可以通过山区水库建设来解决水源问题。但如果在平原地带，又如何解决水源供应的问题呢？

一是可以通过立体城市地势的总体规划建设像水坝一样长条形的城市地面环线，结合城市周围的低洼地形地貌，拦截通过城市附近或直接经过城市中央的河流，形成城市外界水库或湖泊等蓄水环境，从而留住这些水资源。

二是通过城市内部蓄水规划，建设中央水系和水景，形成城市内部的水库和湖泊环境。通过内外水库，多渠道、多方面规划建设解决城市的水源问题。平时使用外部优质水源，干旱时节可以使用城市内部水源以应急。中央水系的供水容量可以按照城市内部的天然蓄水量进行规划建设，在没有超过警戒水位的情况下是不需要向外排放的。即使超过警戒水位，也只是将超出部分水量排出而已，不会对周边环境造成不利影响。同时，这些超量的水也可以通过中央水系水面下的土壤层慢慢地渗入地下，以补充城市地下水，或在干旱季节给周边农业或林业用地供水。这些城市内部的水系不仅是城市生产生活和景观用水的必要组成部分，还可用于水上交通、旅游，发展水产养殖、渔业等。

通常情况下，城市内部中央水系的水面高度规划最好与上游外部的江河水系持平，并略高于下游外部水系，外界水系与城市中央水系之间设有可闭启的闸门，外界水系不能直接进入城市内部水系。城市内部水系相对封闭，因而在超出警戒水位时可通过高差自然满溢排泄到外部下游水系，以保障城市居民生活和交通市政设施的安全。在干旱季节低于警戒水位时则可开闸引入上游河水，也可通过泵站抽取城市上游的外部水源适度调剂补充，以确保城市用水和景观用水。城市内部水系中的水上交通与外界水系的水上交通可通过船闸或机械提升机来控制。

作为立体生态城市的组成部分，城市中央水系的备用水源是必需的，不光需应对城市内部消防和饮用的不时之需，更需要作为城市景观水源来规划建设。水是城市的灵魂、城市的活力源泉，没有水的城市是没有魅力和缺乏生机的。因此，城市雨水和雨洪处理系统的管理准则及指导思想应由“疏水”改为“疏蓄结合”。立体生态城市内过量的地面雨水可以采用“疏水”的方式排入城市河道之中，利用土地上的中央水系进行“蓄水”，利用人工地势高差相互配合绑定成一体，成为立体生态城市整体的雨洪规划方案。

因此在立体城市的规划建设中，水源规划、水景规划及城市周边水环境规划、建筑和城市地面的雨污水处理规划等都非常重要，都是城市水循环系统的重要组成部分，否则，城市水循环就难以建立起来，立体城市的生产和生活用水就可能会产生困难，城市可持续发展规划也就难以真正建立和实施。

3. 海绵城市规划

近几年来，全国有近一半的城市遭受洪涝灾害的侵袭，1/6 的城市局部洪涝积水超过半米，积水时间超过 12 小时，对城市居民的生产和生活带来严重的不利影响。为此，中央政府下发了《海绵城市建设技术指南》，提出今后的城市建设要加强城市调节雨洪和利用雨水方面的建设，以“慢排缓释”和“源头分散”控制为主要规划理念。

而未来立体城市建设完全符合海绵城市的理念，而且在蓄水和排水措施上更为彻底和超前，因为立体城市本身是通过地势和地形规划形成了城市水环境，城市周边及城市之中都有河道和水系，并与城市中央水系直接相连，整个城市犹如建造在水面上。在雨洪季节，除屋面和城市地面土壤和植物吸收雨水以外，城市河道和中央水系都能够直接蓄水，并在发生超强城市雨洪时能够通过中央水系周边湿地和水系地面的自然外扩及时蓄洪和排水，城市内部立体交通路网和公共市政设施等均不会受到外界的影响。这是一种成本最低、效果最好的海绵城市规划方案。

4. 三维立体消防模式及城市消防水源

绿色建筑本身的高空消防已经在第二章中基本说明，这里不再赘述。但在立体城市规划层面，由于规划条件和建筑高度的因素，消防车通常无法在建筑的周边停靠，消防云梯更难以架设，而且绿色建筑的高度常常超出消防车和云梯所能达到的高度，所以这种从下往上式的传统消防模式就有很大的局限，消防效果也不甚理想。

当前，直升机的使用已经非常普遍，不仅在军事和民用领域广泛使用，也在消防救灾中发挥着重要的作用。在未来立体城市和高层绿色建筑的消防中，直升机也将成为城市消防救灾的一个重要工具。

直升机消防首先要解决城市规划层面的消防水源问题，保证可以就近并快速取水，这一点立体城市具有巨大优势。因为在立体城市周边通常规划有中央水系和水景，直升机可以从中心湖泊中直接取水，再飞临到发生火灾的高楼上空或侧立面的起火层直接喷水灭火。其次是救人，由于高层绿色建筑的屋顶通常是平屋顶，便于直升机停留，因而人员可以从屋顶上部通过直升机安全地逃离火场。

在目前城市建筑消防中，大部分都属于从下往上的消防救灾模式，用消防车通过云梯攀升到起火层，但消防人员的人身安全受到很大威胁。在未来的高层绿色建筑中，由于消防车停靠面和爬升高度不够而无用武之地。而采用直升机消防则可以在最短的时间飞临火灾现场，消防人员直接通过建筑屋顶下到起火层，并可以在建筑侧立面的起火层水平喷水灭火和救人，也可以在屋顶上疏散人员，这是一种从上往下的消防救灾模式，适合任意高度的高层建筑。

因此，未来立体城市和建筑的消防也将面临升级换代。传统建筑的平面二维消防模式在面对高层和超高层建筑时局限性非常突出，难以承担高层建筑的消防重任，不适合未来立体城市和绿色建筑的消防。未来立体城市和绿色建筑的消防必须同步升级到立体三维消防模式，采用直升机为主要消防工具，将来还可以使用不怕高温烈火的智能机器人、无人机等，共同配合高层建筑的户外庭院消防，以满足立体型全方位的高层消防需要。

二、水环境规划

从宏观层面来讲，地球大陆气候已发生巨大改变。几千年前那种温暖湿润的气候已经被高温干燥的气候替代，特别是远离海洋的大陆内部沙漠化、荒漠化现象非常普遍，虽然不排除一些自然原因，但人为因素是主要的。目前农田水利排灌设施多采用快速排水法，原有河道被截弯取直，地面高的被削平，低的被填平，高低起伏的地形被整理成一马平川。一旦降雨，这些土地就无法及时留住宝贵的水资源，并通过水利设施迅速将雨水排入江河再排入大海之中。这样一方面造成短期暴涨的洪涝灾害，另一方面造成这些地区长期的干旱和土地的荒漠化。新疆、甘肃、内蒙古的荒漠和沙漠面积明显扩大，沙尘暴天气频频发生，并进一步加剧了北方气候的干旱程度，对当地生态环境造成严重破坏，更严重影响了京津冀地区城市居民的生活和出行，对人们的健康造成极大危害。

因此，要改变地球大陆的这种缺水状况和局面，人类社会的用水模式和许多水利工程设施都需要做出改变，必须按照能够长时间留住和反复循环利用水资源的方案和模式进行重新规划设计。对于内陆干旱缺水地区，除规划范围内的城市地面蓄水以外，还应该有规划范围以外的地面蓄水方案及城市地下水补水和循环利用的用水方案。未来城市规划应该从大的流域范围及国家层面来综合考虑，通过立体生态城市的规划建设来带动区域和流域范围的水环境建设，从而留住宝贵的水资源，改造和改善区域性水环境，最终改变内陆地区长期干旱缺水的大环境。

未来的立体生态城市不仅仅包括规划范围以内的生态环境建设，还要包括规划范围以外特别是广大农村地区及无人居住地区的沙漠化、荒漠化、石漠化的生态环境的修复和建设，这虽然是历史的欠账，但终究需要人来偿还，而通过正确的方式偿还历史欠账还是能够产生巨大而长期的生态环境红利的，人类也会在这种土地和环境修复工程中获得可持续发展的未来。

第十一章
城市污染的防治

雾霾、光污染、固废垃圾、污废水、雨污水、洪涝灾害等，都是目前城市污染的主要来源。如何在未来的立体生态城市中解决和消除这些城市污染，是未来立体生态城市可持续发展的关键，也关系到国家生态文明建设目标的实现。

第一节　大气污染物的控制和治理

2013年，国务院印发了《大气污染防治行动计划》，用于严格控制大气中的PM2.5的浓度，并对污染严重的城市进行排名和公布。这一系列措施能否见效尚未可知，但至少表明了政府治污的决心和力度。虽然政府在控制大气污染方面做了许多努力，特别是在燃煤、汽车尾气排放、油品质量控制及产业结构调整、环保监察等方面做了一系列政策性调整和改进，但目前生态环境和城市环境的污染状况仍然不容乐观。

我们知道，绿色植物有助于净化和清除城市大气中的PM2.5，也是对环境最友好的一种净化方案。但目前城市和乡村周边原生态的绿色植物几乎被破坏殆尽，特别是在城市中心已很难见到大片的绿色植物。所有的土地几乎都被建筑物和构筑物侵占，城市中偶然出现的少量绿色植物犹如沙漠绿洲般弥足珍贵，但这一点点绿色根本不能阻止城市污染的脚步，城市绿色的缺乏已成为人们心中的梦魇。

治理大气污染的方案无非两种：一是减排和限排，二是吸附和降解。减排和限排措施是政府部门目前最为关注的，但面对国家经济发展和国民消费需求的实际增加时就显得力不从心，大气污染治理的效果则往往被新增的污染源排放所淹没，雾霾污染只能勉强控制，却无法根治。吸附和降解措施中效果最好、最安全也最环保的方案就是利用植物的吸附和降解作用，其他采用物理或化学方法吸附降解的方案大都会产生新的污染源或环境负面效应，在许多情形下是得不偿失的。

因此在未来的立体城市中，城市绿化方向将由二维地面转向立体三维空间，这种绿化方向的调整需要绿色建筑才能实现，建筑绿化随着建筑高度的增加而强化，并与建筑高度同步，使城市建筑绿化直接进入三维空间。因而，立体生态城市就像一个个有生命的巨大的活性炭过滤器；而绿色建筑本身就像是巨大无比的参天大树，在城市中一棵棵地矗立着，又似一根根充满生命灵性的巨型活性炭过滤棒；而家家户户的生态庭院就像一个个充满活力的细胞过滤器，通过绿色植物的生长每时每刻吸附和清除城市上空各种污染物。如图 11－1 所示，一栋栋高层绿色建筑上的茂密植物就像城市上空的空气过滤器，无时无刻不在吸附大气中的雾霾颗粒。

图 11－1　空气过滤器一样的高层建筑上的绿色植物

未来的城市建筑就像一个巨大的立体森林，高耸入云的建筑从上到下满眼苍翠欲滴，蓊蓊郁郁的，各种各样的生物在这矗立的绿色森林中生存，到处鲜花盛开，沁人心脾，小鸟在高楼欢唱，蜜蜂和蝴蝶在花丛中成群飞舞，俯瞰地面碧波荡漾的湖面，鱼儿在水草丛中畅游，人们三五成群，一簇簇地在社区公园及周围山林里游玩和嬉戏，好一派山清水秀、鸟语花香的未来城市生活场景！

由此可见，假如在城市及周边区域能够有一半或一半以上的建筑成为真正符合要求的立体生态城市，并在周边的地面和山林等地实现全面绿化，那么城市的雾霾污染就会大大减轻，城市的天空就会出现真正意义上的蓝天白云，城市热岛效应和城市荒漠化现象也可以逐渐得到控制和改善。

第二节　建筑和城市光污染的消除

建筑和城市光污染是最容易被人忽视和遗忘的，但其危害性却很大。如果这种状况不加以改变，那么对人类健康和城市及城市周边的生物物种都会造成非常大的危害。

一、建筑光污染的消除

虽然现代高层建筑光污染现象已被人们所熟知，但在目前状况下这种光污染还无法彻底消除。尤其是现代高层建筑外墙面有近一半甚至全部由玻璃幕墙覆盖，这些玻璃幕墙使光线产生不同程度的折射和反射，对周边的行驶车辆产生不同程度的不良影响，并损害人的视力，危害人们的身体健康。同时，玻璃幕墙对鸟类更会产生巨大的伤害，由玻璃幕墙反射产生蓝天白云的天空影像，常常吸引鸟类撞上玻璃导致死亡，这种对鸟类的伤害在超高层建筑中最容易发生。特别是一些迁徙的鸟类，在夜间和浓雾天气中，它们常常被这些高层建筑中的灯光照明所干扰，长时间围绕着这些四周光滑的玻璃建筑打转而无法停下来歇息。据有关部门统计，美国每年约有10亿只鸟类由于冲撞建筑物的玻璃幕墙或窗户而死亡，全世界有记录表明由于冲撞建筑玻璃而死亡的鸟类有800多种。

而在未来的高层绿色建筑中，建筑的大部分表面都被庭院结构和绿色植物覆盖。同时，由于建筑外表从下到上四个垂直立面都有连续的跃层式生态庭院设置，它们之间的间隔距离约6米，庭院宽度一般在1.5～2米，加上1.5米高的庭院栏杆和3～4米高的树木及下垂的植物高度。大部分幕墙玻璃反射的光线都会被庭院中的这些植物所遮挡，只有在庭院结构下沿口的小部分玻璃反光没有被阻挡掉，但这部分玻璃由于上层凸出的庭院结构的遮挡，通常不会被阳光直接照射，光线的反射和折射现象不会很明显。再考虑建筑高度和角度的因素，越往上层，其外凸庭院结构的遮挡效果就越明显，因此绿色建筑的外墙即使全部都由玻璃幕墙覆盖，庭院结构也会遮挡掉大部分光线而不会对外界产生光污染。当然，在特定角度透过植物树叶树枝或它们之间的空档反射和折射的光线仍然存在，但这些不规则的反射光线经植物和庭院结构的遮挡后只有一小部分可以反射出来，通常不会构成建筑光污染。同时，高层绿色建筑表面大量覆盖的绿色植物使鸟类在飞行途中不会产生误判，即便是在大雾天或夜间，鸟类也很容易辨别植物和玻璃之间的区别而及时回避，从而极大地降低鸟类在高空中撞击建筑物的概率，而且高层建筑中的绿色植物也能给鸟类提供歇足和觅食之地。如图11－2所示，高层玻璃幕墙反射的光线被庭院结构和植物遮挡，鸟类可以在庭院植物丛中休息和觅食。

图11－2　庭院结构和植物遮挡下的玻璃幕墙

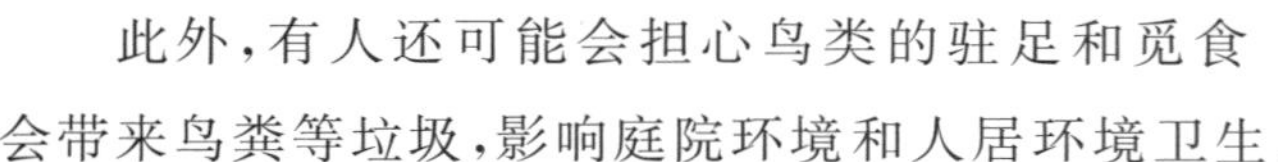

此外，有人还可能会担心鸟类的驻足和觅食会带来鸟粪等垃圾，影响庭院环境和人居环境卫生。其实这种担心大可不必，因为庭院中种植大量的

植物，地面也有灌木、花卉和草坪等植物，鸟粪正好可以给这些植物和土地提供全面的有机营养，只要定期清洗鸟类经常停留区域的植物叶面即可保持庭院的干净整洁。

二、城市夜间光污染的消除

除了建筑反射日光产生的光污染以外，现代城市光污染主要发生在夜间。在地球上有许多夜行生物，如啮齿动物、大部分小型肉食动物和有袋动物及大量趋光性生物和昆虫等。夜间光污染对这些生物的影响尤其严重，不但扰乱了夜间迁徙动物的星相导航系统，也引诱大量的趋光性生物迈向致命的陷阱，成语“飞蛾扑火”就是最好的形容。30 多年前本人在农村的仲夏夜里乘凉时，身边到处都有萤火虫在飞舞，随手拿一个网罩就可以捉到很多萤火虫，而目前农村的萤火虫几近绝迹。雄性树蛙因为强光而停止鸣叫，使得雌性树蛙无法呼应而降低求偶交配的概率。夜间光污染对一些夜间飞行或迁徙的鸟类也会产生巨大干扰，错误的引导常常使鸟类失去生命。

大家都有过亲身体会：人的眼睛如果近距离紧盯灯光 1 分钟左右，就可能会发生暂时失明或眼睛受损的情况。可人是智慧生物，能够躲避强光源，但大部分动物却无法做到及时躲避，一旦碰到夜间的强光源照射就在劫难逃，它们会一动不动地接受强光源的照射，不用多长时间可能就失去了视力。

强光源照射不仅会对生物的视力产生重要影响，还会导致动物长期生理性的结构变化，如性早熟引起的不孕不育、内分泌失调，以及夜间长时间光照刺激导致求偶失败和食物短缺等。这些动物生理性结构的变化也足以导致各种地区性生物大量死亡，甚至出现物种灭绝。

夜间光污染不仅伤害动物，也伤害人类自身的健康。0～3 岁的婴幼儿如果长期生活在光污染环境中，其患眼睛疾病的概率会达到 50%左右。光污染是目前青少年视力下降的一个主要原因。夜间照明也会影响女性雌激素的分泌，同时也导致儿童性早熟和内分泌紊乱。夜间照明的光害还造成能源的巨大浪费，增加大气污染的程度。

在立体城市中，由于城市交通全部设置在基础层中，所有夜间交通的路灯照明也基本都设置在基础层中。虽然基础层四周敞开，但在立体城市的四周有与基础层同高的山体和植物遮挡，使这些灯光在夜间均可被遮挡在城市内部而不会外泄。基础层顶部为城市高地，主要作城市居民休憩、散步和户外活动之用，没有机动交通设置，因而不需要为机动车辆设置泛光照明，只设置一些适合城市居民散步和休憩用途的微弱灯光即可。而且，这些灯光还可以通过树木和灌木的遮挡以减少光污染的产生。同时，由于立体城市的市政商业设施和公共服务设施均设置在基础层中，这就使得霓虹灯、投射灯、激光灯等照明设施都限制在基础层的空间之中，不会对外界环境中的动物造成直接伤害。

对于人类自身保护来说，也应该对光污染有一个正确全面的认识。室内照明应控制在适度的范围，特别是要保护好妇女儿童，避免长时间过度照射和长时间观看电视、电脑、手机等电子产品，夜间睡眠时要特别保护好婴幼儿的视力健康，室内的所有灯光都应该关闭，以防止婴幼儿出现斜视、弱视等视力疾病。政府部门也应该出台针对公共场所和住宅的夜间灯光管制政策，以保护城市居民的身体健康，减少对周边生态环境的影响(见图11－3)。

图 11－3　庭院结构和植物等均对灯光有遮挡作用

三、城市规划范围内的夜间光污染控制

从城市规划层面来看，立体城市和城市生活圈都应该划入人类活动的范围。在这个范围内，城市的夜间灯光可以适度照明并放松管制，这也包括立体城市周边生活圈中的夜间景观照明和道路交通照明等。超出这个范围的，就应该实行严格的夜间灯光管制，特别是在物质循环圈及自然环境圈中，包括城市与城市、城市与中心城镇之间的交通道路等均不宜设置夜间照明。当然，目前的交通道路及汽车智能驾驶技术可能还达不到如此先进的地步，夜间交通照明仍不可避免。但今后随着交通科技和智能驾驶技术的进步及新能源汽车的推行，汽车和各种车辆都可以实现无人驾驶，并在夜间无照明的情况下行驶。因此，在宏观的规划层面，除了城市和中心城镇以外，其他所有地区原则上都不应该有夜间灯光照明存在，以防止夜间光污染对周边生物的危害，真正保护自然界中野生动植物的生存环境。

建筑光污染和城市夜间光污染对生物的危害是显而易见的，虽然许多人对此并不以为然，或认为这是小题大做，但从地球生物进化层面，人类如果不采取严格的灯光管制措施解决这些问题，那么对未来地球生物种群整体的生存和进化都将产生极为不利的影响，对人类自身的进化和城市的生态文明建设也是非常不利的。最近世界各国的科学家在野外各地调查发现，由于环境突变和人类活动的双重影响，给植物传花授粉的昆虫特别是蜜蜂正在大量减少和死亡，这对全球植物的生存和繁衍非常不利，一旦这些昆虫从地球上消失，那么地球上大部分现存的开花植物就将面临大规模灭绝的危险。

第三节　垃圾的分类和精细化处理

在未来社会中，垃圾处理必须注重全面转化和循环利用两个方向，而它的前提条件是垃圾得到彻底分类和精细化处理。

一、垃圾分类

在绿色建筑中，生活垃圾主要分为可回收垃圾、厨卫垃圾、有害垃圾和其他垃圾四大类。

可回收垃圾包括纸类、金属、塑料、玻璃、纤维织物、旧家具和家电等，通过精细化分类，可以得到资源化综合回收利用。厨卫垃圾主要包括剩菜剩饭、骨头、瓜果皮等，还包括庭院中的剪草、落叶、秸秆、树枝等，这些垃圾都可以粉碎成固液态的物体，而后排入专门的管道，进入沼气发酵池中进行集中生化处理。处理后产生的沼气可以用作城市燃料或用于发电等，沼液、沼渣均可作为农业生产的有机肥料使用。有害垃圾包括废电池、废日光灯管、废水银温度计、过期药品、石油化工类产品等，这些垃圾需要经过特殊安全处理后再回收利用。其他垃圾主要包括砖瓦、玻璃、陶瓷、混凝土块、渣土等，这些垃圾需要进行分类、粉碎和填埋处理。

二、可降解有机垃圾的处理

在目前的建筑和城市中，垃圾处理主要采用填埋、焚烧和堆肥三种方法，但这三种方法由于垃圾分类不彻底而产生不同程度的环境损害，特别是填埋和焚烧的方法，对环境造成的二次污染和伤害非常严重，不符合可持续发展的要求。因此，在未来的绿色建筑和立体城市之中，固废垃圾的处理方法必须进行彻底改变。

在绿色建筑中可降解的生活垃圾可进行如下处理。首先，人体大小便通过污水管网设施直接排放到城外的污水池中；其次，厨房垃圾不出厨房门，而是通过专业的垃圾容器设备经粉碎后一并进入污废水管道，直接排入城外污水处理池中，从而彻底避免与其他不可降解的垃圾混合一起；再次，庭院中植物产生的枯枝落叶、剪草和秸秆等，也是通过专业的粉碎设备处理后通过专门的管道并入污废水管网，并输入城外污水池中进行沼气发酵处理。这三种可降解的生活垃圾产生的污废水均可以合并在一个沼气池中进行生化处理和综合利用。

在家庭内部，可降解的有机物垃圾直接进入污水管网，只剩下不可降解的生活垃圾。而可降解的有机生活垃圾的数量和体积都比较大，还会产生虫子和异味，时间存放短，是最不卫生的垃圾。如果能够将可降解的有机生活垃圾不出家门就方便地处理干净，那么对其他不可降解的生活垃圾分类就具有非常重要的意义；而不可降解的垃圾数量和体积比较小，通常也不会有异味和虫子滋生，可放置很长一段时间。因而这对生活垃圾的处理和分类非常有利，使得居民在家中就可以直接将生活垃圾按照不同种类和要求进行分类，这在垃圾分类处理的过程中是具有决定性意义的重大事件。目前，世界各地居民的生活垃圾之所以难以处理和解决，就是因为可降解的有机生活类垃圾与不可降解的生活垃圾混合在一起。如果这个问题解决了，那么下一步的垃圾精细化处理、资源化利用就相对容易多了。

因此，在绿色建筑和立体城市中，所有可降解的有机生活垃圾不出家门就可以通过专门的设备处理，并通过污废水管网设施排出城外，不与其他生活垃圾混合成一体。这不仅解决了有机生活垃圾的堆肥处理环节问题，也避免了这些有机生活垃圾的运输、堆放所带来的场地、路面和大气污染，更为下一步垃圾精细化处理和资源化利用打下了良好基础。

三、垃圾燃烧处理

可以燃烧处理的垃圾主要是一些纸类、旧家具、家电、塑料、纺织产品等可燃物垃圾，这些垃圾经精细化分类后，大部分可以进行回收和循环利用，只有小部分需要焚烧处理。而这些需要焚烧的垃圾产生的热值很高，完全可以作为城市燃料来处理，而不是通过简单的垃圾焚烧方法处理。当然，所有可燃烧垃圾都应该先粉碎成粉末状，再吹送入炉膛内高温焚烧处理。只要充分控制好燃烧的温度，使粉末状的垃圾与氧气完全混合高温燃烧，就可以大大减少污染废气的排放。当然，焚烧炉设备也可以完全智能化控制，使垃圾焚烧得更彻底、更清洁。

上述两种垃圾处理方案可以基本解决传统的堆肥和焚烧两种处理方法所带来的环境污染和不良后果。同时，这两种垃圾处理方法产生的沼气能和热能将被划入城市能源规划之中，作为未来能源可持续发展的重要组成。其他有毒、有害垃圾则根据其成分和性状的不同进行相应的特殊处理。

四、固废垃圾回收和填埋处理

首先是回收处理。在固废垃圾中，有许多有用的材料如废钢筋、钢材、铝合金、玻璃、五金件、胶条、塑料制品及各种水暖管线、电线等，还包括木材、纺织品、日用百货、旧家具、家用电器和电子产品等，这些物资一旦处理不当就会产生二次污染，对环境产生长期危害。而这些废物大部分都是可以被工业生产重新回收利用的，对未来生态环境的保护能起到非常积极的有益效果。特别是我国的钢铁行业，目前已经成为重污染行业，是京津冀地区大气污染中最重要元凶之一，而且产能严重过剩。如果未来能够将固体垃圾中的所有废旧钢铁都有效回收利用起来，不仅能大大减少对铁矿石的进口依赖，还能够极大地提升钢铁产业的经济效益，也能够基本满足将来立体城市的建设需要而不必新增产能。其他的废旧物资和行业也基本相同。但目前这些固废垃圾的大部分回收是很不到位的，远没有达到真正的回收和循环利用，很多垃圾回收行业还存在着二次污染的危害，也严重缺乏对回收行业中操作人员的健康和安全保护。

固废垃圾中废旧物资的回收和循环利用是未来社会可持续发展最主要的组成部分，因此国家必须将废旧物资的回收利用提升到一个支柱产业的战略高度进行立法和政策扶持，并动员全体民众在家里自觉完成垃圾分类并自发地积极参与到这项对环境有益的活动之中。

其次是固体垃圾的填埋。比如建筑和市政设施中的砖块、玻璃、陶瓷、混凝土块、渣土等。目前传统的处理方式是粗放式填埋，虽然可能经过一定的人工和机械分类或有毒有害垃圾的清除，但这种处理是很不彻底的，它的污染隐患没有消灭干净，同时这些垃圾内部有玻璃、陶瓷等锋利的碎片，不容易降解,在几百年甚至几千年都长期存在,一旦暴露在地面就会对人类和地面生活的生物造成二次伤害,后果是不堪设想的。因此,未来对固废垃圾填埋处理时必须与传统的粗放式混合填埋方式不同,所有的固废垃圾必须预先进行精细化粉碎后再填埋处理。

固废垃圾的精细化粉碎处理,首先将泥土清除、淘洗和分类并就地清理干净,剩下的固废垃圾再进一步分类,这种分类必须非常彻底,最好分到只有同一种物质为止;然后分门别类地将分类后的块状固体垃圾通过专业机械设备直接粉碎成细小均匀的颗粒,就像自然界中不同品种和材质的石粉和沙土一样。特别是玻璃和陶瓷等尖锐锋利硬质类型的固废垃圾,必须粉碎到细沙一样细小的颗粒(粒径在0.25毫米以下)。这些东西可以产生两种用途,一种是回归自然,当作沙土直接用于环境的修补和修复材料进行填埋(立体城市周边山地环境的营造就可以采用这种已经成为不同品种沙土的固体垃圾材料填埋);另一种是重新作为建筑原材料就地加工利用,避免再次远距离开采矿山砂石而破坏周边生态环境的事件发生。

另外,各种工矿企业的无毒无害的固废垃圾也可以采用类似的方式机械粉碎,成为粉状的细小颗粒,再用于周边环境的修复。

虽然固废垃圾的精细化粉碎及填埋处理是彻底解决这些垃圾危害的终极解决方案,但这些固废垃圾的数量却大得惊人,在几乎所有有人居住的城市和乡村的土地上都有它们庞大的藏身之所。即便在河流、湖泊、湿地等水面环境中,或沿海海滨及岛屿等地都有大量存在,在城市和乡村各地地表人们常常可以直接用肉眼观察到堆积如山的固废垃圾,也有许多在地面以下几米、几十米或在水面以下无法看到的固废垃圾,这些大量的固废垃圾需要进行挖掘处理。因此用“掘地三尺”来形容未来地下固废垃圾的搜寻工作一点都不为过,在原城市高层建筑区域地面以下基础部分的固废垃圾就是“掘地三十尺”也是应该的。因而,各地区都必须严格按照固废垃圾的处理要求执行。当然,这些固废垃圾的处理工作可能不是一两代人就能够完成的,人们没有必要再犯急躁冒进的错误,生态环境的治理是一场长期持续的精细化的巨大工程,需要耐心细致和高度的责任心,我们不能再给子孙后代及生态环境埋下永久性隐患。

五、固废垃圾处理的长远规划

必须强调,所有的固废垃圾都需要进行物理分类,分得越细化,资源化循环利用效率就越高,对环境的危害也越小,有些甚至需要分到一种物质为止。因此,世上没有真正的垃圾,即便是最难以降解和数量最庞大的建筑垃圾也可以变废为宝,成为环境修复的材料。那么,还有什么垃圾不能处理和解决呢?

在所有的垃圾处理过程中,将可降解的有机生活类垃圾与不可降解的垃圾进行分类处理是其中最为关键的步骤。如果这一步没有做好,那么所有对垃圾处理的努力都将会半途而废。

生活垃圾和固废垃圾的处理最终关系到人类的未来,一旦处理不妥,对人类未来的可持续发展将产生极为不利的影响。因此,这些垃圾的处理结果必须实现可循环利用和完全无害化。应该讲,生活垃圾的生化处理和垃圾焚烧方案是可以基本实现的,但最后一个垃圾填埋方案还是有一定的隐患,这主要是由建筑和城市基础设施的使用寿命决定的。如果建筑和城市规划按照目前百年的使用寿命设计，那么千年、万年以后，建筑和城市固废垃圾的填埋量是不是将会有十倍、百倍的增量？虽然可以采用机械粉碎和填埋的方式处理，但这仍然是一件不可想象的事情。可持续发展就是要进行千年、万年甚至更长远的规划，因此延长建筑和城市的使用寿命也将是未来解决固废垃圾的最终出路。

垃圾处理必须专业化和精细化，如果不够专业、不够精细，倒不如堆放在一个安全的地方暂不处理，待有条件时再处理，以免留下长期后患。对于难以处理或有重大危害的垃圾，如生化武器、核废料等，则应严格按照有关规定进行专业处理和销毁，并尽量在国家层面予以全面禁止生产和使用。

第四节　城市病的消除与古建筑文化的保护

当前，随着人口的不断增长和城镇化建设步伐的加快，由现代建筑引发的城市病在各个地方蔓延。不光是我国有，全世界几乎都是一个模式，城市病是世界各国城市的集体通病，只有轻重缓急的区别，没有本质的不同。这些城市病就像瘟疫和癌症一样在侵蚀着城市的活力、消耗着城市的青春，最终拖累和拖垮城市，使城市病入膏肓，面临解体和死亡的威胁。因此，要彻底解决城市病的关键就在于改变城市摊大饼的建设模式，通过立体生态城市，使城市人口和交通在高度集中的同时又能通过城市空间的加维和拓展而实现紧张有序的空间利用。

以未来北京立体生态城市规划为例，按1平方公里为单位进行立体生态城市的规划建设，城市平均容积率4.0～5.0，城市建设用地与地面农业用地按照1∶1或1∶2配置，人均居住面积35平方米，人均空中绿地10～15平方米，居住人口7万～10万人，建筑平均高度100～200米，市中心或商业中心局部建筑300～500米。三环内约有400平方公里，主要规划为林地、低地、湿地和中央水系，在保留和修复二环内古都建筑格局和风貌。三至五环的区域范围约有1000平方公里，可容纳3000万～4000万人口，提供居住及办公的功能，完全能够将目前北京市所有的常住人口都容纳其中。如果将北京市远郊区县卫星城市的人口分流出去，那么在三环外，四环与五环的中间区域就可以基本解决目前北京市所有人口的居住和办公问题。

未来北京市的城市规划还必须与恢复古都风貌及中轴对称原则紧密结合起来。二环和三环以内的所有现代建筑和棚户建筑等应该全部拆除，保留故宫、北海公园及其周围古建筑的原貌，在东城区和西城区应成片恢复老北京四合院、古前门大街和原商业街区的原貌，并按明清时代的风貌规划建设，以作为古都未来的旅游景点和住宿之用途。沿二环马路线应重建和恢复当年明清古城墙的原始风貌，使北京古城名副其实，但城墙内部在不影响城市景观和交通的情况下仍然可考虑保留地铁或公共汽车通行的功能。在西城区或东城区及东西城北侧的合适区域再设置两个以上的中心湖泊及水系。二环线的古城墙外100～2000米范围内设置一条护城河及若干环城湖泊和水系，2～3公里范围内设置湿地、低地和林地等混合景观带，护城河水系与二环内外的水系及现有的北海、中南海、前后海、龙潭湖、昆明湖等湖泊水系相互连接成一体，可用作北京古城的水上旅游线路。二环内除水系面积外至少保留1/3以上的绿地和公园环境。从空中俯瞰，北京城就像是一个巨大的绿色盆地，盆地中央是以故宫和北海及中南海为中心，周围是北京四合院和各商业大街等布局，成为北京古城的旅游中心。二环与三环之间以各个水系和林地景观为主，与二环内和三环外的水系及湖泊、湿地等相互连接成一体，就像城市的彩带一样环绕，盆地边缘三环至五环之间形成以人居和商业、行政办公为主体的高低起伏的巨大绿色建筑群。在目前的朝阳区中央商务区、丰台区莲花池北京西站附近、海淀区中关村和东城区前门大街等地，规划四个东西南北的商业中心。在西城区三里河和朝阳区使馆区附近，规划两个国家级行政中心。在海淀区和朝阳区交界处的奥体中心区域，规划一个国家级体育中心。圆明园、颐和园及其古建筑等则保留原貌，大部分北京高校应迁出这些风景名胜区，在附近择地另建，并按北京城的总体规划要求规划各自的高教园区。

北京周边的区县级卫星城市则应该裁减和相互合并，保留 4～5 个卫星城市，人口规模控制在 100 万～200 万人。所有建制镇应全部裁减，村民全部并入卫星城市之中。

按照人均绿地 10～15 平方米计算，目前 2000 万以上人口的北京市将新增加 2 亿平方米以上的空中绿地，折合空中绿地 30 万～50 万亩，这还不包括北京的商业办公和公共类建筑的空中绿地及所有屋顶绿地的面积，将这些绿地一并计入，则北京市的空中绿地面积将达到 50 万～70 万亩。如果北京市的人口增加到 4000 万人左右，则空中绿地面积将达到 100 万亩以上。

当然，未来北京立体生态城市的规划建设还必须与智能化的立体市政交通网和立体轨道交通网相配套，使人车分层，车车分流，彻底解决城市交通拥堵的局面。市民在本城区内出行主要通过步行解决，在城区外主要通过城市立体轨道交通和环线、快速公交、自驾等解决，城市的物流主要通过地面快速交通和绕城交通解决，城市之间通过城际列车、高铁、磁悬浮和快速地面交通网等解决。同时，北京还可开辟水上交通和水上游览线路，从古城中心的水系一直延伸到圆明园、颐和园、永定河及二环外的绕城水系等游览线路，既可满足游客游览观光的需要，又能解决部分城市交通的需求。

未来北京城市污染治理必须与绿色生态结合在一起，利用绿色建筑中的绿色植物和物质循环体系来解决和治理北京市的各种污染。对于大气污染、光污染、噪声污染等，可以用绿色植物吸收净化，对于生活垃圾和污废水，可以用物质循环系统来消化吸收，对于不可降解的垃圾可采用分类处理和循环利用等，通过这些措施的综合运用来解决治理城市污染和城市垃圾的难题。此外，还应该通过全民大地绿化运动，动员所有的北京市民参加植树造林和治沙还草的活动，将北京周边和近郊有条件和有水源区域的荒山、荒地，宜林则林、宜草则草，全部种上植被，对于一些环境恶化的土地应尽量采用免耕和休耕措施，同时还应该将距离北京 100 公里外的沙漠、荒漠及河北的部分区域也列入大地绿化运动之中，并通过政策法规永久性地落实到户、落实到人，实现大地绿化的可持续发展。对于缺水干旱的沙漠和荒漠地带的治理，应该偏重封草禁牧、退牧还草的措施，有条件地控制性放牧和轮牧，尽量利用自然之力来恢复和涵养草场，将沙漠和荒漠逐步转变成稀树草原。当北京周边这些树木和草场成片成荫的时候，大量的绿色植物就可以基本缓解北京城市的荒漠化和热岛效应，消除城市上空的灰尘和雾霾，对吸附和清除 PM2.5 具有极为重要的作用。同时，通过家家户户的生态庭院固定温室气体，实现固碳和碳循环，这对降低温室气体排放并减轻温室效应起到非常重要的作用。

另外还必须强调，水环境是北京的另一个治理重点。北京一直饱受干旱缺水环境的困扰，面临严重的地下水超采和依靠远距离调水来解决居民用水的困境。北京市人口全年消耗的水有几十亿立方米(相当于北京市全年降水量的一半),但这些被使用过的水都被当作污废水排除,即使将这些水通过截流进入污水处理厂处理后,最后也同样会排到江河湖海之中,不仅污染了北京周边的水环境和水资源,还对渤海的海洋生物和环境造成严重污染和危害。如果北京将这几十亿立方米的污废水处理后全部用于植树造林和农田灌溉,建立一个覆盖全北京地区的巨大的智能灌溉网络,不仅北京周边的水系和水环境会大大改善,植物营养的改善还能大大增加有机生物量,使树木和农作物的产量增加,而植物光合作用和蒸腾作用所产生的氧气和水分也能够使其干旱缺水的区域性气候和环境渐渐改变,空气也会变得湿润和清新,PM2.5 污染颗粒也会由于湿润空气的净化和降雨的增多而渐渐减少。

北京古都建筑文化保护是国家和民众共同的心愿,也是许多老一辈城市规划专家及有识之士所极力倡导的,北京古都的立体城市规划建设对今后其他地方的立体城市规划建设及古建筑文化保护等都具有非常重要的借鉴和指导意义。这说明立体城市的规划建设与古建筑文化艺术的保护并不是矛盾的,相反由于城市空间的立体开发所导致的巨大的节地效应和人口的大量聚集,能有更多的城市土地和区域开辟出来用于古城和古建筑的保护,能更好、更完善地保护和传承古代建筑文化艺术,形成地方文化特色景观,并成为未来人们旅游观光最理想的圣地。

第十二章
合理的能源规划

立体城市的能源规划关系到未来人类社会可持续发展的根本，也关系到全球温室气体的减排目标的实现，更关系到未来城市雾霾和大气污染的真正解决。因此，立体城市的能源规划旨在减少对石化能源的依赖，开发可再生能源特别是生物能源，同时利用立体城市的集中居住效应，更注重能源的综合利用并进一步提高能源的利用效率。

第一节　基础空间内部的能源规划

一、基础层内部空间供暖、保温与发电、供电、用电的捆绑模式

未来立体城市合理的能源规划对减少城市 PM2.5 的影响非常大，立体城市的集中居住正好可以彻底解决北方城市居民的冬季供暖问题。

设置在城市基础空间中的燃气、燃油、燃煤或其他形式的小吨位的锅炉均匀地分布在每栋建筑的基础空间中，集中智能供暖，并将供暖管路直接接入上层居住的千家万户之中。这种零水平距离的供暖模式能完全消除供热管网线路在水平输送过程中产生的巨大热量损失，同时还能将锅炉燃烧过程中所散发的废热直接给基础空间供热，中途几乎不产生热能的浪费。由锅炉和烟囱余热产生的热量可以直接输送到基础层上部的居民住宅或办公空间之中用于供暖。城市基础板块中锅炉发电的热量不仅可以冬季供暖，在夏季还可以利用这种余热制冷，转化为机械空调用于上部住宅或办公空间的室内降温。

这种小吨位的锅炉不仅可以专门用于冬季供暖，还可以直接用于立体城市的发电，其电力进入城市电网或直接给上部建筑单元供电。所有的锅炉均实现智能网络系统的全面控制和监管。

在北方城市冬季供暖时，城市基础板块空间应该实现全封闭保温，以避免内部热量的损失和能源的浪费。基础四周立面采用可拆装式的铝合金或复合材料的幕墙骨架、玻璃组合，做双重、三重或四重围护。在人或车辆的交通出入口部位设一个门厅过渡，并设置两道以上的透明围挡。冬季采暖时临时

安装,春季温暖时随即拆除即可。

在未来的立体城市建设中,城市规划部门应从城市规划层面将城市发电、供电与城市供暖捆绑在一起,减少外部电源的输入,尽量将这些设施和设备等分散设置在立体城市的基础空间之中,使这些设备产生的余热、废热在基础空间中二次集中利用,既节能又环保,一举数得。这种捆绑为一体的发电、供电、用电模式可以大大减少北方地区冬季由于不良的供暖模式所引发的雾霾污染,对解决冬季雾霾具有非常重要而深远的意义。

当然,对于气候相对温暖的南方城市来讲,冬季供暖则可以根据当地气候的实际情况做出相应的处理。在基础层的空间之中可以减少玻璃围挡,或者直接去掉玻璃围挡及基础的保温功能等。

二、基础层空间的自然通风

夏季是一个相对炎热的季节,无论居住在北方还是南方的城市,人们都存在消暑纳凉的需要。

由于立体城市基础板块是由若干交通层和公共市政服务层组成的一个巨大的开放式公共空间,大框架结构,顶层有土层和大量的植被覆盖,内部空间和结构本身又满足通风采光条件,更由于贴近地面和水面环境,城市周边又有山地和森林环境环绕,具备城市对流的空气下沉直接贯穿整个基础层板块空间的通风条件,使其基础层板块内部气温冬暖夏凉。即使是在最炎热的夏季,其最高温度通常也不会超过 30℃,比用机械空调的降温效果更舒适怡人。因而可将基础空间中的公共市政服务空间向社会免费开放,使城市居民在公共市政服务空间中既能够休闲娱乐又能够免费避暑纳凉,还减少家庭能源的支出和整个城市对能源的依赖。

三、水源/地源热泵的应用

水源/地源热泵是陆地浅层能源,通过输入少量的高品位能源(如电能)实现由低品位热能向高品位热能转移。它利用大地和水为媒介,在立体城市地下或周边储存热量,是一个非常好的集中式空调和采暖解决方案,可获得四倍左右的冷量或热量,其经济和环境效益都非常显著。从城市规划层面考虑,可以将其作为所有立体城市的基本配置之一,因而在立体城市基础板块方案确定之初就应该进行规划设计。

一是通过地下钻孔成深井,垂直埋管,埋管深度 300～500 米,将深井以行列式布局,间隔一定的距离,在井中埋管外包滤网,并灌入中粗沙填满,井与井的地下水可相互渗透。夏季时抽取一排地下水,用地下水的低温给室内降温,升温后的水再回灌到邻近的另一排水井之中。冬季再反向操作用于室内采暖,冷却后的水再回灌到前一地下水井之中即可。在这个方案中,进水的管线要注意保温,而回水的管线可完全暴露在室外,或将水在室外露天浅水池中停留一定时间再回水,利用室外季节性温差进一步提高或降低回水温度,使下次反季节使用地下水时水的降温或采暖幅度更大、效果更好。此方案还可与太阳能光、电结合成一体,利用太阳能发电的电能驱动抽水机抽水,用于城市的集中空调和采暖。这是一个相对封闭的系统,但需要注意水垢的清除、沙堵及水质净化等。

二是针对城市地下的土质渗透性较差的情况,可采用完全内部循环的闭式系统,即在深埋于地下的封闭塑料管内注入防冻液,通过换热器与水或土壤交换能量的封闭系统。闭式系统不受地下水位、水质和土质等因素的影响。由于在立体城市层面应用，其需要的冷量或热量都非常庞大和集中，因而在闭式系统中，垂直埋管的深度和埋管直径都应该相应加深和加大，特别是垂直埋管深度可能需要300～500米甚至以上，以保障回水水温与取水水温的相对隔离。但埋置在井中的水管需要进行保温处理或采用保温结构，以提高空调和采暖效率。完全内部循环的闭式系统适合大部分立体城市的地质状况，在保持适当地下水位的情况下可基本不受其他地质条件的影响。

原则上，上述两种水源和地源热泵均属于闭式系统，不会影响和干扰地面和周边水环境。如果这些垂直埋管在基础底板下埋置，那么基础底板正对埋管位置应该预留检查孔，以便日后检查或更换老化及损坏的垂直埋管。

此外，在规划建设时，利用中央水系中湖泊底部水温较低的特点，也可适当规划一些深水区域，在夏季时能够通过直通湖底的管道抽取这些低温深水，输送到公共市政服务空间或居住空间之中进行水冷式空调降温，既能降低室内温度又可调节室内空气湿度。这是一个开式系统，可以作为上述两个闭式系统方案的补充。特别是空气湿度调节的效果可能会更明显些，这个系统的回水可以直接排放到附近水系之中，但需要注意管道的防结垢、沙堵等。

第二节　太阳能利用

一、生物质能的合理利用

在绿色建筑和立体城市表面覆盖了大量的绿色植物，它能给我们带来两方面的功能，一是给建筑和城市遮阳降温，改善人居环境；二是制造大量的生物质能，并可以通过各种技术途径开发这些生物质能。

生物质能是指通过光合作用而形成的各种有机体，包括所有的动植物和微生物。生物质能直接或间接来源于绿色植物的光合作用，可转化为常规的固态、液态和气态燃料，是一种取之不尽、用之不竭的可再生能源，同时也是一种可再生的碳源。地球上的生物质能资源非常丰富，而且是一种无害能源。地球每年经光合作用产生的物质均可转化为生物质能，其中蕴含的能量相当于全世界能源消耗总量的10～20倍，但目前实际利用率却不到3%。未来，石化能源终究是会被开发殆尽的，人类必须寻找新的稳定持久的能源才能保障未来社会的可持续发展。因此，生物质能是未来人类社会取之不尽、用之不竭的最理想的清洁能源。

在未来的立体城市中，还必须注重物质循环圈中生物质能的转化和利用，并将这种生物质能的开发摆到长远及永久的发展规划之中。特别是北方寒冷地区，应重点将春、夏、秋三季累积储存的农作物的秸秆和有机废物中的生物质能在冬天集中释放，用于冬季燃烧发电和供暖。比如，经粉碎、压缩、风干的农作物秸秆、落叶、树干、树根等可以直接进入锅炉高温燃烧释放热量，也可以通过沼气设施处理后产生沼气再输入锅炉燃烧释放能量。这些生物质能所产生的热量对于城市冬季发电和集中供暖具有非常重要的意义，也可以大大减少冬季由于农民燃烧植物秸秆而产生的雾霾污染，更是物质循环体系中能量流动的必要组成部分和植物营养及灌溉的重要来源。

此外，生物质能还可以作为可替代能源，广泛用于机动车辆和锅炉燃烧的燃料，是人类未来最稳定可靠的清洁能源。在不远的将来，生物质能将有可能完全替代石化能源，并成为立体城市最主要的能源，最终实现城市能源自给。

二、建筑屋顶的风力和太阳能发电

在立体城市的建筑顶部，高空风力资源相对比较丰富，利用立体城市中高层建筑的高度优势，可在每个建筑顶层设一个四面通透的夹层，内部安装风力发电机，利用高空进行风力发电。

同时，在建筑屋顶部位还可安装太阳能板或太阳能热水器等，既可发电又可产生热水。在物质循环圈中的工业和农业区块的建筑中，可以在厂房屋顶及温室大棚顶部安装太阳能板进行发电，并通过多种途径充分利用太阳能资源，为立体城市的能源供应提供多元化渠道和选择。

另外，在沿海和岛屿等立体城市可通过海浪、洋流和季风等多种途径发电，在有地热资源的地区也可以通过地热供暖和发电。

三、掩土建筑

在立体城市周围人工营造的山地环境中，还可适当规划建造一批掩土建筑，采用混凝土框架结构，建筑顶部和周边全部用土掩埋，与山地环境无异，周围完全绿化。内部空间围护采用落地玻璃门窗，前后能够自然通风采光，其室内温度跟陕北窑洞类似，冬暖夏凉。这些掩土建筑可以作为立体城市居民的公共休闲会所和夏季避暑纳凉的主要胜地。与此同时，还可将立体城市西北部的山地环境作适度抬升或增加掩土建筑的高度，以此在一定程度上可阻挡西伯利亚冷空气的侵袭，提升城市向阳面的温度，促进城市基础内部整体的防寒保温和节能。

四、储能设施建设与零能规划

目前，城市能源浪费现象非常严重，比如工业和民用电力都存在着峰谷用电的情况，在用电高峰存在电力不足，而在用电低谷则存在电力浪费的现象。因而大量的电力能源由于没有及时储能而白白丢失，而这些被损失的电力能源等于是排放了等量的温室气体而污染大气环境。如果立体城市能够建设足够的储能设施来平衡这种峰谷用电，这既可以减少发电和用电过程中的能源浪费，又可以解决峰谷用电的困境，一举两得。在充分利用多元渠道开发能源的同时，还必须进一步提高能源的使用效率，开发能源的储能设备。

另外，立体城市中的太阳能、风能、生物质能和垃圾燃烧发电等所产生的电能也存在及时储能的需要。因此，建设和发展储能设施也是立体城市可持续发展的重要内容之一。同时，多渠道的能源利用可以实现城市层面能源的统筹规划，并弥补城市储能不足的缺陷，也使能源利用和效率实现最大化。

如果上述能源规划（包括储能设施）能够在立体城市建设中大部分得到实现，那么在没有外界能源输入的情况下也能够基本满足城市内部的生活用电和公共市政交通用电等需求。即便自供能源不足，也只需输入少量的电能即可满足需要。

当然，绿色建筑及立体城市的能源规划能否达到不用外界能源而能自给自足的零能程度，还需要由其所处的气候和纬度决定。高纬度的寒冷地区在冬季时生物质能和太阳能会大大减少，这将大大影响这些能源的产出，因而可能需要外部能源的供应；而在温带和热带地区，大量的生物质能及太阳能可以源源不断地供应给建筑和立体城市，在合理规划的情况下完全有可能满足立体城市的能源自给需求（工业能源的需求不在此规划范围）。

未来立体城市必须满足可持续发展的要求，这不仅仅是物质循环的要求，还是城市实现能量循环的要求，即满足能量的自给自足。因此，零能规划也是立体城市长远规划的重要组成部分。

第十三章
“五水共治”的探讨

本书第五章论述了立体城市内部水处理和城市周边的水环境规划，而本章主要论述立体城市外部污废水的智能灌溉利用及生态环境的综合治理。

水是生命的源泉，没有水人类就无法生存，没有水建筑表面的植物就无法生长，没有水城市的绿色环境就无法形成。因此，水是保障人类生存和植物生长的前提条件，也是实现绿色建筑和城市可持续发展的最关键因素。而所有的污废水其实是人类和自然的宝贵财富。如果人类不利用这笔宝贵的财富，那么地球生物的物质循环链条就会被打断，人类社会就不可能得到永久持续发展，生态文明建设的一切努力最终也将付诸东流。

第一节　污废水灌溉

一、当前的用水和治水模式

目前，城市用水方向主要是从“取水→输水→用户→排放”的单向开放型用水模式向“节制地取水→输水→用户→再生水”的反馈式循环模式转变。虽然再生水循环模式的方向基本正确，但从可持续发展的角度来看并非完全可取。一是目前的再生水标准定得太高又太笼统，处理成本也高，与自然界的取水成本差距明显甚至更高；二是生产再生水的目标用户非常杂乱，特别是工业污水治理，其成分非常复杂，产生的污水也各种各样，治理效果不理想，并需要建设不同的污废水处理设备和不同的工艺流程，其建设费用和场地都是一个不小的负担，更不用说日后的维护支出了；三是利用再生水的目标用户散乱和不确定造成处理标准与实际用途难以匹配，使处理成本和费用明显过高；四是再生水利用的渠道太狭窄，不足以完全消化和循环掉，造成污废水处理设施利用效率低下的浪费现象。

二、未来的用水和治水模式

未来立体生态城市的用水将主要采用“取水→输水→城市居民→再生水→植物灌溉、农田灌溉和工业用水”模式。

在这个用水模式中，首先将城市居民的生活用水排在第一位，用户使用对象单一和集中，产生的污水水质也单一和集中。用户排放的生活污废水被处理成再生水，它又被分配到三种消化渠道——一是绿色建筑表面的植物灌溉和城市地面植物灌溉，二是农田灌溉和林业灌溉等，三是工业用水。

前两种再生水其实就是一种水分成两种不同用途而已，关键是建筑内部必须将生活污废水和洗涤用水分流分储处理。植物灌溉用水与农田灌溉标准基本相同，处理成本很低，日后运行过程中基本不会增加居民的物业成本。第三种再生水是工业用水，这种再生水主要是由建筑内部分流后的洗涤用水稍加处理而成的，其处理费用也非常低廉，也可将洗涤用水直接排放到城市周边封闭的规划湿地环境中，利用水生植物和藻类植物等生化处理，即可除去洗涤水中的有害成分再用于工业用水。另外，其中的相当一部分工业用水同时也可配兑成植物灌溉用途。

当然，某些工矿企业用水标准较高或有其他特殊工艺要求的，也允许直接使用生活用水的水源，但政府必须进行相应的政策限制和监管措施，并对产生的工业污废水处理过程进行严格监控和监督。

生活用水最后必须全部转化为植物灌溉用水和工业用水，如果没有工业用水的消化渠道，也可以全部转化为植物灌溉和农田灌溉用水，就地在立体城市周边地区消化解决。立体城市的用水和治水模式最关键的因素在于集中，即集中用水和集中治水，它能产生巨大的规模效应，使得用水和治水成本都大大降低，水资源的综合利用效率却又大大提高。

在这里必须强调，所有经处理后等待灌溉的污废水，一律不得排入开放水域，必须有专门的污废水储蓄和调节场所，以免发生污废水泄漏和环境污染事件。在储蓄和调节场所中，也应该有专门的生物自然净化的净水措施以进一步提高水质。

另外，在一些工业建筑、水利设施、城市污废水设施或其他建筑物及构筑物中，其表面也都应该实现全面立体绿化并智能灌溉。如图 13－1 所示，污废水处理厂中的污水处理设备外立面也可以立体绿化。

三、污废水智能灌溉网络的建设

智能灌溉网络建设主要分为农田灌溉、林业灌溉和牧区灌溉等，而立体城市绿化、建筑绿化及城市生活圈配置土地的绿化灌溉仅仅占了一小部分。立体城市排放的污废水经处理后必须全部转化为植物的营养物质用于植物灌溉，它们是消化渠道的最末端，与毛细血管的原理一样广泛分布在各个需要灌溉的区域，其整个灌溉网络由计算机技术全面控制，它是由滴灌、喷灌、微灌和渗灌等灌溉方式组成的庞大的灌溉网络，覆盖整个立体城市及城市周边的物质循环圈，以及部分附近的自然环境圈中，通过农田、山林、牧场等大量绿色植物的消化吸收最终实现物质循环。

农田灌溉主要是指粮食生产。粮食安全是国家安全的最重要保证，而提高粮食亩产的产量又是保障粮食安全最关键的因素。目前，粮食生产基本上是靠天吃饭，粮食作物在生长阶段的灌溉大致靠人工管理和养护，农作物营养主要靠化肥，人工成本和化肥成本都很高，农作物生长也很不稳定，对土地中的各种野生动植物和微生物群落及土地肥力的伤害都非常大，并经常影响粮食产量。而智能灌溉网络建设可以覆盖整个粮食产区，粮食作物的生长完全可以通过智能灌溉网络进行控制，农作物灌溉都采用有机营养液，安全又卫生，而有机营养液几乎都是免费提供的，不仅可以大大节约人工成本，粮食产量也能够大大提高，不伤害土地并能增加土壤肥力，且长期稳定。同时，粮食产量的提高也能够大大减少对土地的压力，使土地利用得到良性循环，有利于土地的休养生息及退耕还林工程的进一步推进，农民的经济收入也能够保持稳定和提高，实在是一件利国利民的大好事。

图 13－1　立体的污水处理设备的外立面

林业灌溉是指立体城市周边的森林灌溉。目前城市周边的绿化工程普遍很差，许多城市周边几乎见不到成片的树林，最多是道路两边稀稀落落的行道树，城市生态景观很差。这其中原因很多，但最主要的是缺乏可供绿化的土地及灌溉用水。即便土地问题解决了，树木的营养和灌溉条件也无法达到要求，营养和水供给不上，树木成活率较低，而养护成本却很高，因而只能在道路两旁种些行道树装点门面了。但未来的立体城市建设却可以很好地解决这一难题，城市周边有大量的空闲土地可用于植树造林，并可以对每棵树木实施智能微灌或喷灌，使树木生长良好，快速成材，既改善了城市周边的生态环境，又提供了城市污废水的消化渠道，一举两得。

城市污废水的输送灌溉网络体系由总管、干管、支管、中转站和控制中心等组成，这些输送灌溉设施和管网可以按照农业和林业的区域规划要求和标准进行分级分区建设，而末端的管网建设则可以根据区域内种植植物的情况及灌溉方式进行实地实时调整，大部分是可灵活移动及拆装的临时性灌溉网络。

牧区灌溉主要是指畜牧业饲养中产生的大量污废水和粪便等有机物质,通过大片草场、农场和周边林场就地智能灌溉,比如草场区域可以用机动车辆装载运送并直接喷洒在草地上。

从上述灌溉网络建设的规模可以发现,立体生态城市的物质循环规划不仅仅是绿色建筑表面或城市地面的一些绿色植物的智能灌溉和利用,它们的灌溉网络建设规模很小,资金投入也不大,不能解决根本性问题,因此大部分污废水的灌溉网络建设主要集中在城市物质循环圈及其外围的农田和山林等地。

第二节 水陆环境的渠道选择

一、工业和农业污废水治理与消化渠道

目前,政府全力抓“五水共治”工作,而治水先治污,因此,“五水共治”的关键点是污水治理。

1. 工业污废水治理与消化渠道

生活洗涤水经处理后可转化为工业用途的再生水,但工业用水后的工业污废水却必须专业处理并循环利用才能发挥最大的治污效果。工业污废水治理必须通过企业循环利用来实现,而不是由政府包干,粗放式集中治污。政府应该合理规划工业和产业园区,使相同行业和产业集中在一起,让相关企业的相同工业污废水合并,统一进行专业封闭式治污并循环利用才能提高效率,并降低治污成本。政府最主要的职能是加强对企业专业治污设施、工艺及效果的监控和惩罚力度,政府只要下猛药,工业治污的目标也是能够实现的。

必须注意,工业污废水最终的消化渠道仍是植物灌溉,因此我们对工业污废水必须进行专项治理,特别是某些含有重金属或有机毒素的工业污废水,仍然需要特殊的动植物或微生物进行生化处理和治理,在水质最终达到农田灌溉标准后才可以用于植物灌溉。

2. 农业污废水治理与消化渠道

农业污废水原本是不存在的,它是农民灌溉养护不当并滥用农药化肥及家畜养殖失控和政府监控失当造成的。如果将城市和农村居民生活污废水及禽畜养殖的污废水一并按照上述方法处理并应用到农田和山林灌溉之中,再加强生物治污等的防控力度,那么农业污废水也是完全可以控制的。

二、政府对排放渠道的监管责任

必须注意,所有的污废水都不能随意排放,目前国家制定的污废水处理及排放标准必须重新修订。因为这些符合目前排放标准的污废水仍然含有巨大毒性和富营养化的成分,长时间累积排放对江河湖泊中的水生动植物甚至对海洋生物都会产生巨大的生存威胁,特别是目前一些日用品、药品中的激素和养殖业中抗生素的大量滥用造成污染,使全国大部分河流和湖泊等水域中的激素和抗生素含量严重超标,并由于农田灌溉而使土地也受到严重污染,不仅对土地上的野生动植物的生存构成巨大的威胁,

也对人类食用的粮食、蔬菜、水果、家禽和水产品等都造成严重污染，其产生的危害可能比肉眼可见的雾霾污染更为严重。一些企业偷排污废水的情况时有发生，这也是政府的监管和处罚不力及相关产业政策上的人为失误造成的。

因此，所有经处理后的污废水即使符合排放标准，也不得直接随意排放到自然的水体中，而应勾兑成植物营养液通过绿色植物的灌溉渠道进行就地消化。

三、水陆环境与污废水消化渠道的正确选择

在陆地上，河流和湖泊等水域环境的面积与陆地面积相比几乎是不成比例的，水域环境吸收和消化污废水的能力非常弱，只要少量污水排放就可能破坏整个水生动植物的生长环境，水域的富营养化就非常明显。而陆地面积却占据绝对优势，植物的品种和生物量都比水生植物要多，而陆地土壤却相对贫瘠，需要大量的有机肥以改善土地的营养状况。这些污废水也适合大部分植物的灌溉需要，且陆地植物通常对富营养化相对不太敏感，对植物生长的副作用和危害均较小，调节和修复也相对比较容易，只要通过科学合理的布局，并精确控制污废水灌溉的量，均能够促进植物的生长，并有利于保护城市周围的生态环境。

扬长避短，趋利避害，是科学合理地处理污废水的最好出路。因此，污废水最终的出路和消化渠道不是排放到水域环境之中，而是通过灌溉系统在陆地植物中全面消化解决。如果我们把这个出路搞混了，那么就会陷入当前污水治理中一边在治污一边又在排污的怪圈之中而不能自拔，所有“五水共治”的努力也将付诸东流，即便出台史上最严厉的治水方案也不会起任何作用。同时还必须强调，所有的污废水都需要合理规划，专业对口，精细治理，而不能在粗放式截流后笼统治理。世上本没有污废水，目前所谓的污废水是由人类不当的观念和行为所造成的恶果。“治水先治污”，如果生活污废水、工业污水和农业污水等通过绿色建筑与立体生态城市规划建设的拉动都能得到有力遏制和专业化精细化治理，那么其他四种水的治理难题就都会迎刃而解，“五水共治”的目标也就容易实现了。

四、地面固废垃圾及水体污染物的全面清理和处理

“五水共治”还应与土地上的污染物、固体废弃物垃圾的治理密切相关。因为水域环境往往是地势最低的区域，所有陆地上的污废水最终都会汇聚到水体之中溶解或沉淀下来，整个水域环境就会受到污染。因此，“五水共治”必须将地面固废垃圾的清除和治理放在首位，所有有机或无机垃圾都应该得到最彻底的有效处理或循环利用。同时还应该注意，在当前被污染的河流、湖泊等水域环境中，不仅有流动的污废水需要接受彻底治理，还有水底沉淀的污泥也需要被有效治理和清除。如果我们只治污水而不对陆地固废垃圾和水底沉淀污泥采取彻底的治理措施，那么这种治理就是不彻底的，其治理效果也会大打折扣。“五水共治”的目标应该针对所有的污染物，不管是陆地上还是水体环境中，都应该让所有的固废垃圾得到最彻底的无害化处理，所有的污废水都得到有效治理和循环利用，让所有的河流、湖泊等水系都能够恢复自然的清洁状态，并让这些水系中的动植物都能够恢复自然生长和生态平衡，让水环境恢复自然美丽。

另外，有机生活垃圾焚烧不是长久的解决之道，垃圾的精确分类、精细化处理和资源化的回收利用

才是解决生活垃圾出路的正确方法，同时也可避免垃圾堆放和焚烧引起的二次环境污染。

五、有机污泥的处理

污水和污泥就像是一对孪生兄弟，相互间几乎是不分离的，有污水的地方必然会存在污泥。如果只治污水而不治污泥，那么这样的污水治理效果是不理想也不彻底的。因此，污泥的治理也必须落实到实处。

除工矿企业的污泥需专项治理以外，水体中的污泥通常为乌黑发臭的有机污泥，许多可燃烧的地下煤层就是由这些有机污泥转化而来。而有机污泥含有丰富的植物营养成分，是植物最好的养料。几十年前，我国农村生产队为了积肥的需要常常在附近河道中用河泥船挖河泥，清除河泥后的河道曾经清澈见底、鱼虾成群。这种河泥就是营养丰富的有机污泥，它们是田间地头中农作物的最佳有机肥料。未来河道淤泥的清除和处理也与河泥船挖河泥的道理相同，所挖出的淤泥也必须在农田里就地消化。

因此，将来所有的湖泊、河道、池塘等水域环境中的有机污泥治理都应该与农业或林业捆绑成一体，通过绿色植物来全面转化和消除这些有机污泥。

六、污废水和雨水的全面灌溉利用

目前城市污废水的利用率是非常低的，绝大部分污废水最终都被排放到大海之中，造成海洋环境的污染和近海渔业资源的巨大损失。这些污废水是非常宝贵的植物营养水源，却无法利用起来，因而土地的贫瘠化状况无法得到有效治理和改善，这与政府提出的“五水共治”目标背道而驰。与此同时，大多数地区却饱受干旱和缺水之苦，特别是我国西北地区面临严重的水荒，许多地方人畜饮用都发生困难，连基本的生存问题都解决不了。北京一年消耗的水量达几十亿立方米，如果再将每年自然降雨产生的雨污水加上去，那么北京市一年经城市市政和农村水利设施排除的污废水就可能有百亿立方米，这是一个天文数字，这些被使用过的水和未经利用的雨水绝大部分被当作污废水，最终都排放到大海之中。北京城市一方面长期饱受干旱之苦，从长江上游千里迢迢地调水喝，另一方面却在通过加强水利设施建设来治理短期的洪涝灾害，政府的政策一直在这短期洪涝和长期干旱气候之间辗转反侧，这真是具有讽刺意味，也同样发人深省！如果北京市将这些排放掉的水再利用起来，用于农田灌溉和植树造林工程，那么还需要再跨区域跨流域地调水喝吗？北京还会缺水吗？如果全中国、全世界所有的城市和城镇都将污废水充分利用起来，人类还用再担心干旱和缺水吗？

七、大气酸雨的治理

目前，地球上许多湖泊和水系酸化都与大气中的污染气体有关。我国许多经济发达的省市都存在酸雨肆虐的现象，有些地区更是酸雨的重灾区，当地的生态环境和水体污染都受到非常严重的影响，时常发生生态灾难，许多淡水湖泊和河流中的鱼虾都由于酸雨影响而绝迹。如果说，有毒的雾霾对人体健康的伤害非常严重，那么大气中酸雨对土壤、树木和农作物的危害也同样巨大，土壤酸化使许多地栖生物面临灭顶之灾，土壤生物和土壤菌群的生态平衡失调，这又导致许多植物营养不良，生长受限甚至枯死，大量农作物也面临减产和绝收的困局。而这些土壤中的酸雨最终又流入河流和湖泊之中，使这些水系严重酸化，让水生动植物面临严重的生存威胁。而这些酸雨最后排入大海，造成海水酸化，导致全球海洋中珊瑚礁群大量死亡，对海洋生物构成严重生态危害。

大气中的酸雨主要由汽车尾气、燃煤气体、有机化工气体和工业粉尘等组成，它们都是大气污染源，而严重的雾霾天气就是这些污染气体在空气中累积产生的综合反应，对人类健康和环境均造成巨大的危害。

大气酸雨的治理主要分为两方面，一是提高汽车油品品质，改造燃煤锅炉，减少对燃煤的依赖，并提高工业企业的工艺技术以减少有害气体排放，以及治理和监管工业粉尘；二是通过建筑绿化、城市绿化及大地绿化的措施，用巨量的绿色植物来吸附和清除大气中的有毒颗粒，从而永久性地改善大气环境。

酸雨的治理实质上就是大气污染的治理，如果酸雨能够得到有效治理，那么大气污染也将会得到根治。

这里还必须呼吁某些掌握先进科技的发达国家，不要因为一己私利而利用手中的专利优势设置技术壁垒，阻止和延缓发展中国家治理环境污染的步伐，并牟取不当暴利。因为污染没有国界，尽早解决污染是人类共同的义务和责任，也是人类可持续发展的根本保证。发达国家更应该在政策和法律层面进行松绑，全力支持发展中国家治理各种环境污染的事业。

第三节　未来农业和畜牧业的革命

一、生活污废水与传统农牧业的弊端

按理说，人类所有大小便都可以被自然界的微生物和植物分解、消化和利用，不会产生任何环境污染，自然界中所有动物排泄的粪便也都可以这样被分解和利用掉。但问题是人类几乎已经将整个生态系统破坏殆尽，自然界中已没有多少植物可以分解和利用人类的大小便，特别是在目前的城市环境中，人类几乎切断了整个生态链条，没有多少植物在分解和利用人类的大小便了，这就是问题所在，同时也是产生巨大生态灾难和环境问题的根源所在。因而，这些大小便就成为难以处理的污废水而无法彻底处理干净，一些没有合理规划的乡村和城镇到处污水横流，污废水就成为巨大的生态隐患和污染源，与其他生活垃圾一起构成人类健康的杀手。

真正的传统农业以农家肥为主，人类和动物的大小便经处理后变成肥料都用于农业，通过农民的体力劳作而获得农作物的收成。虽然大家都知道传统农业的好处在于它是真正的有机农业，可生产出放心的安全食品，但对农民来讲，传统农业却是靠天吃饭的行业，农作物的收成无法保障，高投入却低产出，收获的果实品相和卖相都不太好，农民的辛苦劳动常常得不到应有的价值回报。有时由于天气或病虫害等原因更可能是颗粒无收或血本无归，这样的传统农业又如何能够得到可持续发展呢？另一个重要的原因是农家肥的使用，农业中最脏、最累、最臭、最不卫生的工作就是农家肥的运输和施肥环

节，许多年轻人情愿外出打工也不愿意干这种又脏又臭的农活。另外，农家肥使用后，瓜果蔬菜的食用也带给人一个很大的心理障碍，毕竟是用污水和粪便浇灌长大的，虽然是有机肥料，但许多农作物施肥后不久就搬到餐桌上，想想都觉得很不卫生，拿来食用难免会产生各种各样的心理障碍。由于这些弊端，传统农业在现代农业面前就显得不堪一击。

目前的畜牧业生产也存在许多弊端，我国北方草原和农牧区几年前还是以放牧为主。虽然由于草原环境退化而推广圈养模式，但牧业生产率总体仍然是很低的。

二、现代农牧业的弊端

现代农业采用农药、化肥、杀虫剂等手段，虽然可以获得较高的农作物产量，农民也增加了收成和收入，但农产品的营养降低、口味变差，农药残留超标，土地污染和贫瘠化严重，使农田中的野生动植物和有益昆虫大量灭绝并产生巨大的生态灾难，农药和生长激素的污染也使得食品安全无法得到保证，严重影响人类的饮食健康。虽然国家在大力推进有机农业和“菜篮子”工程等，但农产品的食用安全形势仍然不容乐观。

现代畜牧业也存在同样的问题，虽然集中饲养后养殖效率大大提高，牧民也能提高收入，但饲料成本大幅度提高，而且饲料中的有害添加剂成分越来越多，抗生素用量也不断增多，这种肉类产品（包括奶制品）的安全性就存在着巨大的隐患。

三、未来农业革命与“五水共治”

未来的农业将面临一场真正的革命，而这场革命始于绿色建筑和立体城市，并带动周边的农业革命。通过城市生活污废水处理和智能灌溉网络的输送而在农田中获得循环利用，所有的城市污废水和有机生活垃圾都得到完全处理和循环，所有的农田和农作物都得到及时的营养和灌溉，这一切将完全改变整个农业生产的面貌和布局，也使农业生产获得稳定的营养来源，农作物稳产高产，农产品营养丰富，杜绝农药、化肥、杀虫剂等的使用，使土壤污染得到遏制，土地得到休整和恢复，农田中的野生动植物和有益昆虫也会得到逐步恢复和补充，食品安全也将得到根本保证。

从另一角度分析，立体城市的配置土地及其灌溉网络系统所组成的物质循环体系在促进一场真正的农业革命的同时，也将促进一场林业革命。城市周边所有森林植被都可以得到智能灌溉和丰富的营养，使城市周边的森林植被生长旺盛，生态环境得以迅速恢复。另外，由于植被生长旺盛，动物饲养需要的植物饲料和原料供应得以充足，对畜牧业和养殖业也非常有利。

农业革命的关键是城市污废水处理和智能灌溉网络建设这两个环节，一端是源头，一端是出口，只要两头把关，农业革命的大局就可以基本确定和稳定下来。而农业革命是“五水共治”的关键因素，因为农业革命可以将城市污废水及生活垃圾彻底循环利用，只要这些污染源被切断，真正实现“五水共治”的目标也就为期不远了。

虽然“五水共治”是一项利国利民的民心工程，但当前的治理仍然有很大的局限性，只能短期治标不能长期治本，难以从根源上实现“五水共治”的长远目标。从政府决策和百姓期望的层面看，我们都希望国家能够实现长治久安，“五水共治”同样也需要长治久安。而未来立体生态城市的污废水处理方案及其他综合治理措施都是成本最低，综合治理效果最彻底，生态环保效应又最好的三维式“五水共治”解决方案，不仅浙江适用，全国、全世界也同样都可以适用。

四、未来农业和畜牧业的宏观规划与绑定

目前，人类的农业生产主要只利用了农作物的种子部分，但这部分物质只占农作物生物量很小一部分，大部分植物秸秆却没有得到好好利用，而是被当作废物处理。这些种子加工成食物被人类食用以后又变成了生活污废水排泄掉，其中的大部分有机营养成分没有被再循环利用回归到土地之中。可以发现，传统的农业生产和生活污废水处理完全是不可持续的，导致土地中的营养成分越来越少，土地越来越贫瘠。

畜牧业生产也是类似的情形，草原上的牛羊牲畜都是食草动物，虽然牛羊排泄的粪便对草原有回馈的效果，对草场有一定的施肥作用，但牛羊肉制品的消费却是由市场决定的，这些肉类制品被人类食用后产生的排泄物大部分不会回归到草原。因此，草原草场的营养成分也会长期流失，草原环境就会越来越脆弱和贫瘠，并容易引发沙漠化。

由此现象可以发现，目前传统农业和畜牧业都是不可持续的，它们最终都会导致土地及草原营养物质的流失并容易荒漠化，这才是人类应该真正担忧的大事情。当土地和草原的营养物质全部流失之时，全球70亿人口难道还可以通过沙漠和荒漠来获取食物吗？这显然是不现实的！因此，人类必须彻底改变传统农业和畜牧业的生产方式及人类生活污废水的排泄处理方式，使生活污废水中的营养成分重新回归到土地和草场之中，以获得真正的物质循环效果，土地和草原才能真正获得长久的可持续发展。

目前，我国农业生产每年产生的农作物秸秆有9亿吨之多，而在农田里直接焚烧的秸秆就有上亿吨，对冬季大气产生严重污染。而大量农作物的根、茎、叶中均含有丰富的植物蛋白和营养，是大多数食草动物和杂食动物的营养食料，如果将其粉碎处理并进行适当的发酵和科学加工，它们就能成为畜牧业生产中最好的天然营养饲料。如果将我国每年产生的农作物秸秆全部转化为动物饲料，则相当于全国草原牧草产量的50倍之巨，足可以增加养殖几倍甚至十几倍以上的牲畜量，带来了巨大的经济潜力。它对丰富整个社会的肉类、家禽制品的影响非常重大，也将使农民和牧民都能够从中获得巨大的经济收益。

因此，在未来国家宏观政策层面，农牧业规划的顶层设计中可以考虑在粮农生产区域按一定土地面积和比例配置专业牧场，点式分布，并将粮农生产后剩余的农作物秸秆集中收集，再进行科学加工，成为畜牧业饲料，通过专业牧场的畜牧业生产就地消化农作物秸秆，而畜牧业中饲养动物所产生的大量粪便又成为粮农生产基地的有机肥料而就地在农田中消纳处理，使整个农业生产与畜牧业生产的规划相互有机地结合和捆绑成一体（这其中也包括奶制品、食品和肉类加工等行业的绑定），从而彻底解决农作物秸秆的出路问题，也使得规划中的农业和畜牧业等都能够获得长久的可持续发展。与此同时，我国所有的草原草场都可以实施全面禁牧措施，全部用农作物秸秆饲料替代所有畜牧业中动物饲养用的饲料，从而在宏观规划层面真正落实保护和恢复草原生态的长远目标。

此外，所有农作物饲料供应与畜牧业饲养之间必须利用互联网平台建立政府层面的沟通交流渠

道，通过“互联网＋”的技术，及时保障供需双方的平衡和信息共享机制，并避免饲料的浪费及畜禽类市场波动引起的全行业的经济损失。

目前，我国还有将近一亿的贫困人口，特别是中西部地区的经济发展相对落后，主要以农牧业为主，经济收入偏低，许多贫困家庭反复致贫现象比较严重，扶贫难度很大。扶贫脱贫一直是中央政府的重要工作内容，如果政府在这些贫困地区规划建设几个专业牧场和农作物秸秆深加工厂企业，那么这既能通过植物秸秆出售增加贫困家庭的收入，又能解决贫困人口的就业问题，并刺激当地经济的发展，起到一举多得的扶贫效果。

我国是一个农业大国，全国有半数以上的农业人口，农业的改变也将直接改变农民的生产和生活状况，增加农民的收入，对整个国民经济的影响非常巨大。我国也是一个畜牧业生产的大国，新疆、内蒙古和西北其他省区的大片草原都是牧场，但这些区域同时也面临着荒漠化的严重威胁。随着未来科学技术的高速发展，传统农业和放养式的畜牧业都将面临全面转型。如果将现代农业的农作物秸秆处理与现代畜牧业的饲料加工结合成一体，通过农作物秸秆深加工产生的营养饲料将两个产业有机地结合在一起，将是提升未来农业和畜牧业生产升级换代的一项伟大工程。从而彻底改变两个传统产业的生产模式，也将是未来国家经济获得长久可持续发展和实现生态文明目标的重要保证。

后　　记

在当前的建筑领域，绿色建筑已成为全人类的社会共识和追求目标，但其发展现状却令人担忧，建筑与土地之间的矛盾依旧突出。这种状况如果一直持续下去，对国家、社会和地球生态环境及未来的生态文明建设都是非常有害的。未来的建筑应该符合生态文明的目标和要求，建筑与土地之间的矛盾必须得到彻底解决，所有不符合绿色建筑要求的观念也应该被破除。

为此，我们将绿色建筑简单地概括为一句话："绿色建筑一定要绿起来，否则就一定不是绿色建筑！"

立体生态城市更是一个前所未有的新生事物，它比绿色建筑的理念更大胆、更有新意，也更具有想象力和创意，因此也更需要人们去包容这样的前瞻性理论。

当前，科学技术和社会发展的速度前所未有，知识和信息的爆炸更使人们无所适从，许多事物都远远超出了人们的经验及想象所能及的范畴，人们对新生事物的理解和接受能力面临巨大的挑战，对事物的判断也常常出现盲区，面对一个完全未知的非专业领域时更是如此。在这种情况下，最简单有效的判断方法是：如果这个未知领域所表现的是一种正面的社会效应和正能量，对社会可持续发展和人类的未来有重要作用，并表现出真正的美感和人性的善的一面，那么这个事物就是好的，就值得为之努力奋斗。

人类社会需要正能量，绿色建筑和立体城市也需要正能量。本书展示的绿色建筑和立体城市的内容旨在给社会大众提供一个新思路，也给建筑行业提供一个追逐的新方向。

美丽中国最需要的是终结雾霾，终结雾霾最需要的是绿色环境，而绿色建筑和立体生态城市是创造绿色环境的重要方向。建筑和城市给当前地球环境带来了极大改变，但同时也是当前地球环境最大的破坏者。因此，要打造美丽中国就必须从改变建筑和城市开始，终结雾霾也必须从改变建筑和城市开始。只有建筑和城市真正实现绿色，让绿色走进千家万户，走进寻常百姓的日常生活，走进每个庭院、每扇窗户，直达每个人的心中，美丽中国终结雾霾的目标才能够真正实现,未来社会可持续发展和生态文明建设也才能真正实现。

本书是笔者十多年研究之心血,由于没有相关的专业背景,许多技术方案还不太成熟,没有足够的实验数据做支撑,甚至无法得到实践验证,权当是抛砖引玉,希望能给专业人士和相关研究人员提供一点借鉴。

胡德明

于杭州

2017 年 6 月

高层绿色写字楼设计方案（1）

概述：项目占地约1.3万平方米，建筑高度约260米（不包括塔尖），建筑容积率约7.7，地上建筑面积约10万平方米。建筑层数为60层，底部6层为裙房，地下2层为车库，局部3层，绿化层数为30层。大楼绿化层四周外挑2米左右，空中立体绿化面积约2万平方米，产生相当于2万平方米原始森林的生物量及有氧环境。

设计理念：超高层写字楼，每两层为一个跃层单元，每个跃层单元的平层外围护尺寸不变而楼地板向外整体外挑约2米，均设生态庭院覆土绿化，庭院外围有挡土墙和栏杆围护，跃层楼地板和外围护尺寸不变，整个写字楼内部空间和功能不变。从底部裙房开始，每向上一个跃层，单元空间和结构都减去一格，形成向上的螺旋形台阶，环绕大楼一周。其建筑外形如少女般婀娜多姿，极富动感，象征生命的活力。整座大楼的植物做整体跃层式绿化并实现智能化灌溉。

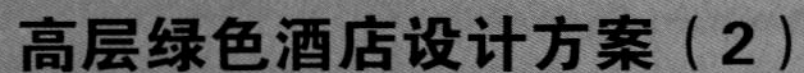

高层绿色酒店设计方案（2）

概述：项目占地约2.6万平方米，建筑高度约380米（不包括塔尖），建筑容积率约7.7，地上建筑面积约20万平方米。建筑层数为88层，底部6层为裙房，地下3层车库，局部4层，绿化层数为44层。大楼绿化层四周外挑2米左右，空中立体绿化面积约4.5万平方米，可产生相当于4.5万平方米原始森林的生物量及有氧环境。

设计理念：超高层酒店，其外形为十字形，下部为裙房，主楼和裙房每隔两层设一个标准单元，分平层和跃层，平层四周外围外挑2米作为生态平台覆土绿化，从底层一直设置到顶层，顶层逐层收缩。顶部为一个直径约20米的玻璃球，在夜晚时远远观望犹如城市中的一颗夜明珠，璀璨夺目，格外显眼。整座大楼的植物实现智能化灌溉。

高层绿色住宅设计方案(3)

概述：居住环境是人们日常关心的话题，人们都希望能够住上高品质的别墅般的生态住宅，鸟语花香，有舒适的居家环境。未来的绿色建筑完全可以满足和实现人们的这些美好愿望，使家家户户都能够居住在这种空中别墅一般的住宅之中。

设计理念：在任意高度、任意立面、任意一层的建筑中“实现家家有绿地，户户有花园”的生活梦想。未来绿色建筑在主体结构内部户型与现代建筑室内户型基本一致的情况下，在主体结构的垂直外立面上每隔两层设置一圈外挑约1.5米的生态台地，这些外挑的生态台地可以前后或左右错层设置，并从下往上从左到右360°全方位设置，上下两层生态庭院组成一个跃层式生态庭院空间，在这些生态庭院的台地中覆土绿化，并立体种植各种植物，所有的跃层式生态庭院空间组成了这些高层绿色住宅的生态保护层，同时也成为这些住宅外立面最主要的绿色生态景观。

外立面

餐厅

客厅 1

卫生间

客厅 2

露台夜景

高层绿色写字楼设计方案（4）

概述：项目占地约2.6万平方米，建筑高度约410米（不包括塔尖），建筑容积率约9.6，地上建筑面积约25万平方米，建筑层数为96层，底部6层为裙房，地下3层车库，局部4层，绿化层数为48层，大楼绿化层四周外挑2米左右，空中立体绿化面积约5万平方米，可产生相当于5万平方米原始森林的生物量及有氧环境。

设计理念：超高层写字楼，底部6层为长方形塔状底座以作裙房，主楼90层是一个圆柱体，从地面一层一直到顶部，共计96层，其中48层设置生态平台，内部为一个八角形核心筒，筒外是一个围绕八角形筒体一圈的走道，其余为办公空间，其大楼主体平面布置可见左侧全景剖视图。圆柱体主体结构的垂直外立面上每隔两层设置一圈外挑2米的生态台地，并从底层一直到顶层为止。大楼所有绿色植物包括屋顶和周围地面植物的营养和灌溉都通过智能化微灌技术统一实现，免除人工灌溉和养护之虞。

球形公共建筑

概述：球形公共建筑主要是用作公共办公区、商务休闲场所及大型会务酒店等。建筑高度约100米，最大直径约100米，14个标准跃层，共28层，建筑面积约6万～8万平方米，建筑内部设大中庭和围廊，从中下部开始一直通到顶部。中下部为公共空间，中上部可作办公或商务空间。

设计理念：球形建筑是较为典型的公共建筑，每个跃层外面设置一圈外挑2～5米不等的生态庭院台地，台地上覆土绿化，并立体种植各种植物，庭院内设置休闲桌椅等。

岛屿旅游建筑

概述：岛屿旅游建筑适合建在水库、湖泊、海岛等休闲旅游区域，与当地生态环境相结合，更好地融入自然。

设计理念：采用框架结构，层数5～10层不等，建筑面积1万～2万平方米，每个跃层外面设置一圈外挑3～7米不等的生态庭院台地，整个建筑覆土绿化。

立体生态城市规划

城市中央商务区
城市交通层
城市住宅
城市公共服务空间
城市交通出入口
城市水上交通
城市轻轨
公路隧道
环城公路
城市周边地面

城市夜景

城市立体市政交通